您的桌位

YOUR TABLE IS

已準備好

READY

本書謹獻給所有曾在餐廳工作過的人

獻給「羅伯叔叔」，如果沒有他持續的鼓勵、支持與指導，
本書不可能完成。

Contents

目次

第四部分

第五部分

第六部分

Introduction 作者序

從受訓成為服務生的那刻起（當時尚未採用中性的 Server 一詞），毫無經驗、熱切、興奮的我就此愛上餐飲業。三十五年後，我還在業界工作，雖然已經很久沒有服務客人，應該說很久沒有從頭到尾好好服務一桌客人了，但我還在這裡堅守崗位，接待客人也監督員工，盡我所能創造一個美食與氣氛兼具的環境，希望帶給客人一點溫飽和喜悅。餐廳就像我不曾有過的家庭，什麼感覺都比不上我站在客滿的餐廳、酒吧裡，客人談天說笑，一邊喝著手裡的雞尾酒或葡萄酒，一邊等待餐點。餐廳裡的一切都讓我感到愉悅，前來用餐的家庭和情侶、約會場面、音樂、昏暗的燈光、笑聲、對話、點單、倒出來的飲料、餐盤和餐具的敲擊聲、玻璃杯的乾杯聲、酒保手中搖晃的雪克杯、冰塊和烈酒敲擊錫杯壁的聲音（這聲音至今還會讓我流口水）、爭論聲、難搞的客人，對我而言，一切宛如磅礡的交響樂，這就是為什麼我熱愛這個有時令人抓狂的產業，也是許多像我這樣的人被吸引的原因。

餐廳員工是一群社會邊緣人，我們許多人都無法從事辦公室或工廠裡那種「真正的」工作，或者其他幾百萬種所謂正常的工作。餐飲界的人流動率都很高，特別是接待人員。我從未見過有人從小立志成為服務生，大多數的人都是因為大學時需要一份工作，剛失業需要一份打工，正在追求某個其他的職涯，或者等待渴求的工作出現，才會先在餐廳裡當服務生。當然，也是有將這份工作做出一番事業的人，我向這些人致上最高的敬意。

餐廳裡的工作又多又雜，老實說，在紙上寫下「漢堡」兩字，走到機器前輸入點單，再將完成的餐點端到客人桌上，客人吃完飯後遞上帳單、收錢，這不需要高學歷或絕頂聰明（雖然我工作的這些年來，遇過許多很聰明的人），但要能忍受高工時、顧客的眾多要求、多工處理、有時很糟糕的老闆、該死的主管，惡言相向的主廚和廚師——然而，這其中自帶一種美，一間流暢運作的餐廳是一門藝術、一齣芭蕾舞劇，匯聚一切只為替客人端出一桌好菜。

我們的客人不只為了食物而來，可能還有為了慶祝——生日、結婚週年、婚禮、死亡、約會、朋友聚會、追求性愛與愛情，這些場合可能會發生在任何一個晚上，我職業生涯裡大多數的晚上都會遇到，我就是這場秀裡的一部分。多年以來，餐廳在藝術、社交和性愛層面都為我敞開大門。我在餐廳遇到許多人生摯愛，最好的朋友都曾與我共事過，許多人到現在還是我的朋友，雖然我們也都換過不少間餐廳。我曾祕密幽會、一絲不掛、被陷害、大笑、喝醉、被下藥、嘔吐，體驗過各種人類的活動，現在是時候分享我們許多人視為理所當然的經驗、人們、食物以及餐廳的瘋狂。

這個產業充斥著邊緣人、廢材、藝術家、酒鬼、令人屏息的美女、被欺壓的成癮者以及你此生遇過最貪婪、最自戀的人，同時有世界上最慷慨、最有愛、最勤奮、最有創意的人，我們這些創造、身處並賦予餐旅業生命的人。過去三十多年以來，我曾和許多業界菁英共事，身邊圍繞著此領域的佼佼者，這些傳奇人士顛覆了美式料理，例如：人稱美式料理教父的賴瑞・福希奧內（Larry Forgione），讓美式料理變得優雅又有深度的查理・帕默（Charlie Palmer）；大衛・柏克（David Burke）創造出令人驚嘆的食物結構，顛覆傳統，重新定義我們對美麗的想像，還有瑞克・莫寧（Rick Moonen）、巴茲・奧基夫（Buzzy O'Keeffe）、勞烏兄弟（Raoul Brothers）、基斯和布萊恩・麥克納利（Keith And Brian Mcnally）、湯瑪斯・凱勒（Thomas Keller）等人，族繁不及備載。

我愛這個產業嗎？愛。我恨這個產業嗎？真他媽恨死了，這個產業讓我有錢支付帳單，讓我沉浸在酒精、藥物和女人之中，讓我有機會接觸到最有錢、最有權、最有名的演員、設計師、政客、國家元首、實業家、股票經紀人、妓女、成人片明星、酒鬼、百萬富翁和億萬富翁。我曾和他們一起飲酒作樂、一起慶祝，和其中一些人上床、分享故事，最重要的是，接納他們原本的樣子——擁有相同欲望、動機、渴望和問題的人類。那我究竟是誰？我是你家附近餐廳的服務生、酒保和總領班，如果你想預定桌位，希望任何時候都能得到一個好桌位、希望有人以擁抱甚至是親吻歡迎你，那麼我就是你要找的人——我永遠面帶微笑，將你們許多人當作兄弟姐妹或愛人一般對待。我熱愛這一切，因為它很真實，因為我熱愛我每晚接觸到的人，我想進入他們的世界，因為我的職位、我現在工作以及曾工作過的地方，他們也進入我的世界。我和你們一樣，你們也和我一樣，我們都需要離開、慶祝、逃跑、躲藏和生活，我們賦予彼此生命。

我盡可能努力回想那些模糊的記憶，當時的我都沉浸在酒精和藥物之中。餐飲業不只是松露和小牛胸線、魚子醬和奶油、上等牛排或現抓的多佛鰈魚，還包含性愛、藥物和一連串餐廳員工與客人的脫序行為，這是一個競爭激烈、十分艱辛的產業，高工時、勞累不堪，唯一的慰藉可能只有酒吧的酒，如果你真的夠幸運，也許有機會和打烊班的女領檯員上床，雖然這可能同時也會帶來一些麻煩。只要你曾去過餐廳用餐，吃過最好和最糟的食物，如果你是一個美食愛好者、主廚、廚師、服務生、助理服務生、洗碗工或肚子餓的顧客，你一定經歷過這些事，或者，我趕保證，這些事一定曾發生在你身邊。這一切都息息相關，從我們的手到你們的手，那些「員工必須洗手」的標語不是開玩笑的，我們的手很髒，非常髒，這樣說會冒犯到誰嗎？應該會。書中大部分的故事都發生在與現今截然不同的時代，餐飲業如同其他許多產業，飽受權利濫用、可怕的性醜聞、極度漠視女性等因素的衝擊，#MeToo 運動存在不是沒有原因的。我所記錄下的是那個時代的故事，如實陳述，因為篡改發生過的事或輕輕帶過某些細節無法反映現實，也無法如實呈現那個令人驚嘆又心碎的時代，對我和許多同事而言，這就是當時的真實狀況。

PART I
第一部分

詹姆斯比爾德獎（The James Beard Awards），公民歌劇院，芝加哥，二〇一七年五月一日

The James Beard Awards, Civic Opera House, Chicago, May 1, 2017

這是一個餐飲業向自己致敬的夜晚，重要性比擬奧斯卡獎、東尼獎或葛萊美獎，我們將在今晚表揚業內菁英，數以百計的餐飲業明星和專業人士齊聚一堂，彼此相互擁抱、親吻、客套，或者，如同第一位與我共事的偉大餐廳總領班所說的：吹喇叭吹到彼此爽。史蒂芬．斯塔爾（Stephen Starr）和丹尼爾．羅斯（Daniel Rose）創立的布穀（Le Coucou）被譽為紐約市蘇活區古典法式料理的新據點，是本屆最佳新餐廳的入圍者，斯塔爾則是角逐年度傑出餐廳負責人，這是他第七度提名這個獎項，如果再度落榜，他就註定成為餐飲界的蘇珊．露琪（Susan Lucci）。丹尼爾．羅斯是布穀的主廚，我是布穀的總領班。在餐飲業打滾了三十年，外加慘澹的演藝生涯，這是我最接近奧斯卡獎的一刻。

狗仔隊隨處可見，隨著明星們一個個走上紅毯，相機的快門聲此起彼落，領著美食頻道（Food Network）一眾明星的瑞秋．雷（Rachel Ray）是頒獎人，芝加哥赫赫有名

的行列（Aliena）全體員工、石倉藍山（Blue Hill At Stone Barns）全體員工，班點豬（Spotted Pig）的肯．傅利曼（Ken Friedman）帶著跟班，當時的他對於即將面臨的指控還渾然未知。主廚強納森．瓦克斯曼（Jonathan Waxman），紐奧良杜克蔡斯（Dooky Chase's Restaurant）眾所周知的莉亞．崔斯（Leah Chase）即將獲頒終身成就獎。大家都聚集在此，最厲害、最大牌的餐飲業界人士都在這裡，因為丹尼爾．羅斯不想獨自走紅毯，所以我也走上紅毯。來自芝加哥的羅斯離鄉背井，想加入法國外籍兵團未果，最後卻進了烹飪學校，花了十年在法國各地精進廚藝後，在巴黎開了一間名聲響亮的餐廳春天（Spring），用餐區只有十六個座位。雖然羅斯在春天的用餐區裡是醬汁天才和明星，但他很討厭恭維，也討厭群眾，寧可獨自攪拌著醬汁，躲在布穀後方那個他共同創造、如同電影布景般的廚房。然而，現在他出現在這裡，有我陪著他，閃光燈此起彼落，所有的微笑和握手，從紅毯走進公民歌劇院那股不可思議的能量，原來是這種感覺。我好喜歡這種受到關注、認可的感覺，儘管這一切不屬於我。

我們走過紅毯，進入了歌劇院的前廳，三千六百個座位以五百美元的價格銷售一空，史蒂芬．斯塔爾很不情願地包下至少二十個座位。我們被引導穿過大廳，進入金碧輝煌、懸掛吊燈的劇院，整個空間裡充斥著頒獎典禮夜晚的緊張情緒，所有人都為了這個華麗的場域盛裝打扮，被圍起來的大廳首先暗示了這將會是個漫長的夜晚，圍欄以外，許多當地餐廳已經擺好攤位，準備為賓客提供食物和酒水，但沒有任何攤位在營業，附近也看不到任何一個酒吧，一瓶瓶未開封的酒排成一排又一排，全都碰不到也喝不到。很瘋狂吧？是的，主廚！我們大多數人每天都要將大量的食物和酒精塞進幾百萬美國人的嘴裡，下班後喝上一杯，有時上班時就會開始喝，雖然有人整晚都能啜飲幾口酒，但我們這些專業人士卻沾不上一滴酒，我也不能責怪比爾德獎的主辦單位，畢竟，誰想看到三千六百多名主廚、廚師、服務生、經理和其他員工喝得酩酊大醉呢？大多數人會待在外面的大廳，一口氣喝下一杯又一杯的烈酒和香檳，因為這群人絕對不會放過免費的酒水，他們只會走回劇院裡看他們是否得獎，大多數人根本不在乎其他人。這個產業非常脆弱，對許多人來說，一週只要五十幾名客人，就可以免於破產。不管是否得獎，他們都會直接走回大廳喝下更多酒，要不是慶祝掛在他們脖子上的金牌，就是像斯塔爾一樣，先安慰自己也許會再次落榜。餐飲業沒有中間值，你要不是全力以赴，就是無功而返。

我們沒有酒能喝，而是被引導到在劇院裡的位子，斯塔爾的跟班大多都在那裡了，斯塔爾的店長、經理、貴賓等坐滿了兩整排座位，我需要一點酒精緩和焦慮，突然想起塞在外套裡的扁酒瓶，那是在典禮前的派對拿到的紀念品，我當時已經喝了好幾杯香檳，完全沒想過這個派對禮物是不是滿的。我將手伸進口袋，拿出扁酒瓶打開，波本酒的甜美香氣充滿我的鼻腔，謝天謝地，這足以支撐我度過往後好幾個小時。沒錯，我非常緊張，我非常嚮往這一刻，在這裡，被表揚。我渴望這一切，為了我自己，為了我的團隊，為了每位廚師、服務生、經理、助理服務生、洗碗工和雜工，他們每天日復一日、孜孜不倦地在世界各地的餐廳裡工作著，承受惡毒言語、誇張的高工時、不間斷的訓練、烹煮、服務、大吼、擁抱、親吻，有時甚至在浴室裡口交，或在更衣室裡來場性愛，一切都發生在一天十五個小時的工作以及喝了太多酒以後。這一切都為了創造出大多數人視為理所當然的事：坐在餐廳裡吃上一餐。這其中有六成的餐廳可能會在第一年倒閉，八成會在五年後倒閉。

瘋了嗎？也許。上癮了嗎？沒錯，對這裡大多數人來說，這是一個很盛大的夜晚，所有大牌的餐廳負責人、主廚、食譜作家、經理、侍酒師，你想得到的人都在場，這只是占業界百分之一的成功人士而已，我也想成為其中一員。與此同時，我也想對所有質疑和否定我們的人比出大大的中指，如果沒得獎，肯定會聽到有人暗自竊笑或說著「我就說吧！」以及「砸了那麼多錢宣傳也沒有得獎啊！」我們確實獲得關注，《紐約時報》（*The New York Times*）的三星評價，《紐約郵報》（*New York Post*）將我們譽為本世紀最棒的餐廳之一，還有其他雜誌的評論報導，源源不絕。布穀是一顆斥資五百萬美元打造的瑰寶，一間燈光絢麗、設計精良的絕美餐館，聘僱一大批訓練有素的員工，成就每位客人一千五百美元的精緻餐點。許多餐廳都無法做到這點，但史蒂芬．斯塔爾擁有實力、資金、意志和渴望來將這間餐廳做大、做好，雖然因此招致許多不滿，或許這也是七次提名全落榜的原因。

說句公道話，這個產業充滿很棒的人——熱愛這個產業、隨之而來的瘋狂以及渴望取悅他人的人。我過去也曾在紐約市一些非常有名的餐廳工作過，但我從未見過如布穀的客人這般的反應：「太驚艷了！太厲害了！人生最棒的用餐體驗。」客人品嘗過經典法式料理——里昂梭魚丸佐番茄小牛胸腺以及兔子三吃，歡喜之情溢於言表，我每晚都會聽到讚美，有些客人為了用餐等了一整年卻沒有失望，許多出席典禮的人也都來過布穀，我們在許多典禮前的派對上被單獨點名表揚，許多芝加哥餐飲界人士也都曾來訪，用餐體驗相當愉悅，會場裡不時會聽見：「那是布穀的團隊！你們一定會得獎！」許多人都說著類似的話，我這是自相矛盾嗎？並不是，討厭你的人終究還是討厭你。

我當時認為我們會得獎嗎？沒有，不可能，我心想一定會有人大力抨擊我們的優雅，斯塔爾投注的幾百萬美元，以及在巴黎成名後返回紐約的旅外主廚，對高級餐廳從業人員來說，史蒂芬的街頭親和力根本是狗屁，他以大型餐廳聞名，例如：看佛（Buddakan）和森本（Morimoto），以及費城那些抄襲別人創意的小餐館，但絕非高級餐廳。我們已經獲得許多評論、媒體曝光，我想勢必會引起強烈的反對聲浪，讓布魯克林那間時髦、有趣、獨特，還有後花園的小餐廳得獎。

那麼，我為什麼會在這裡？這一切要從頭說起。

總領班（Maître D'hôtel）一詞直譯為「房子的主管（Master Of The House）」，首見於十六世紀左右，用來描述總管或管家，餐飲業沿用了這個苦役的傳統將近五個世紀。現代人想像中的管家形象——穿著正式、負責餐廳門面、阻擋不速之客、穿梭於用餐區、威脅員工、幫客人安排好桌位以收取額外報酬的人——大約出現於十九世紀中期。普遍認為，總領班（Maître D'hôtel）一詞於一九四〇年代開始縮減成 Maître D'，對美國人而言，一個詞裡有兩個重

音似乎很難發音。在歐洲，總領班通常受過飯店管理學院嚴格訓練，精通各種服務，從如何擺放叉子到如何在桌邊去骨。在美國，大多要從基層邊做邊學才能到這個職位，從助理服務生到領班，最後才能成為用餐區的主管。

我的叔叔們總是將有名的科巴卡巴那俱樂部（Copacabana Club）總領班視為神一般的存在，每個人都需要認識他才能獲得好桌位。對我而言，成為總領班是我餐飲業生涯的顛峰，薪水十分優渥，直到國稅局認定總領班應屬管理職，不能參與小費分成，必須按固定工資給付。有鑑於大多數餐廳老闆都是世上數一數二小氣的人，他們絕對不會發放固定工資，一夕之間，總領班就像度度鳥一樣絕跡了，不過或許因此反而讓度度鳥復活了，餐廳老闆開始用最低工資雇用傻蛋站在門口接待客人，曾經是餐廳薪水最高的人在做的工作，瞬間變成薪水最低的人在做，工作職責基本上也落到薪水中等的經理和一群領檯員身上。

Brooklyn

布魯克林

凡事都有個開始，我的故事始於一九六〇年代布魯克林的本森赫斯特地區，附近都住著南義大利裔移民，他們的父母或祖父母從拿坡里或西西里移民到這裡。我母親的母親來自拿坡里，她的父親來自西西里的一座山城，我母親從他們身上學得最好的是烹飪技巧，她總會將最好的一手留到星期天，因為許多阿姨和叔叔會來拜訪我們。星期天一大清早，我都會在大蒜和煎肉的香味中醒來，聽著肋排和肉丸在她巨大的鑄鐵長柄煎鍋滋滋作響，她總會在鍋裡留下三顆肉丸，讓我從教堂回家後可以吃。

我母親獨自撫養我長大，我是標準的鑰匙兒童，從一年級開始就自己走去學校，我從來不知道我父親是誰，只知道當母親和其他阿姨的對話越來越小聲，她們就是在談論他，我會豎起耳朵想聽到她們在說什麼，但都聽不到什麼好話。他顯然在母親懷孕時就不見蹤影，根據母親所述，他在我出生當日又出現在醫院裡，向我母親承諾，只要我跟他姓，他就會娶她，她答應了，但他卻再度消失且再也沒有回來過，直到多年後我找到他，才得知真相。

每個星期天，大家來我家以前會先上教堂，我當時是祭壇侍童，我會聞著母親為我留下的肉丸香味離開家門，想著回家後就有肉丸可以吃，我很討厭上教堂，因為必須連續跪、站、坐、祈禱超過一小時，一直持續不間斷。雖然母親每週日都叫我上教堂，但她只有婚禮或喪禮時才會去。

法蘭基．G是住我家附近的兄弟，他也是祭壇侍童，長得很矮，附近應該只有他比我矮小，有著一個大鼻子，他像是長了鳥嘴似的，好像生來就帶著吉米．杜蘭特（Jimmy Durante）的鼻子一樣，當他從側邊進入祭壇，他的鼻子先華麗出場後才會看到身體，是他說服我擔任祭壇侍童。他某天服務完一場婚禮後，從伴郎手中收到一張五美元鈔票，這是習俗，婚禮結束時，當新郎和新娘走出教堂，伴郎會墊後並拿出一張張鈔票，像是想在科巴卡巴那酒吧獲得好桌位一樣，牧師會拿到最多錢，通常是裝著一百美元的信封，祭壇侍童通常會拿到一至五美元，我第一次被人塞小費（為那些沒被塞過小費的可憐人解釋一下，塞小費意指有人把錢塞進你的掌心，因為你提供了很好的服務，或者想用更多錢換得更好的桌位）是在我服務過的第一場婚禮之後，伴郎走向我，熟練地將一張五美元鈔票塞進我手裡，當時的五美元已經非常多了！這算是我接觸服務業的起點。

教堂就像我的劇院，燈光優美，燭光溫暖，吊燈低垂，輕柔地照著下方的信眾，陽光透過彩繪玻璃讓整座教堂籠罩在柔和的綠色、藍色和紅色光輝中，情緒隨著四周排列的雕像變得更加強烈，擺設更烘托出某種氛圍，從聖母瑪利亞聖潔面孔，到烈士和罪人臉上痛苦、受盡折磨的表情，這就是戲劇！我們被告知大家就是來這裡服侍上帝，我們心知肚明，來這裡只是為了能得到的東西，喬叔叔說出了當時所有義大利裔美國人信仰的價值觀：「你盡量拿，因為你不拿，別人也會拿走。」

祭壇侍童「服務」彌撒，服務彌撒和在餐廳服務客人，本質上是一樣的。在餐廳，上工的第一件事是下樓到更衣室換上制服；在教堂，我也要去牧師宿舍換彌撒袍，一件很漂亮的白色袍子，我很喜歡穿上那件袍子，因為這讓我覺得很特別，在教堂的走道上，常常聽見年長女性低聲說道：「你看他多可愛！好可愛啊！好帥啊！」這裡是我的舞台，這個時刻我在台上發光發熱，我被看見並獲取我能得到的一切。我總是嘗試服務晚一點的彌撒，因為到場的人比較多，人越多，能賺的錢也越多。如果我當時知道「顧客數」這個術語，我們肯定會以此描述教堂裡的信眾人數，你上工時遇到的顧客人數，就是你的顧客數，顧客數意味著金錢，對你、對餐廳、對廠商等等都是如此，彌撒的顧客數越多，等於能賣出更多份報紙，教堂的募款箱也可以收到更多錢。

彌撒開始前要先擺設好祭壇，在餐廳，所有餐廳開門前該完成的工作包含餐前會議、擦亮銀器和玻璃器皿，整理布巾存貨、折疊餐巾、布置桌子、清掃地板等。彌撒也是一樣，祭壇必須先準備好祭壇，鋪上桌布，祭壇用瓶裝滿酒，吸淨地毯，擦亮金盤，一切都擺設好以後，我們便會開始進行彌撒，無止盡又無聊的祈禱，不斷跪下又站起來，跪下又站起來，週而復始——我的膝蓋好幾年來都在破皮，接著會遞給牧師所需的用品，盛著象徵基督之血的的聖杯、廉價紅酒以及聖餐餅。

祭壇侍童之間總會搶工作，餐廳裡也會為了最好的服務區域爭執不休，大家都想要最好的工作——補酒、遞給牧師香座，以及拿著盤子在教徒的下巴下方盛接掉下來的聖餐餅碎屑，如果沒有搶到這些好工作，你就只能待在祭壇後方，使盡全力不要打出超大的哈欠，如果你負責拿著盤子盛接掉下來的聖餐餅碎屑，可以近距離欣賞當天所有上教堂的漂亮女孩，對著當天所有來自附近的年長女性微笑，她們看你身穿純白袍子、宛如天使般的身影，很可能會在每次請你跑腿時多給你二十五美分，我們永遠在爭取小費，等到我開始在餐廳工作，我已經很會從客人身上賺錢了。

彌撒結束後，我們都會收回捐獻籃，一個圓形的藤編籃子，帶著一根像掃把一樣的長柄，用來越過教堂的長木椅收取捐款，你會拿著捐獻籃走在走道上四處傳遞，每個人都會掏出錢捐獻，硬幣和鈔票都有，一旦收完捐獻，我們就會將捐獻籃收到祭壇後方，將錢倒進一個大盆子裡，此時，我們其中一人會從上方偷拿一點錢，通常是年紀最大的祭壇侍童。只要彌撒一結束，我們就會跑到外面兜售《教會碑報》（*The Tablet*），這是一份天主教的報紙，我們每人手上都會拿著好幾份報紙，站在教堂外面叫賣：「《教會碑報》、《教會碑報》，十美分一份！」直到賣完為止。等回到牧師宿舍，必須清算並交出我們所賺的錢，我們會確保自己至少偷留一美元，從捐獻籃和賣報紙的錢中偷拿到這個金額。

所有工作結束以後，我們會跑到角落的糖果店坐在櫃台旁，法蘭基．G和我會點兩份奶油吐司和兩杯咖啡，當時我只吃過烤白吐司，他們總會將吐司烤得非常燙再塗上奶油，蒸氣從兩塊斜切的吐司上冒出，融化的奶油從中心流出，這就是我的瑪德蓮蛋糕，我們會拿起烤得很完美的吐司，丟進加了奶和糖的咖啡裡。幾年後，我聽見主廚大衛．柏克將這種簡單的美味譽為「美食」。

我們再長大一點，咖啡和吐司變成了最後的獎賞。彌撒結束後，我們盡可能比牧師早回到他的宿舍，偷一瓶沒開封的紅酒，以及一包沒那麼神聖的聖餐餅當點心吃，從盆子裡偷個七美元，有些年紀稍長的孩子會帶大麻在彌撒時偷賣，我們就用多出來的五美元買一包大麻，躲在教堂後面抽到嗨，喝一點酒，最後，再到糖果店吃吐司、喝咖啡，此刻的吐司和咖啡享用起來更美味，因為我們的腦子已經嗨到不行了。

從教堂回家的路上，我轉進我家的街角，第一眼就看見併排停車的凱迪拉克，這些都是我叔叔、表親、家族朋友的車子，他們來我家享用星期天的餐點。這街區有個不成文的規定，如果你當天需要用車，最好不要把車子停在我家這一側的街上，凱迪拉克的豪華敞篷車和雙門轎車排成一排，擋住其他合法停放的車子，我的叔叔和他們的朋友都和黑道交情匪淺，他們總是衣著整齊、穿著訂製西裝、鞋子擦得像鏡子一樣亮，較為年長的朋友頭上帶著黑色或棕色的大盤帽，年輕的朋友則梳著油頭。他們卸下一箱箱蛋糕、糕點、麵包、酒和帝王威士忌後就把車留在這裡，房內不會有人擔心併排違停的車子，因為警車每幾個小時就會開到這個街區，確保這些車子的安全，他們彼此都認識，如同喬叔叔總會說的：「互相幫忙。」他們不像約翰．高蒂（John Gotti）那種擁有金錢和聲望、十分招搖的黑道分子，這些人就像艾爾．帕西諾（Al Pacino）在《驚天爆》（*Donnie Brasco*）電影裡扮演的那種黑道，他的角色班傑明．「左撇子」．魯吉洛（Benjamin "Lefty" Ruggiero）是一名永遠無法出頭的黑道，住在一個破爛公寓裡，錢永遠不夠，總想著成為他無法成為的人，「人中之龍」，這些人都是我的模範。

我第一次開始服務和侍酒的經驗就是來自這些星期天的聚會，這些人會坐在客廳、點燃香菸，開始玩金羅美紙牌遊戲或撲克，等著別人送上食物和飲料。他們都會抽菸，抽很多菸，我母親和許多人往後都死於肺癌。這些男人一旦坐下，飲料和食物就必須自動送上來，菸灰缸必須清空，我就得開始工作了。我會端上食物，倒幾杯帝王威士忌，清空菸灰缸，聽著他們邊玩金羅美紙牌邊說故事和罵髒話，我會盡可能滿足每個人的需求，當他們用完餐或喝完酒，再過去清理或收盤子和杯子，我會將用過的酒杯拿到角落，將殘留在杯底的幾滴威士忌集合成一小杯酒給我自己，摒住呼吸喝下去。

在那些年裡，黑道是我生活中不可或缺的一部分。我母親在一間不動產公司擔任祕書，我幾乎整個夏天都待在那裡，因為她無法負擔保母或任何營隊。四張鋪著玻璃桌墊的棕色大桌子上散落著文件，辦公室聞起來是老木頭和香菸混合的味道，我會待在辦公室或跑出去外面閒晃，夏天的熱氣太難受了，每一天都很漫長，除了星期五以外。辦公室前方有一張面對街道的桌子，平常幾乎都是空的，只有星期五「喬叔叔」會來使用，他會像名人一般走進辦公室，臉上掛著大大的笑容，親了親每一個人的臉頰，他和我沒有血緣關係，但我母親叫我這樣稱呼他，而且每次這樣叫保證都能獲得一張嶄新的一美元鈔票。他會走進辦公室大叫「小麥！」，用力捏我的臉好像要拽下一塊肉似的，再將一美元鈔票塞進我的手裡，接著走到書桌前坐下，這就表示開始營業了。人們會排在辦公室外面，希望有機會和他講幾分鐘的話，他們一個接著一個進來低聲和他談話，每個人都只會停留幾分鐘。

午餐時間到了，他就會抓著我說道：「小麥，我們去吃飯！」我們會去轉角一間名為第十九洞的酒吧吃午餐，進到店裡會先遇到一群男性，他們大部分都戴著大盤帽、抽著菸，一個接著一個朝他走來，親吻他兩邊臉頰，有時還會在他耳邊低聲說個幾秒，每週都會重複這個過程，在我眼裡，這一切似乎再合理不過了，因為我以為他也會給他們嶄新的一美元鈔票。我會坐在吧台邊，店內不會在中午開燈，身處這些戴著帽子、穿著西裝、嘴裡刁著香菸、嘴巴呼出威士忌的氣息的男人之中，我們開始吃午餐。通常會由他點餐，對著酒保大叫道：「別忘了給小麥老樣子！」我的老樣子是我吃過最好吃的燉牛肉三明治，至今我還沒吃過更好吃的，橢圓形的白色盤子上擺著半條酥脆的義大利麵包，裡面塞滿切片的燉牛肉以及熱騰騰的肉汁，燉肉的香味飄滿整個酒吧，攔截了香菸的菸味，軟嫩的肉搭配上流洩而出的肉汁，微甜的滋味最後還帶有一點鹹味，我愛死了。我很愛和喬叔叔共進午餐，那些男人、笑聲和故事，讓我好像又回到母親家的客廳，這就是我認知裡的家庭，這些片刻、同志情誼、酒精、食物、香菸，往後會演變成我在餐飲業的日常。

喬叔叔創立了一個組織，名為義裔美國人民權聯盟，他會請我母親給我組織的宣傳冊和別針，讓我到家附近發放。幾年後，我在東村一間名為維賽卡的咖啡廳櫃台吃早餐，我拿起報紙，看到《紐約每日新聞》（*Daily News*）頭版寫道：科倫波遭射殺——為生命奮鬥，頭條報導出現了喬叔叔，他顯然是科倫波犯罪家族的首領，在一場義裔美國人民權聯盟的集會中遭到射殺，我從來不知道他是科倫波犯罪家族的首領，紐約最具傳奇色彩的五大黑道家族之一，現在一切都很合理了。

讀著新聞報導，我回想起我和我母親曾短暫搬到邁阿密的時光，她當時在新加坡飯店得到一份記帳工作，這座飯店位於邁阿密沙灘柯林斯大道上奢華的保羅港正對面。同樣是每週五，一名較為年長的男士會走下來到辦公室，我母親會從保險箱拿出一個信封給他，他不太說話，離開時會順手給我一張一美元鈔票，他是赫赫有名的黑道邁爾．蘭斯基（Meyer Lansky），也是飯店的老闆之一。我能肯定世上沒有多少人可以說，他們曾被邁爾．蘭斯基和喬．科倫波塞小費。幾年後，我會意識到這層與黑道的連結對我的生活影響多深。

所有鄰居都知道不能叫任何在我家的人移車，這件事只發生過一次，鄰居的朋友前來敲門詢問是否能移車，讓他的車可以開出來。不幸的是，車主正好是名叫麥格斯的黑道，這個男人一如往常在客廳裡玩著撲克，麥格斯輸得很慘，我的阿姨打斷牌局說道，外面有鄰居想要他移車，因為他的車擋到鄰居的車了，此時，他已經

喝了好幾杯威士忌，她這麼說簡直像在告訴他，他母親被發現橫死街頭，你可以從他的臉上看到怒氣上升，他咒罵幾句，盛怒丟下手上的牌，走向大門。

接下來發生的事若說是《四海好傢伙》（*Goodfellas*）的電影情節也不為過，所有人跟著麥格斯走出去，站在前廊，看著麥格斯走向站在自己車旁的男子，說道：「你開的就是這輛破車？你要我為了這輛破車移車？」麥格斯接著走向他的後車廂，拿出輪胎扳手，敲碎那個男人車上所有窗戶，「馬上把你的破車開走！」麥格斯把他的車移開讓那個男人通過，輪胎發出刺耳摩擦聲，接著他還跟著他開了一個街區，確保他不會再開回來，你最不應該對黑道做的事，就是不尊重他們。

Fran and Lou's

法蘭與路的糖果店

法蘭與路的糖果店是一間小店，對本森赫斯特地區而言，大概就像美國小鎮理髮店和藥房之類的存在。雖然名稱是糖果店，但實際上是一間快餐店，當時每個街坊附近至少都有一間，某些區域會出現比較多間。法蘭與路的糖果店就是沿用兩位老闆的名字，糖果店為附近居民提供香菸、報紙、雜誌、早餐、午餐以及下注賭馬或其他運動賽事的機會，同時也提供冰淇淋、蛋蜜乳和麥芽飲料。你也能在這裡聽到附近居民的八卦，還有機會在這裡碰到或在躲避鄰居。

我和法蘭（Fran）或路（Lou）完全不熟，他們來自哪裡？如何開始開店？在什麼不幸的情況下相愛？又是什麼該死的原因讓他們現在還同住在一個屋簷下？我遇見他們時，他們已經不對彼此說話很多年了，彼此之間的怨恨已經轉化成全然的冷漠。路年約五十多歲，稀疏的紅髮向後梳得平整，剩下的幾撮頭髮也蓋不住長滿斑的頭皮，他有點駝背，總是穿著一件乾淨的運動衫，呼吸總是透著帝王威士忌的氣味——

早上還是清淡的酒香，到了晚上逐漸演變成難聞的酒氣。路狀況好時可以喝掉五分之一瓶，狀況比較差時會直接喝到第二瓶。他的太太法蘭與他同年，非常典型的布魯克林女性——大胸部、蓬鬆金髮、妝濃到像是抹水泥一樣，嘴裡咬著口香糖，其布魯克林口音因長年抽菸變得更厚重、更粗啞。

這間糖果店是個金礦，所有交易都使用現金，店裡顧客絡繹不絕，買報紙和雜誌、糖果和香菸、蛋蜜乳和麥芽飲料，坐在店鋪櫃台旁吃早餐或午餐。老闆路從早上班到傍晚，常駐在店舖前方一扇窗戶後面，天氣暖和時會開窗，冬天則緊閉，但無論何時都會滑開，為了滿足大排長龍的顧客，提供他們所需的東西。一進門，右邊的貨架上堆滿了各種你想得到的刊物，從《大眾機械》（*Popular Mechanics*）到《花花公子》（*Playboy*），後者會和其他黃色刊物偷偷放在貨架最頂端，讓到處亂翻的孩子無法瀏覽，或者可以說是防止身形矮小的人取得。午餐吧台正對面的兩座綠色卡座，現在主要用來堆放雜物，或者留給法蘭自己坐，已經很多年沒有顧客坐到那裡去了。

隨著一天展開，路放在櫃台下的那瓶帝王威士忌會越來越少，他會將威士忌倒進咖啡杯，一口一口啜飲。他通常會在五六點下班，他前腳一走，法蘭後腳就進來，頭上裹著頭巾，戴著一副大大的深色太陽眼鏡，手上提著化妝箱，朝著她的卡座走去，兩人換班時一語不發。她會霸占前方卡座，打開她的巨大化妝袋，從晚上六點至十一點都在妝點頭髮和化妝，她每天晚上都坐在那裡，盯著鑲著金邊、亮著燈的化妝鏡，看著自己，她擦著不同的脂粉和化妝品，在大門打開時才抬起頭，掃視走進店裡的每一個人。當她的視線從鏡子移開，仔細打量與她說話的對象，你就知道她想談嚴肅的事。法蘭化妝的過程宛如達文西繪製《蒙娜麗莎》、米開朗基羅用石頭雕刻出《大衛像》，或者韋拉札諾海峽大橋由一條又一條鋼筋慢慢搭建起來，她只有在上廁所或用吸管啜飲咖啡時才會停下來。她會等到黑道男友開著凱迪拉克來接她才去吃晚餐，他總是準時十一點抵達。她整個晚上就像對著走進店裡的每個人表演無止盡的獨白——咒罵這個顧客，向那個顧客打招呼，說說別人的八卦，與此同時，她的手也沒閒著，繼續一層又一層地上妝，直到達到她心中美麗的標準，讓她確信自己已經足夠光彩動人，可以和她的男人一起進城遊樂，我們從不知他們去了哪裡、做了什麼事，也不會有人過問。

糖果店的後方有兩座電話亭，再過去是一間浴室。路站在他前窗的位置，整天都在和常客閒聊，對著店裡兩位挺著啤酒肚的禿頭快餐廚師——海米（Hymie）和賀席（Heshie）——大喊外帶點單，這兩人從開店時就一直在這裡工作，此刻和這間糖果店一樣飽經風霜。兩人之中比較胖的廚師海米，曾經頂著一頭紅髮，現在則是會讓你聯想到僧侶的典型禿頭，他的臉比曾經有過的頭髮還紅，鼻子和W．C．菲爾德斯（W. C. Fields）一樣大。賀席比較矮，帶著粗框眼鏡，不管他在抱怨什麼事，臉上都帶著無可奈何的表情，彷彿說著：「你能怎麼辦？」他濃厚的紐約口音，厚得像卡內基熟食店燻牛肉三明治，他的遠視很嚴重，儘管戴著眼鏡，也總是彎著腰盡可能靠近眼前的東西，才得以看清。這兩人似乎認識過去四十年來每一位坐在櫃台的顧客，不斷傳授智慧、與顧客爭論關當地的球隊、婚姻的好壞、孩子、政客、電影明星黑道以及人生。他們宛如當地的智者，說的話很值得信任，很少有人懷疑。

我第一次接觸到這間糖果店是因為強尼（Johnny），他和我住在同一個街區，是典型的布魯克林人，身材以義大利人來說算高大，腰圍和五呎八吋的身高相稱，要不是有著驚人的速度和高超的運動能力，他早就被稱作胖子還會不斷被嘲笑。他曾狠狠教訓我們這裡一個敵對幫派的老大，從那天起，他的名聲也開始建立起來。我一直都是這附近最矮小的孩子，大家眼中的「矮冬瓜」，強尼就像大哥一樣保護我，他從十五歲起在法蘭與路的糖果店工作，被雇來整理星期天的報紙。

星期天下午，報紙貨車會停在糖果店前方，司機將一捆又一捆的報紙丟到人行道上，每一捆都用細細的繩子綁著，裡面包含《紐約每日新聞》和《紐約時報》的星期天版，這些版面因為不會包含任何重大消息或即時新聞，所以可以事先印好，每一捆報紙都至少半呎厚。報紙還分早版和晚版，早版是為了賭徒準備，給那些想知道賭馬結果和投注號碼的人，我們附近所有人幾乎都有在玩「號碼」，從非法賭徒到年邁祖母，都是由當地的組頭提供服務。

大家下注的「號碼」其實是三個數字，賭的是渡槽賽馬場總投注金額的最後三位數，可以在《紐約每日新聞》當日賽馬結果的底部找到。每天晚上八點半左右，客人會開始在糖果店外排隊，下注者在等大概晚上九點左右送到的早版《紐約每日新聞》，以確認號碼和賽馬結果，印著當日最終新聞的晚版報紙會在午夜左右送達。

當時生意正好，這也是店裡需要我的原因。星期六晚上，等著買星期天報紙的客人越來越多，需要處理的報紙分量也多到招架不住。某天，強尼在附近看到我時說道，他在糖果店需要人手，問我是否有興趣，我丟下了糟糕的送報工作，抓住這個機會。那時十三歲的我，已經是個不太安分的祭壇侍童，從濟貧箱偷錢，偷拿紅酒和聖餐餅，現在則被附近的傳奇人物雇用來幫忙處理報紙。我會大約七點到店裡幫忙整理報紙，等到最後一疊報紙送到以後，我會趕快把整理好的報紙送到路常駐的窗邊，路在星期六都會輪兩班，這時的他已經喝到第二瓶帝王威士忌，早就醉得幾乎站不穩了，更別說是算錢。他會大聲叫我趕快補報紙，訓斥他的顧客掏錢的動作太慢，或者直接辱罵任何他能罵的人，這是我第一次應付酗酒、瘋狂和易怒的老闆，這種情況會持續到晚版或最終版報紙在十一點半左右送達為止，最後一份報紙通常在午夜十二點半補滿，這是一個下班的完美時機，因為麵包車會在此時抵達，送來星期天要賣的糕點，司機會將法蘭奇甜甜圈、起司蛋糕等各式糕點搬進店裡，為了明天開店做準備，司機每次都要花好幾分鐘試圖從早已醉得不省人事的路身上收錢，此時，強尼會拖住烘焙坊貨車司機，我負責偷偷溜到貨車後面偷拿幾盒甜點。就這樣，我的餐飲業生涯正式展開了。

店裡最忙的時刻是早餐和午餐，整間店充斥著布魯克林的居民和邊緣人，這些人都是常客，一名臉上岔出幾根毛髮的年長女性坐在櫃台，不論天氣如何，她都穿著米色羊毛薄外套，尼龍褲襪捲到腳踝，早已磨損的紅色高跟鞋兩側也已經脫皮，她會坐在那裡對自己低聲說話，駝著背喝完一杯咖啡。路會讓她坐好幾個小時，至少據我所知，他也不會向她收錢。另外還有高利貸業者山姆（Sam），長得很像《哈利波特》裡的海格，宛如龐然大物，即便是夏天，他還是穿著同一件破爛棕色長大衣，頭上永遠戴著磨損的棕色大圓帽。在他中風以後，他還是會不斷咀嚼著沒有點燃的雪茄，還是會在後方的電話亭裡收賭注，嘴裡咬出的雪茄汁沿著下巴滴下來，因為半邊癱瘓的臉讓他無法吞口水，他將自己龐大的身體塞進電話亭，也因為他無法完全將電話亭的門關起來，整間店都聽得到他在收賭注的聲音，所有人都知道在下注期間不能使用電話。他一天會重複這個過程兩次，一次是日間下注，一次是夜間下注，電話筒從他耳邊垂掛下來，他不停點頭，並重複來電者當天的投注內容。還有三名坐在櫃台的男性，整天都在談賽馬和體育，一個是身障，一個退休了，還有一個長期失業，他們總有故事、怨言和笑話可講。

路星期六喝得越多，他那兩班工作就做得越痛苦，我想他也意識到了這點，所以讓強尼負責「前台」晚班，這是我第一次真正理解「外場」的意思。強尼非常擅長值星期六的班，所以他很快就被升職為晚班經理，這個決定不知道是好是壞，全看你怎麼衡量利弊。路負責管理前台時，只要喝下兩瓶帝王威士忌，就是災難的前兆，強尼應該還算好的了。

隨著強尼完全坐穩了晚班經理一職，我在店裡的地位也穩固了，我負責跑腿、送貨，幫高利貸業者山姆收錢，打掃店外，整理存貨，只要有需要，我隨傳隨到。

終於，我等到了一個時機。那是個安靜的星期六下午，我在店裡閒晃、等著送貨，此時，猶太人小子豪伊（Howie）打電話來請病假。當時的我剛滿十三歲，腋下、腿上和下體的毛才剛長出來，即將要去做我年輕生命中最令人興奮的事之一——負責汽水站，沒有經驗一點都不重要，我站在櫃台後方，穿上白色圍裙，因為不懂怎麼繫圍裙，還需要別人幫我打結，這件圍裙大到足以纏繞我的瘦小的身體兩圈，我當時個頭十分矮小，站在櫃台後面幾乎看不見，汽水的龍頭比我高太多了，我必須踮腳尖才有辦法拉下把手。我操作那些汽水龍頭，就像美國愛荷華號戰艦的砲手。我也許看起來像個小孩，但我服務那些叔叔學到的所有端酒經驗都用在這一刻，效果顯然不錯，我很快就開始固定在週六上班，從早班到晚班，另外還有其他晚上的班。汽水站現在歸我管，那些龍頭都乾淨得閃閃發亮，面前的櫃台一塵不染，我在汽水龍頭放了一個牛奶箱站在上面，現在我調製飲料時可以俯視龍頭了，我成功了，我現在也屬於「那群小伙子」了。

幾個月後，我被提拔為快餐廚師，海米教我如何徹底清理整個廚師工作站台，他訓練我，就像在準備為諾曼第登陸訓練新兵一樣：刷洗烤台（關鍵是蘇打水）、擦拭冰箱、確認清除所有灑出來的牛奶、碎屑和老鼠大便（一個可愛且為數眾多的老鼠家庭就住在這裡），清洗鍋子和水槽，清理切肉機上的碎肉，擦拭砧板和刀子，清理上面滿是肉和配料的備料桌，刷洗水槽，儘量擦掉上面的油垢，將剩食包裝並存放好，補足任何存量過低或缺少的食材，讓一切保持乾淨、整齊、有序。我第一次清理工作站台的晚上，心裡很害怕，如果做錯會惹海米生氣，我按照指示徹底刷洗每一樣東西，沒有放過任何一個細節，刷洗和去除所有平面上的油垢，撿起每一塊食物碎屑，所有配料都包裝並存放好，這個清理工作我做得十分徹底，甚至可能還花了比實際值班時間還長的時間，我還拿起兩個看起來好像從來沒被清潔過的鑄鐵鍋，將它們徹底清潔一遍，我拿著那兩個飽經風霜的平底鍋，鍋子的兩側堆滿油垢，上面還黏著腫瘤或疣一般的凸塊，我非常認真刷洗，如同我在擦亮女王的銀器一般，我用香皂、鋼絲絨刷洗，用刀子將凸塊刮下來，經過至少三十分鐘的清潔後，我成功讓這兩個身經百戰的鍋子看起來宛如我叔叔的凱迪拉克：象徵性愛和權力的閃亮亮機器，準備好煎蛋煎到下一個世紀。

我隔天上工時，準備迎接法蘭與路的糖果店從未出現過的努力而得到的讚美，但我看著路站在他前台的崗位，隱約覺得事有蹊蹺，他臉上掛著一個病態、瘋狂、得意的微笑，此刻是下午三點，我想他今天一定過得很糟糕，因為他已經喝到第二瓶帝王威士忌了，這時，我看見有東西朝我飛來——那個我前一晚用盡全力刷洗得很漂亮的鑄鐵煎鍋，如同懷提．福特（Whitey Ford）的快速球一樣飛過來，差一點打中我的頭，還掃掉了我身後的一排雜誌，海米站在那裡，怒目瞪著我，滿臉漲紅、暴跳如雷，手裡還拿著主廚刀，大吼著我聽不懂的話，但從語氣來看，我知道他想殺了我。他越過櫃台朝我撲過來，還好一直在場的高利貸業者山姆將我推出大門，叫我趕緊逃命。路醉醺醺的瘋狂笑聲蓋過了海米的怒吼，我犯的是什麼錯呢？其實那兩個像是罹癌的煎蛋鍋一點都不糟，而是精心養護的煎鍋，經過了二十多年的使用，現在可以煎出一顆又一顆完美的蛋，不會黏鍋也不會讓蛋破掉，早餐上的一顆珍寶，我後來才知道，刷洗鍋子會毀掉鍋子上的「調味層」，導致所有食物黏鍋，浪費無數顆機蛋，還得面對早餐時段生氣的客人，讓海米的早上變得極度悲慘，我當時不知道的是，這不是第一次有主廚想要殺了我。

我現在固定在糖果店工作，這裡就像我的家，我幾乎在這裡完成了所有事——賺錢、認識女生、和附近鄰居聯絡感情、在地下室呼麻、打響名聲、在當地變得小有名氣。一旦強尼得到法蘭和路的信任，這裡就變成可以免費各取所需的地方，店裡都收現金，所以現金會不斷湧入。路會把所有現金都收在錢袋，也就是藏在他站的窗口下方香菸紙箱後面的白色袋子，一天結束時，他會把一捆一捆的錢拿去銀行存。在他一天喝兩瓶帝王威士忌的那幾天，他有時會忘記，將當天的營收留在收銀機，再把這些錢算進晚班的營業額，一旦收銀機裝滿，前台的人就會將錢捆起來放進錢袋，在忙碌的星期六，這樣的情況可能會發生兩三次，錢袋裡的錢多到滿出來。

強尼坐穩了晚班經理的寶座以後，他的財務前景也出現了顯著改變，這名高中輟學生突然開起了一九六五年的三菱跑車。後來我根據各種資訊判斷，他肯定有固定從錢袋裡撈錢，從前方窗口賣掉的東西都沒有記錄，這是現金交易的店面，我想路也盡可能向國稅局短報收入，每次要清點營收並將錢放進錢袋裡時，強尼都會捆好幾疊現金自己留起來。路總是在喝酒，法蘭對自己的妝容和當地八卦以外的事一概不在乎，沒有人會注意到幾百美元不見。我很快也加入他們，開始了一點副業，我們招攬了附近的傳奇人物艾迪（Eddie），負責擔任逃跑和運送時的司機。麵包車是小事業的第一步，當車子停在店門前，我們會等司機進入糖果店，其中一個人把風，其他人從車上拿幾盒糕點下來放到艾迪的車上，後來我們的事業也擴展到冰淇淋和汽水，當我們把貨從車上搬到地下室，我們也會把一些放到艾迪的車上。

最有利可圖的副業是香菸，貨車司機會停在店外，我們把一盒盒香菸拿到放在店面後方，經過電話亭，正上方有一個存放區，我們會拿梯子讓其中一人坐在上面，另一個人拆開盒子將一條又一條香菸遞給梯子上的人，按照品牌擺放存貨，當我們在補存貨時，通常是坐在梯子上的豪伊會拿著訂單，把需要的貨丟進下方的電話亭，我則是站在梯子前，阻擋任何可能想走到後方或會看見電話亭裡的存貨的人。後方電話亭塞滿一條條的香菸，我們會再拿一個大垃圾桶裝滿香菸存貨，上面蓋上垃圾後推到店外，艾迪會在他的車旁等待，我們將香菸倒進他的後車廂後，他就會開去送貨並收錢。多年後我才知道，將違禁品放進垃圾桶運出去，是一種將偷來的東西運出餐廳的常見手法。

還有另外一個可以多賺幾塊錢的方式——豪伊和我發現週六晚上會出現很多現金，多到我們應該有利可圖，等到晚上十點半，錢袋通常塞滿了錢，星期五晚班的營收、星期六午餐時段的營收、強尼在早班賺的錢。服務完早班時段的顧客人潮後，強尼總會準時去上廁所，法蘭進入化妝的最後階段，沒空幫忙顧前台，唯恐她臉上的傑作會因此被打斷，強尼會叫我過去顧現在無人看管的前台，從收銀機後方走出櫃台，抓起《紐約每日新聞》和《紐約郵報》往廁所去。我們大約有十五到二十分鐘的空檔可以執行計劃，如果我看見他偷拿一本色情雜誌夾在報紙裡，對我們就更有利，這表示他會在廁所裡待更久，因為他邊大便邊打手槍。我站在收銀機後的窗口，豪伊則四肢著地趴在地上，從我後面爬過去，拉開錢袋，看我們偷拿多少錢不會被發現，必須考慮路當天喝了多少，強尼會偷多少，剩多少錢比較合理，整個過程大約需要十分鐘，運氣好的時候，一個人能各拿三十到五十美元。

某天晚上，所有跡象都顯示是個好時機，法蘭專注在她的妝容上，強尼在廁所裡，希望他的小弟弟也在他手裡，我們準備好了。我身後的豪伊趴在地上數錢，強尼突然從廁所出來，為了警告豪伊，我抬起腳踢了他一下，但我可能不小心踢得太重，腳底直接踹到他的鼻子，他低聲地嗚咽了一聲，鼻血噴出來時，強尼剛好轉過轉角，豪伊還來得及馬上躲起來，走到廁所清理自己，但這個鼻血流得值得，我們那天收獲一百美元。

我在糖果店工作的最後一年，我們拓展了事業版圖，一切都要感謝紐約市最棒的恩惠。娘娘腔羅倫佐（Lorenzo）的哥哥是警察，他常常會把緝毒行動中私吞的毒品帶回家，根據當天罪犯的不同，可能會有大麻、迷幻藥、安眠酮、巴比妥酸鹽藥物（Seconal、Tuinal），這些派對用藥的需求量很大，大麻、迷幻藥、安眠酮在高中生之間最暢銷，幾乎所有藥物在男同志社群都很搶手。突然間，附近每一位高中生都湧入店裡排隊買蛋蜜乳，他們會進到店裡，坐在櫃台邊點一杯蛋蜜乳，等到飲料端到他們面前，餐巾紙下方就會藏著他們選購的毒品，這個生意蓬勃發展，我也因此得到兩台十段變速腳踏車，一輛三點五匹馬力的迷你檔車、各式衣服，以及足夠我度過整個青春期的毒品。

接著，態勢每下愈況——整個城市混亂不堪，犯罪事件層出不窮，警察貪汙腐敗，性侵案與強盜案的數量在短短幾年內增加兩倍，謀殺案在一年內從六百八十一件飆升到一千六百九十件，地鐵裡空無一人——我們認識的人都不會在晚上搭地鐵。高中裡出現種族衝突，我的高中也是，一到中午，我們便會離開學校去吸毒和賣毒，完全不用承擔後果，校園內不安全，還是待在外面比較好。我的兩名朋友因用藥過量而死，羅倫佐則是吸毒後精神恍惚，開著一輛贓車輾過兩名長者後被捕，街頭上充滿暴力行徑，你總是差一點就會被搶劫或被暴打一頓。

某天晚上，我清醒了，我們其中幾個人不再吸迷幻藥了，基於某些原因，我和其他人漸行漸遠。某天，太陽出來後，我四肢著地趴在小學母校的操場，在人行道上爬來爬去，深信水泥地裡的礫石是來自上帝的訊息，不管我多麼努力，就是無法無法理解其中的含意，但我很確定，這是老天爺試圖傳遞給我的重要訊息，足以可以改變人生。隔天，我領悟到其中的含意了，當時十七歲的我無處可去，如果我繼續待在這裡，很可能就會像其他人一樣，不是遭到逮捕，就是用藥過量致死，我必須離開。我有一個親如手足的表姐，當時搬到佛羅里達州的好萊塢沙灘，她一直告訴我，隨時都可以搬去跟她住。一個星期後，我就搬過去了。

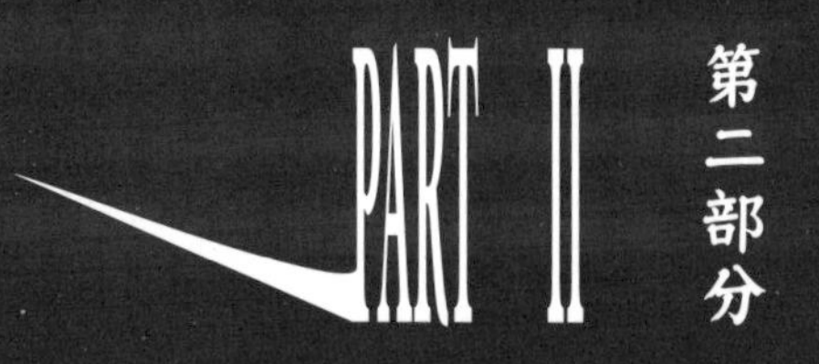
PART II
第二部分

Back to the City

回到城裡

我在邁阿密完成高中學業，某天，一位朋友將《花花公子》塞到我面前，指著一段文字，寫著佛羅里達大學剛被票選為國內第一名的派對學校，說我們就是要進這所大學。我當時沒有任何計畫，因此，這對我而言似乎是個好意見。我們都申請並錄取了這所大學，果真沒令我們失望，經過派對不斷、成績一塌糊塗的大一後，我轉性了，開始認真對待課業，取得好成績，也接觸到了劇場。當地的競技場劇院正在為一檔演出招募演員，我花了好幾個小時準備人生第一次試鏡，我得到了這個角色，結果發現我的第一個角色和表演藝術才華一點關係都沒有，除非你認為和十二位年輕演員一起在台上裸奔也算是表演，一群十八到二十歲的年輕肉體赤裸地走過舞台，有什麼比這個更能吸引觀眾呢？由此開始，我在劇院裡待了四年，認真演過幾齣戲，也許更重要的是，我遇見引領我踏入餐飲業的人。

劇院開季後幾個月，我們被告知劇院即將接受審核，有機會成為國家藝術基金會補助的機構，這對我們來說是一件大事，獲得補助能幫我們這間新成立的劇院打響名號，也能帶來我們迫切需要的資金。審核工作是由羅伯特・摩斯（Robert Moss）執行，他當時是紐約市劇作家地平線劇院的製作總監，他檢查了一下劇院，看了一場表演，被劇院高層們招待了美食與美酒，他顯然很喜歡看到的一切，競技場劇院也闖出了名堂，很快就被認可為佛羅里達州立劇院。雖然我在劇院審核期間沒見到他，但我確保自己記下他的名字和劇作家地平線劇院，不久以後，這兩個名字即將改變我的人生。

錄取紐約大學英文系碩士學程是我回家的契機，學貸通過以後，我便開始找房子。曼哈頓當時的空屋率是百分之一，也就是說你幾乎不可能在這個都市叢林裡，搶到一個負擔得起的房子，雖然這座城市已經破產，犯罪率也達到高峰，但我絕對不會回去住布魯克林，儘管困難重重，我還是堅持要在曼哈頓找到房子。

《鄉村之聲》（*The Village Voice*）是一份能讓你找到便宜房子的報紙，我瀏覽了上面刊登的廣告，圈起那些我似乎負擔得起、治安又好的區域，前往看房，但當我抵達時，房子要不是已經被租出去了，就是前面至少排了二十人要看房。過了一個多星期，我發現這麼做只是徒勞無功，必須想出更好的辦法。

我試了所有我能想到的辦法，找當地人詢問，嘗試吸引任何有房的人，請他幫我在同一棟裡找到房子。我也會翻閱訃聞版，再從電話簿裡交叉比對死者的名字和地址，如果他們住在我還能負擔的區域，我就直接去那棟樓找管理員，如果房子還沒租出去，就試著花錢收買他。我會在破曉時分在書報攤前等著報紙送到，快速瀏覽廣告，衝去查看最可能租得到的物件，對我而言，就是最便宜的那間。我最厲害的手法是直接打電話給《鄉村之聲》，問他們星期三報紙派送的第一個點在哪裡，答案是阿斯提宮劇院（Astor Place）旁的書報攤，這個書報攤至今還在營業。好幾週以來，我都是排第一的顧客，但其他人很快就趕上了（雖然我認為我是第一個想出這個方法的人），到了第三週還是第四週，我前面大概排了二十個人在等報紙送來。

找了三個月的房子後，我看到一則廣告，竟然是在久負盛名的《紐約時報》，一間位於東村月租兩百五十美元的房間。每個人都叫我遠離東村，因為那裡的治安每下愈況，很多建築物被燒毀，犯罪和毒品猖獗，老舊的貧民窟公寓大樓長期以來都是世紀交替時的移民避難所，那些公寓大樓破舊不堪、充滿害蟲，他們言之有理，但我已經別無選擇。我當時已經看過許多房子，大多數都不適合居住，牆面破裂，電器無法使用，以及被稱為套房的衣櫥。紐約大學附近有一間所謂的公寓房間，位在地下室，由儲藏室改裝成他們口中的套房，裡面附有宿舍尺寸的冰箱和加熱板，如果你願意打掃走廊和倒垃圾，就能花兩百美元的優惠價獨享整個空間，但我放棄了。另一間房子位於第二街的一棟大樓，我的表親艾迪二十一歲時就是在這裡因用藥過度而死在走廊上，導致他用藥過度的海洛因，就是來自住在這棟大樓裡的藥頭。

我花了一整天打電話給東村的房東，最後終於有人接起我的電話，我們馬上約了隔天看房，這間房子位於東村的東第六街，當我走過去看到房間，馬上意識到我的表親里奇（Richie）就是在這裡遭到殺害，他之前也是毒蟲，意外在街上遇到幾個債主，這些債主將他毆打致死，死亡位置大概和我站的地方隔了兩棟建築物。儘管聯想到這些回憶，我還是租下了這間房子，這是一間非常典型的東村貧民窟公寓大樓，房間很小，浴缸在廚房裡，輕柔的微風就能將窗戶吹得嘎嘎作響，地面凹凸不平，這裡太棒了，我再次回到熟悉的地方了。

Playwrights Horizons

劇作家地平線劇院

羅伯特・摩斯是一名成功的百老匯舞台經理，他憑藉著活潑又迷人的個性、對細節的執著以及巨大的野心，在紐約劇院區創立了劇作家地平線劇院。第九大道、第十大道和第四十二街圍成的街區裡有著關閉多年的妓院，只有他和少數幾個人，看見這些妓院改造成劇院區的價值。他與現任林肯中心劇院藝術總監安德烈・畢曉普（André Bishop）合作，將劇作家地平線劇院變成最重要也最有名的外百老匯劇院之一。我打電話到劇作家地平線劇院找鮑柏（羅伯特的暱稱），我報上名字並表示我們曾經見過面（謊言），我告訴他，我現在就讀紐約大學，在競技場劇院待過五年，正在尋找劇院的工作機會。他邀請我面試，面試相當順利，馬上被雇用為他的助理，我得到了一份工作，呃，算是吧，算是有了個職稱——製作總監助理——但沒有薪水。

劇作家地平線劇院當時如日中天，一年多前，李察・吉爾（Richard Gere）才在彩排中途退出，跑去演電影《尋找顧巴先生》（Looking For Mr. Goodbar），劇作家詹姆斯．雷平（James Lapine）、泰德．戴利（Ted Tally）、威廉．芬恩（William Finn）、克里斯多福．杜蘭（Christopher Durang）、亞伯特．音諾拉圖（Albert Innaurato）也在這裡開發或公演其作品，我很興奮能夠參與其中，但一個長久以來的問題還是沒有解決，我一貧如洗。然而，鮑柏不想失去我。某天，他走進辦公室，問我有沒有做過服務生，我告訴他，我曾在糖果店裡負責汽水櫃檯及擔任快餐廚師的經驗，他似乎覺得這樣就夠了，他告訴我，他會幫我找到工作。

劇院正旁邊的拉魯斯（La Rousse）過去是一間妓院，牆上美麗的壁畫是妓院時期留下來的遺跡，畫面中躺著一名裸女。這裡以前叫法國宮殿，花上十美元就能保證獲得「全套的滿足」，新店名是為了致敬老闆之一的雅林（Aline），一名紅頭髮、身材肥胖、脾氣火爆的女子，她就像餐廳裡的「媽媽桑」，另外一名合夥人是前任演員提摩西（Timothy），神經質的他總是像在生氣又很累的樣子，不知道是什麼力量將這兩個人湊在一起，但下場就是管理無能、爭辯不休、針鋒相對，再加上酩酊大醉的雅林，感覺就像法蘭和路的翻版。

某天，鮑柏帶我去和提摩西坐下來談，告訴他我需要一份能賺錢的工作，我當場就被錄取了。這間餐廳我很熟悉，鮑柏常常和劇場界的菁英在這裡共進午餐，身為助理的我也會跟在一旁。餐廳對面就是曼哈頓廣場公寓大樓，這兩座公寓大樓原先是為了上流社會和中產階級的居民所設計，一九七〇年金融危機時轉變成表演藝術工作者居住的低價房源。兩棟建築物裡住著年紀不分老少的演員，遺憾的是，同時也住著衰老的酗酒劇作家，年邁體衰的田納西．威廉斯（Tennessee Williams）在這裡有間房子，威廉斯會定期到劇院辦公室找鮑柏，滿嘴酒氣地訴說他想呈現的新作品，但我從來不記得看見任何劇本，他們的會面總會以拉魯斯的午餐作結，我也會跟在旁邊記錄，吃著菜單上最便宜的餐點，這是我第一次接觸到法式料理，這種料理風格到頭來幾乎為我的餐飲業生涯定調。

與威廉斯共進午餐總是有趣又感傷，他會一邊喝著酒，一邊含糊其詞地說著新作品，酒喝得越來越多，他說的話就越沒邏輯，看起來也越可憐。我有幸與之共進午餐的賓客包含約翰．豪斯曼（John Houseman），當時他正出演當紅影集《寒窗戀》（*Paper Chase*），還有一間以他為名的劇院剛成立。還有導演哈羅德．克魯曼（Harold Clurman），他的著作《關於導演》（*On Directing*）至今還是演員和導演必備讀物。南西．馬茜（Nancy Marchand）和她的丈夫保羅．史派瑞（Paul Sparer）、年輕的克里斯多福．李維（Christopher Reeve），他當時正在為《七月五日》（*Fifth Of July*）接受演技訓練。劇作家蘭福德．威爾森（Lanford Wilson）、泰德．戴利（Ted Tally）、導演傑拉德．古提雷斯（Gerald Gutierrez），族繁不及備載，都是當時很活躍的大人物。

誰不想要身在其中呢？這個空間總是充滿令人興奮的賓客，還有機會賺一點錢，我馬上決定要在拉魯斯工作，於是和提摩西約定了受訓的日期。

Restaurant 101

餐飲業入門

沒有什麼能比繁忙的餐廳更充滿活力，尤其是充斥著各行各業名人的餐廳，笑聲、乾杯聲、酒精催化下的激烈對話、生日和紀念日等各式慶祝活動，與陌生人分享的喜悅、幸福和快樂——那些僅僅相聚一晚的人，不論他們表現得好像認識你一輩子，你還是對他們一無所知，但在那個當下，這些陌生人像家人一樣愛著你，一切真的太完美了，部分原因是它沒有和過去任何痛苦相關的連結和回憶。

如果一切順利進行，那就是家庭生活裡最美好的部分，幾個小時內，這些臨時家人變成我們一直渴望的樣子，如同麥當勞聖誕廣告一遍又一遍不斷重複。然而，如果一切不順利，你又剛好是身處這場混亂之中的服務生、酒保或經理，那就會如同遭受水刑一般，這可能是一種令人上癮的循環，吸引各種成癮傾向的人——酒鬼、毒蟲、暴力受害者、爆怒的人、自戀的人——全部都被丟進這個令人難以置信的高壓環境。我所共事的許多人，包含我自己，至少都會表現出一點這種功能失調的症狀，再將此特質與服務他人、表現良好、取悅父母、渴望獎勵等心理因素結合，就差不多等於餐旅業，你也因此得到助長人類各種失調的配方。

幾年後，當我試著戒酒，我也被迫面對我自己的失調。我母親先天髖部有問題，必須動手術並住院將近一年，沒有任何一位黑道叔叔或他們的妻子願意幫忙照顧我。我因此被「寄養」在朋友的朋友家裡，那個家庭有兩個孩子，十三歲的男孩和十一歲的女孩，我對那裡的記憶大多是模糊的，那是一段我花了好幾年嘗試透過酒精和藥物忘記的模糊記憶。我抵達的第二天就被清楚告知家規，這兩個孩子都被抓到偷東西，母親把他們抓到廚房，點燃爐灶上的爐心，將他們的手指放在熱得發燙的爐心上，那尖叫聲相當可怕，預示了我未來一年在這個家裡的悲慘命運。那段時間裡，我遭受了心理和生理上的虐待，那個男孩對我很殘忍，女孩對我還算好一點，因為她「玩弄」我以後，會緊緊抱著我一起睡到天亮。這樣的虐待也持續到屋外，對附近的小孩來說，我就是個陌生的外來者，只要他們在放學回家的路上抓到我，就會把我痛打一頓，我待在那裡的時間，沒有見過任何一位家人，後來我才意識到為什麼餐飲業如此適合我。

服務生往往是一群有魅力的人湊在一起，投入一場形式特別的戰役，服務這份工作混合著糟糕和極端的特質，每天重複著一種生活在懸崖邊緣的感受，追求著需要或以為自己需要的事物。在我三十五年餐飲職歷裡，同樣的故事不斷重複上演，只是出現在不同的人身上，但故事本身從未改變，我就這樣走進了這個充滿自我、成癮、酒精、藥物的熔爐。

受訓第一天，我被分派給一名資深服務生，「見習」她的工作，也就是跟著一名服務生直到下班，主要是觀察、瞭解該如何完成工作，學習餐廳的特殊風格。負責訓練我的是一名前摩門教徒，金髮薄唇的她很有魅力，而且很有效率。她不太愛笑，但天啊！她真的很厲害，你可能不會想帶她去參加派對，但當你在趕時間時，一定希望是她為你服務，就像《飛越杜鵑窩》的護理長拉契特，效率高到簡直像納粹的典範——加上一頭金髮、蒼白的皮膚以及行軍般的態度，完全可以勝任。她工作時完全按照規定，拒絕任何不合理對待。

上工後，每個人都會做著指定的工作，一、兩名服務生布置餐桌，另一名服務生負責擦亮玻璃器皿和銀器，還有一名負責折疊餐巾，由於這是一間小餐廳，沒有助理服務生幫忙清理桌子，也沒有傳菜員幫忙端菜，服務生什麼事都得自己完成，這也是學習服務各個面向的好機會。如果是大一點的餐廳，助理服務生除了布置和清理所有桌子以外，還得做很多事前準備和體力活，這些工作既會弄髒自己又繁重：幫忙補齊酒吧用酒、拖地、倒垃圾、清洗垃圾桶、排桌子，除此之外，他們還要在客人用餐完畢後清理所有盤子，傳菜員通常是負責準備好廚房的一切，以及將餐點端上餐桌。然而，在拉魯斯餐廳，全部都要自己來，對我日後轉職到其他餐廳來說，是極為寶貴的經驗。

那位前摩門教徒除了討厭訓練菜鳥，也討厭大多數人類。雖然她工作非常有效率又能幹，但沒人比她更不適合每天面對大眾。對她來說，每次上班都宛如坐牢，能夠越快度過越好，除非你是能給她好處的「業界人士」，那麼她就會化身成葛麗絲．凱莉（Grace Kelly）和凱薩琳．赫本（Katharine Hepburn）的綜合體，又酷又性感，世故老練又尖酸刻薄，我不相信她曾因此獲得任何演出機會（雖然她確實嘗試過幾次），她最後還是放棄舞台，選擇和一名有錢的製作人並結婚生子。但在上班時，她盡其所能使出她平庸的演技，度過晚班工作時間，她只講求效率的工作態度，讓她和其他服務生完全不一樣。她會走到一張桌子旁，露出她的假笑，記下飲料點單，走到吧台點餐（當時餐廳的電腦系統還沒發明），再到下一桌重複一樣的動作。

拉魯斯是一間劇院餐廳，下午五點開始供應晚餐，這個供餐時間點夠早，足以吸引觀眾在看戲前先坐滿第一輪座位。五點到五點半會有一批零星客人進來，六點左右一半的桌子會被坐滿，六點到七點四十五餐廳會爆滿，接著就會有一大群客人離開餐廳，前往劇院看戲。六點前，她算是不錯的老師：帶著我一起去接客人的飲料點單，點餐，再到下一桌，重複動作，端上飲料，回到第一桌，接客人的餐點點單，點餐，再到下一桌，重複動作。客人井然有序入座時，整個流程都很順利，可惜餐飲業不是如此運作，客人不會為了照顧服務生的心情，每隔十五分鐘才出現一群人，還平均分散在不同桌，他們想來就來、想點餐就點餐、想離開就離開，服務生的工作就是要懂得如何預測，並且即時、友善又有效率地完成工作，你的生計和工作量都取決於此。

然而，受訓的第二晚，我們有點招架不住，所有桌子同時坐滿客人，我的老師不太友善地讓我知道，我他媽不要擋住她的路，我只是屎一般的菜鳥，不但會妨礙她冷冰冰、機械式的服務過程，還會使她的收入銳減，她絕不允許這種事發生。我很擔心同時失去性命和工作，所以退到一旁觀察她工作，優秀的服務生能多工處理也會預測，她知道哪一桌可以多等五分鐘，哪一桌會在她幫忙點餐時提出最多問題，哪一桌坐著需要許多關注的男性，會一直纏著她說一些難笑的笑話，炫耀自己在外面有多風光，與此同時，雖然她假裝在聽，也一直心裡計畫——接飲料點單、點餐、上飲料、取餐、上菜、收桌子、遞上甜點菜單、接甜點點單、上甜點、遞帳單，她這一整套流程就像一支沒有音樂陪襯的芭蕾舞。

隨著尖峰期到來，她的嘴唇會抿得更緊，微笑越來越僵，她給客人的回覆也越來越短，她在這九十分鐘的尖峰期間，呼吸可能沒有超過五次，她把情緒都藏在心裡，我很快發現，她唯一的宣洩管道是走出餐廳抽著一根接一根的菸，她在服務生之間惡名昭彰，總會因為其他服務生的過失而責罵他們：沒有補滿餐具、沒有清空髒碗籃、沒有替換她霸占的玻璃杯，如同《李爾王》裡的台詞：不要阻止龍的怒火。這是需要謹記的名言。

在這場混亂中，雖然有點令人害怕，但也讓我微微想起布魯克林那間糖果店，我熱愛在那裡工作的每一分鐘，熟悉的感覺又回來了。到了受訓第三天，我被安排獨立招呼三桌客人，這真的很有趣，我感覺很自然，我在客人之間如魚得水。整個晚上她就像掠食者盯著田鼠一般緊盯著我，隨時準備撲上來，她會立刻糾正我無用的努力：「在馬丁尼變淡以前趕快端走！補餐具！酒吧需要杯子，趕快收那桌，你沒聽到上菜鈴嗎？那是你他媽要端的菜！趕快去端菜！你不要害我少賺錢！幹，你就是在害我少賺錢！」見習生分不到小費，只會被罵而已。

儘管一開始還不太會掌握時機，也不太清楚我們的餐點裡面到底有什麼食材，以及如何把餐點端給對的客人，但我的表現不算太糟。晚班結束時，前摩門教徒說道：「你還不算太爛。」我當作這是讚美了。

這次見習我學到幾件事：不要擋到其他服務生的路，除非想被推擠、被狠瞪、被低聲咒罵，以免尊貴的客人發現這個惡言相向的人，其實是一名可悲、失意又失敗的演員，下午可能才搞砸一個試鏡，而主廚討厭你，酒保討厭你，除非他們想上你或者即刻需要什麼，好讓某個坐在吧台用餐、剛點了一瓶昂貴波爾多的大牌，可以給他多一點小費。幫客人上酒動作要快，因為只要客人喝了酒，他們滿意你服務的機率就會直線上升。餐廳裡最友善、最善良的一群人是移工——他們薪水最低、福利最少好處、工作最辛苦。

我的服務生同事就是你在紐約市餐廳裡常常看到的那群人，其中有「演員」酒保——將近四十歲，一個幾乎不會和任何同事交談的自大混蛋，除非如同前述，他想上你。幾個月前，他得到了一齣外百老匯劇裡的小角色，可以和電視明星同台，他一直炫耀此事，顯然他上一個酒保工作會被開除，不是因為偷東西，就是因為他得離職去演所謂的外百老匯劇。接著是「嬉皮」——一名大學生，蠢歸蠢，但好有魅力，長髮過肩，全身散發著汗香和性感的氣味，大家都想上她。

「典型服務生」，三十幾歲，同性戀，出身中西部某處，頂著稀疏的金髮，在他僅存的幾撮頭髮中可以看得見髮株移植的痕跡，他一直都在上表演課精進演技，但始終沒有獲得任何演藝工作。典型服務生的男友四十出頭歲，金髮，非典型的帥哥，鼻子占臉的比例過大，髮際線後移，平頭的頂上留有一塊茂密的金髮，尖酸刻薄卻非常幽默，他總說自己會成名是因為他和傳奇演員導師金．史坦利（Kim Stanley）有過一段情，典型服務生很少說這件事，只要他不在，他男友就會滔滔不絕。

主廚近三十歲，又高又瘦，長髮及肩，蓄著八字鬍，典型的法國人：短下巴、挺鼻子、法國口音、脾氣火爆，能力和納森連鎖餐飲的油炸廚師差不多。「喜劇女演員」，二十幾歲，身材矮胖，懷著雄心壯志的站立喜劇演員及演員，非常好笑，事實上不討厭任何人，對自己的工作非常在行。雅林的母親，將近八十歲，曾經是淡金色的一頭長髮，現在已經轉為灰白，總是綁著法式髮髻，大家都喜歡她，聽說她年輕時還曾是畫家馬蒂斯（Henri Émile Benoît Matisse）的模特兒。

接著是兩位店主，丟三落四的雅林，頭腦總是很迷茫的酒鬼，完全沒有能力經營一間餐廳，她是男同志最愛的閨密，也是餐廳的門面，擁有一大批追隨者，骨子裡充滿哀傷又帶著一顆有點破碎的心。另外一名店主提摩西，個性像吉娃娃，神經質又大嗓門，若沒有適時關注他，整個人就會變得很惡毒，他了解餐飲業，只要雅林不打擾他，他可以將餐廳經營得還不錯。

我正式上工的第一天開始得還算順利，雅林帶著一對曾經來訪過的恩愛情侶入座，她知道他們想要什麼，不太需要服務生幫忙，不需要別人認可他們的點單，特別是我，一位幾乎零經驗也無法認可任何事的服務生。我服務的第二組客人是一張六人桌，這張六人桌顯然需要花上更多時間，這六名來自長島的女人要在開演前吃一頓相對評價的餐點，為自己冒險闖入犯罪、性愛、毒品和劇場聚集之地而感到興奮，她們需要「非常多」關注。

飲料點單不算太困難：葡萄酒和幾杯我知道怎麼處理的雞尾酒——曼哈頓雞尾酒配櫻桃，馬丁尼配橄欖，琴湯尼配萊姆，正當我將配料放上飲料，演員酒保站在那裡，直瞪著我看，雙手交叉於胸前，不懷好意地笑著，如同野獸緊盯獵物般觀察著我，等待好時機撲上來，扯斷我的脖子，只要我膽敢把櫻桃和橄欖放錯杯子。我當時還沒像日後那麼有自信，如果再遇到這種人，我會直視他的眼睛，叫他滾蛋。此刻的我只能緩慢謹慎地將每一片水果放進正確的雞尾酒裡。

都是因為演員酒保，害我總是花很多時間準備飲料，才能回到自己的服務區域。此時，我又看到三組客人入座：兩張兩人桌、一張一人桌。我要為長島客人那一桌端上飲料時，剛好和前摩門教徒錯身而過，她似乎感受到災難將至，於是低聲吼道：「走開！」我經過一組剛坐下的客人，托盤上滿滿都是飲料，對著等待的客人勉強笑了一下，可悲地試著表現出泰然自若的樣子。

當我將飲料端給錯的客人時，那桌長島客人依然很興奮，笑聲中透著親切，似乎感覺自己在我們小小的餐館裡很安全，雖然門外不遠處，強姦、謀殺、搶劫案件依然層出不窮。她們開始了記者會般的盤問，不斷用問題轟炸我，詢問菜單相關的問題以及上面那些改死的法文字詞。在沒有任何實戰經驗的情況下，我不敢魯莽地請這群親切的客人稍等，讓我先去幫比較晚到的其他四桌客人點飲料，他們都在尋找不見蹤影的服務生。我開始背出一連串的菜名，但在壓力之下，越講越心虛，搞混了一些牛肉料理和海鮮料理，錯誤的小船正在迅速進水、逐漸下沉，心臟越跳越快，冷汗直流，周圍急著點餐的客人都在呼喚服務生，希望能趕快點飲料。

我一心想著我即將失業，羞愧感立刻襲來，我必須和鮑伯解釋為什麼我在正式上工的第一天，就因為極度無能而被開除。沒想到，奇蹟出現了。我眼角餘光瞥見喜劇女演員走進我的服務區域，大聲喊道：「大家，我來了，剛才尿急。」惹得整個區域的客人哄堂大笑，她很快以琴吉・羅傑斯（Ginger Rogers）的優雅和吉姆・布朗（Jim Brown）的速度接下飲料點單、上飲料，幫我服務區域裡滿座的客人點餐到只剩下一桌，我終於可以幫六人桌點餐，為另一個四人桌端上所有餐點，在這位風趣女孩的幫忙下，我的服務區域裡的客人都能吃飽喝足、結帳，在開演前離開餐廳。

六人桌要離開時，她們叫住早已喝醉的雅林，我靜候即將到來的處決，然而她們稱讚我是厲害的服務生，甚至是遇過最好的服務生之一，她們很快會再回來。雅林不會放過任何可以親年輕人的機會，給了我過於親密的擁抱和吻，說道：「麥可，做得好！」接著走向她那杯夏多內白酒。她完全不知道我剛剛有多慌亂，我也不知道她有多醉，醉到把菜鳥的服務區域弄得一團糟，如果她不是在自己的店裡工作，早就被開除了。

So This Is What It's Like

原來如此

一旦提早前來用餐的客人離開去看劇，餐廳就會完全清空，很少人會在八點到十點進來用餐，餐廳此刻非常安靜，擁有幾小時空檔的服務生，再加上無能又不在場的管理層，就會演變成很危險的情況。拉魯斯餐廳沒有一位真正的經理，這個地方是由老闆負責營運，雖然提摩西還算懂得經營餐廳，但可憐的雅林毫無頭緒。她有能力負責開門和關門、接待客人以及與朋友喝幾杯，根據她酒醉的程度，偶爾還能在一個班結束時算錢。

幸運的是，儘管我們喝酒喝得很凶，我們還算是一群誠實、正直的人，除了演員酒保以外，那個垃圾最後因為偷東西被開除，顯然提摩西懷疑這名演員在甩耍小聰明，找了一位監察員到餐廳（他奉命坐在吧台觀察酒保的一舉一動，確保每一分營收都有放進收銀機），某個晚上，監察員抓到演員將手伸近收銀機，被抓到了吧，垃圾！

雅林不太介意我們喝很多酒，因為她自己也常常在半醉半醒之間，她總會讓我想起《朱門巧婦》（*Cat On A Hot Tin Roof*）裡的台詞：「只是還沒發生而已，瑪姬……只要喝得夠多，腦子就會聽到一聲『咔嗒』，我就會得到平靜。」

她似乎總是差一杯酒就會聽到「咔嗒」聲，她的情況也越來越糟，隨著餐廳生意越來越慘澹，她越喝越多，最後甚至喝到身亡。她很缺錢，她母親曾是馬蒂斯模特兒的事千真萬確，她母親有一本素描本，裡面都是她擔任藝術家的模特兒時留下來的畫作。多年來，她一直變賣這些畫作以求餬口。

第一輪客人離開餐廳後，雅林就會上樓到她的辦公室，應該是要處理一些文書工作。餐廳廁所在二樓，再過去一點就是她的辦公室，大家都知道雅林把一瓶伏特加藏在廁所窗戶外的窗框上。第一輪客人用餐時，她已喝了好幾杯酒，但上樓後還是會先喝那瓶伏特加，再走去辦公室，她會在裡面待到將近十點，正好是看完戲的觀眾大批湧入的時刻，在此之前，我們有一個半小時的自由時間，可以為所欲為。

酒瓶傳來傳去，我們都喝了不少，有時會不小心喝得太多，有人甚至最後會上樓去廁所大吐特吐，如果不是去吐，就是在裡面快速來一砲。嬉皮和男朋友在上面做過幾次，她男朋友會在兩輪用餐時間之間現身，為了喝免費的酒，為了和正在上班的女友打砲。喜劇女演員會喝到酩酊大醉，不止一次醉到對自己說的話而狂笑不止，她還會醉倒在吧台地板上站不起來。

我曾和住在對面曼哈頓廣場公寓大樓裡的美麗鋼琴家有過一段情，她總是和在百老匯工作的音樂家男友來吃晚餐，我們會眉來眼去地調情。某天晚上，她在我的空閒時間獨自前來，我們喝了幾杯酒後，她邀我到她家，距離餐廳第二波尖峰時段還有四十五分鐘，喜劇女演員當時在調酒，看見了我們兩個之間的火花，把我拉到一旁說道：「如果你現在不離開去幹她，就把機會讓給我。」喜劇女演員替我掩護。

這很快變成了一種習慣，鋼琴家會在第一輪客人離開後馬上抵達餐廳，迅速喝完一杯馬丁尼後離開。她一走出餐廳，我會讓大家知道我去去就回，隨後直奔她家，她的音樂家男友通常已經去工作了，我們就開始瘋狂做愛。我會在第二波尖峰時刻來臨前回到餐廳，她會沖個澡、等男友回家。某些晚上，我去過她家以後，她還會在演出結束後帶男友來餐廳吃晚餐，我從沒問過她男友知不知道這件事。

酒精不會幫助我們避免犯錯，服務生又很常犯錯，這也讓原本就莫名高壓的環境更加瘋狂。某晚，我們忘記幫某一桌趕著看戲的客人點餐——他們沒吃到晚餐就離開了。有次幫一位女士端上牛排，但她點的是魚，她非常生氣，堅稱自己吃素，而且看到肉會想吐，但是她明明也點了魚排。我們曾把一杯紅酒翻倒在一名製作人的衣服上，他氣得當場跳了起來，大罵服務生是該死的蠢蛋，怒氣沖沖地離開，而且沒有付錢，只能由服務生自行買單。這些錯誤總會讓你覺得自己完全就是一坨屎，進而導致更多錯誤發生，甚至惹怒客人。

儘管有機會狂歡，但終究還是餐飲業，充斥著無禮的客人，如同那名做作、討人厭的德國男同志，他會帶著男友到餐廳找雅林噓寒問暖，利用她得到他想要的一切，他粗魯無禮、噁心又自大，是小有名氣的設計師，靠著老氣的皮件一舉成名。他和雅林喝得越多，雅林就越悲傷，他則是越憤怒，進而大聲使喚服務生幫他送酒或點餐，他那帶著濃厚口音的嘴，似乎吐不出「請」和「謝謝」。

雅林最大的錯誤就是免費招待演員和她的朋友，她和提摩西會因為這件事激烈爭吵，他們在大家面前大吵以後，雅林會跑上樓、灌下伏特加，把哭花的妝容補好後才下樓，她藏在廁所窗戶外的劣質伏特加勉強幫她撐起笑容，女服務生也會趁機巴結她，假裝是她的好友，給她一個肩膀大哭一頓，換取更好的班表，以及因為試鏡而晚到的豁免權，或者從廚房偷一點東西來吃。此時，我可以算是雅林的心頭好，竄升為服務模範生，同時是可以讓她靠著哭泣的男性肩膀，因為我偶爾也需要一份好的班表以及一點好處，幫助我代謝身體裡的酒精。

某個劇院爆滿的晚上，我忙得不可開交，加上新任酒保給的幾杯伏特加——他之後也變成我的酒肉朋友。德國人坐在酒吧，我拿著兩盤餐點經過他時，聽見他用刺耳又喝醉的口音，大聲使喚我遞食物給他，我的理智當場斷線，停下腳步、轉身將盤子丟在地上，直接一拳打在他臉上。

酒吧的客人都退到一邊，坐在德國人正旁邊的是歌手保羅．賽門（Paul Simon），他親耳聽到德國人說的每句話，就在德國人準備向我回擊時，賽門站起來把他往後推，德國人撞翻高腳椅跌坐在地，有些常客接著將德國人拽出去，他再也沒有回到餐廳，雅林顯然和我們一樣也對他反感，告訴他最好不要再回來。

熱心的客人將我從酒吧鬥毆中解救出來，這只是我在拉魯斯工作時的一個小插曲，這裡每天都有好戲上演。雖然每天晚班的服務範圍都差不多，但每晚的狀況都不同，你完全不知道今天會發生什麼事。軍隊裡有一個說法，足以用來解釋這種情況：任何戰術在接觸到敵人的那刻起就沒用了。餐廳是你的舞台，布景由服務生與助理服務生等演員陣容搭建，每天晚上都是一樣的開場：拖地、補充廁所備品、擦亮玻璃器皿和銀器、布置桌子、折疊餐巾、補充工作站所需物品、準備蠟燭，將畫作和照片上的灰塵撢掉並擺正，將椅子擦乾淨擺正，將冰箱清乾淨並補滿食材，將酒吧所需的物品和酒補滿，一切都很嚴謹並準備就緒。我熱愛這個環節，我總會從這些單調的動作中得到一種安心感，上工時就知道該完成什麼事——可預期、不斷重覆的例行公事，除非發生什麼事，否則不會改變。沒想到，某個極端溼熱八月午後真的出事了。

外面的溫度高達攝氏近四十度，四十二街上的車子擠得水洩不通，一九八〇年代的紐約街上灰濛濛一片，我正努力扮演好我的角色，在這個妓院改建的餐廳裡為開店做準備，突然間，大門被打開，走進一名穿過厚重衣服的女性，濃妝厭抹，梳著誇張的髮型，她搖晃地走了幾步後就倒地不起，我馬上衝上前去幫忙，她咕噥著自己需要水，我趕緊去拿，扶她起來，給她喝了一小口水，此時又衝進來一大群人，顯然很多人在照顧她，在我盯著他看時，有人脫下她的假髮，我突然發現她不是女人，他是達斯汀．霍夫曼（Dustin Hoffman），正在附近拍攝電影《窈窕淑男》（*Tootsie*），受不了高溫，所以跌跌撞撞跑進餐廳尋求冷氣和水。

整個劇組包含導演薛尼．波拉克（Sydney Pollack）似乎都跑進來幫忙，霍夫曼振作起來，離開餐廳前，他走過來向我道謝並詢問我的名字。一週後，他帶著太太一同走進餐廳找我，他們坐下來享用晚餐。用餐期間，他開心地和我小聊一下，離開時，塞給我一張一百美元鈔票，這不僅幾乎能負擔我一半房租，更重要的是打響了我在餐廳內的名聲，客人逐漸認識我，小費越收越多，我完全被餐廳員工接納，在大蘋果的生活也變得順遂一點。

致命一腳

A Kick in the Dick

餐廳裡的暴力不僅限於外場，舉例而言，我們那個才能有限的主廚，平時一邊抽菸、一邊喝干邑酒又一邊假裝煮菜之外，個性十分火爆，以主廚而言，他算是極少見，沒才華又不喜歡與他人來往，到處發洩自己的怒氣，不論內場外場男生女生都會遭受波及。有一件事許多廚師都非常討厭，很容易就觸怒他們，憤怒程度甚至超過客人抱怨完美掌握火候的三分熟牛排不熟；超過完美的上等肉品被嫌煮過頭；超過助理服務生不願意端起燙到不行的菜盤，儘管盤子已經燙到手會直接被煮熟；超過服務生試圖糾正食物的處理方式；超過他們對外場的各種怨恨，這些錯誤再糟糕都算還好。

不，都不是，最讓主廚想把服務生碎屍萬段的這件事——服務生累積點單，點單複寫紙（Duplicate，簡稱Dupe）是讓你記下點單的紙張，再拿到廚房交給主廚，點單複寫簿是包含複寫紙的本子，一份點單會複寫成三份，一份給廚房，一份給吧台，一份服務生留存，那是年代還沒有電腦，但現在廚房影印機印出來的點單紙條還是稱為 Dupe。服務要能順暢運作，就得安排出合理的訂位時間間隔，盡可能讓客人平均入座，一般而言，這意味著每十五分鐘只能安排一定數量的客人入座，這個數字通常需要由主廚、二廚、經理和領班決定，這群智囊團協調出每個時段能夠安排的顧客數，讓餐廳能運作得更順暢，目標是避免過多顧客入座，以免降低服務品質，也確保廚房的每個工作站有時間備料、烹調、完成、裝飾每一道餐點，同時兼顧速度和美味。

為了確保同一桌的每位客人能夠同時獲得餐點，也讓廚房盡可能高效運作，主廚會希望點單速度平均地送進來，在每間廚房都一樣。如果點單不斷湧入廚房，一單接著一單而非平均分散，混亂就會隨之而來。即便我們是一間劇院餐廳，同時湧入的客人是我們商業模式很重要的一環，更是這個商業機會成功的要素，但主廚還是非常討厭點單瞬間湧入。

儘管那些決策者都擁有多年經驗，餐廳還是狀況百出，這就是這個產業可悲的本質，唯一可以保證的是每晚狀況都不一樣，就算是由最厲害的人出謀獻策，某個環節肯定還是會出錯。厄運總是籠罩在布置整齊的餐桌上，客人不是遲到就是早到，整間餐廳已經超額訂位，貴賓還會臨時打電話來訂位，或者一位沒訂位的常客突然走進來，必須馬上幫他安排座位。或者某些明星想來用餐——拉寇兒．薇芝（Raquel Welch）需要馬上吃到晚餐；或者洛琳．白考兒（Lauren Bacall）需要十點的桌位，因為她剛演完榮獲東尼獎最佳女主角肯定的《小姑居處》（*Woman Of The Year*），準備直接過來用餐，作曲家坎德（John Kander）和艾布（Fred Ebb）也會一起過來；或者克里斯多福．李維會帶著《七月五日》同劇演員史伍西．柯茲（Swoosie Kurtz）一起過來，她才剛奪下東尼獎，而且想坐在他的老桌位，那張他多次與導演馬歇爾．梅森（Marshall Mason）共進午餐並接受其指導的桌子；- 或者某位客人堅持要換到另一桌，也不管負責該區域的服務生又多了四組客人；或者一號桌已經等了十分鐘還沒喝到飲料，六號桌需要趕緊上菜，十二桌需要趕快清理，察覺混亂的店主開始對著身旁的人大喊，我們要毀了她的餐廳。這種情況發生時，混亂早已充斥著整間餐廳，點單開始湧入廚房，一單接著一單。

這種混亂造成的結果之一就是服務生累積點單，特別是經驗不足的服務生。每桌客人同時都想點餐，服務生幫一桌客人點完餐後，轉身看到另外兩桌客人緊盯著他、向他招手，如果不趕快過去，他們就準備咬下他的手臂。服務生一張接著一張記下點單，點單全部都塞在服務生的口袋，直到他能平安走到廚房，再一次交出所有點單，萬一這名口袋塞滿點單的服務生經過酒吧，看見他五分鐘前就該端走的飲料還在吧台上，冰塊正在融化，他如果叫酒保重新調製飲料，一定會被賞一巴掌，所以他就必須先停下來端走飲料，再把所有點菜單交到廚房。

隨著點單輸入電腦系統，廚房的印表機也不斷噴出來點單，主廚的怒氣也不斷上升，只要讓他知道哪位服務生習慣一次輸入多筆點單，他的怒氣就會達到頂點。在沒有電腦的年代，服務生必須自己送點單到廚房，和怒氣衝天的主廚面對面。

某天晚上，餐廳掀起一陣劇烈風暴，我們都預料到這場災難即將到來。情況非常糟糕——超額訂位、客人遲到，所有客人都在看戲前來用餐，必須同時離開。所有桌子同時坐滿，每位服務生要負責三到四桌課，接二連三將點單送進廚房，這種情況發生時，不論餐廳大小，主廚都會將其視為外場徹底失能：責怪領檯員或領班座位安排不當，責怪服務生同時將多筆點單一次送進廚房，責怪經理未能阻止災難發生，責怪顧客居然同時點餐，沒人能逃過責難。不論訂位安排得再完美，不論領檯員或領班再努力讓客人平均入座，不論服務生再努力一張一張送點單，不論經理再努力於用餐區安撫客人，不論大家多麼努力都無濟於事，因為被罵的永遠是外場員工。

這天晚上，我們忙得不可開交，所有人在用餐區裡手忙腳亂，端飲料、點餐、上菜、在廚房忙進忙出、大聲喊出一張又一張點單，氣氛越來越緊張，主廚越來越生氣，用他的法式口音大喊：「幹什麼！搞屁啊！」他的拳頭一次又一次重錘上菜鈴，叮！叮！叮！他大喊：「端菜！端菜！」香菸掛在他的嘴邊，干邑酒在手邊，他對著廚師大叫道：「點單，三份牛排，一份五分熟，兩份三分熟，三份多佛鰈魚，兩份羊肋排，都是五分熟，三份鱈魚，四份薯泥，十四桌端菜！」

隨著點單不斷湧入，廚房裡的工作站忙得不可開交，廚房裡的怒火和緊張程度不斷上升。就在此時，葛拉漢（Graham）緩緩走進廚房，好一個葛拉漢，真他媽白痴葛拉漢，沒有任何餐廳工作經驗，卻還是被錄取了，因為他同時符合雅林和提摩西兩人心中對完美服務生截然不同的定義。

雅林心中完美的服務生是年輕帥哥，願意坐下來聽她說那些沒完沒了的悲傷故事，同時也要能吸引她的朋友，他的服務區域亂成一團也沒關係。對提摩西而言，完美服務生要年輕、帥氣，還要是很愛調情的男同志，兩人才有機會展開戀情。葛拉漢完全符合上述條件，他也是一名懷有夢想的演員，但就是不具備服務生所需的能力。

主廚討厭葛拉漢的一切，他的無能、他的性向、他的帥氣臉蛋、他茂密的髮量（主廚算是少年禿）。主廚對他很刻薄，常常羞辱他，對他的性向提出激進又沒禮貌的問題，例如：他在一段戀情中扮演男生還是女生？他做完愛直腸會不會流血？他的喉嚨有多深？問個沒完。要知道那個年代沒有人事管理的機制，沒人可以幫你也沒有管道讓你申訴，沒有社群媒體可以讓全世界知道你的主廚是個瘋子，幾乎每天都受到威脅，但葛拉漢總是把苦吞下去，聳聳肩，緩步走回用餐區，喝下好幾杯伏特加，對著任何看起來有錢或者可以給他一個角色的人眉來眼去，做任何可以保持心情愉悅的事。我當時站在出菜口，狹窄的櫃檯放著廚師要給服務生的餐點，幫主廚擺盤並整理點單，同時還要不停來回災難般的用餐區。葛拉漢此時走進廚房，慢慢地從口袋裡拿出三張皺皺的點單，若無其事地放在主廚面前，我脫口而出說出：「完蛋了。」

主廚往下一看，拿起點單往葛拉漢的臉上扔，往後退一步，以足球前鋒的姿態瞄準，抬起他油膩又骯髒黑色靴子，往葛拉漢的睪丸踢過去，簡直是帶著羅納度（Ronaldo）的精準、速度和力量。這一下重擊再加上兩人的喊叫聲（一聲是主廚出腳時，另一聲是葛拉漢被擊中時）又大又可怕，讓廚房裡的所有動作都停止。

那一腳的力道讓葛拉漢撞向我，我手中的盤子飛到空中，烤焦的牛排和魚片直衝雲霄，在空中翻滾後好像要掉到燒熱的平底鍋裡，但卻直接砸在地上。葛拉漢倒在地上，痛得又叫又滾，主廚看起來疲憊又滿足，好像剛經歷了人生最棒的高潮。

此刻的用餐區完全是個災難，少了一名服務生，一整桌的食物翻倒在地上，客人向員工大聲咆哮，許多客人走出餐廳，留下來的少數幾人獲得餐廳免費招待。葛拉漢最後被送到醫院，我去看他時，他的睪丸腫得和葡萄柚一樣大，一直到兩個月後睪丸消腫才能下床。

那主廚的下場呢？和他幾個月前拿刀威脅我的結果一樣，完全沒事。

Althea

奧爾西亞

馬德俱樂部的開業宗旨正好和五四俱樂部相反，五四俱樂部主打奢華、時尚、有格調的客群，馬德俱樂部則是主打龐克精神價值。馬德俱樂部座落於紐約翠貝卡區域一條荒涼的街上，沒有任何虛華的設計，貴賓室在一座黑暗又狹窄的樓梯之上，用鐵鍊串起的圍欄圍起來，由幾名高大的警衛看守，以區隔超級巨星和一般大眾。

那個週日晚上，我不記得和誰一起去馬德俱樂部，但我確定我和他們沒有一起離開。在這裡，我第一次看見廁所不分男女，大家共用廁所，不在乎性別。我去廁所洗手台洗手時，感覺有人拍了我的肩膀，轉頭看見一名很有魅力、龐克造型的女性，她問我要不要吸一點，我當然點頭說好，她給我一包古柯鹼，解開掛在脖子上的鼻菸勺給我，我吸了幾下，天啊！該不會是她隨便在公園和哪個小鬼買的吧。

她接著介紹我認識和同行的兩位男性，一對盛裝打扮的男同志情侶，看起來和這個龐克俱樂部有點不太相稱，她每次開口，我都聽不太懂她在說什麼，我不確定是不是因為我們都嗑得太嗨，我問了幾次她的名字，但都沒有聽懂。其中一名男性拿出金屬製的小菸斗，問我要不要吸一口，我吸完咳了兩分鐘，我問我吸了什麼，他們說：「安眠酮。」爽！今晚肯定很有意思。

我們繼續聊了一下，她問我要不要吸加熱的精煉古柯鹼，我完全不知道她在說什麼，其中一名男性解釋道，就是吸進加熱後的古柯鹼菸，而不是從鼻腔吸食粉末。我心想這批古柯鹼這麼純，如果他們想要菸吸，我也願意加入。她接著問我有沒有乙醚，彷彿日常對話一般，讓我得再次確認：「乙醚？」他們以為我是醫生嗎？我他媽要從哪裡取得乙醚？此刻還在廁所裡，我想我可能遇到瘋子三人組。

他們解釋道，乙醚最能讓古柯鹼變成適合吸食的狀態，這一切都沒有道理。「不好意思，我沒有乙醚。」其中一名男性接著問道：「那你有爐子嗎？」萬一你在前往俱樂部的途中，不小心忘記帶乙醚，爐子似乎是個不錯的選擇，我回覆道：「我當然有爐子，但不在我身邊。」

當我回過神來，我們已經在馬德俱樂部外，一名男性指示我坐進黑色加長型豪車後座，裡面配有完整的吧台和另一包古柯鹼，當車子駛離俱樂部，我告訴司機我家地址，那名引發一切的女性阻止了我，她的名字我還是不太清楚，她叫司機先回他們的飯店，顯然這一包古柯鹼不夠我們即將展開的菸吸盛宴。

我們前往五十一街的洛斯峰會飯店，出發後，那位不知名的女性不斷從豪車的後窗偷看，終於忍不住問同行男性，我們是不是被跟蹤了。他們看見我臉上緊張的神情，連忙解釋她才剛經歷一段糟糕的離婚，她老公到處派人跟蹤她，讓我不禁問起她老公是誰，結果是賴瑞．佛林特（Larry Flynt），知名色情產業大亨以及《好色客》（*Hustler*）雜誌創辦人。幸好此刻我體內的古柯鹼、安眠酮和酒精讓我欣然接受這個轉折，就算我有點害怕，也能稍稍被平復。

到了飯店，她下車後很快就拿著兩包白色粉末回來，我們接著出發前往我的住處，大約在清晨四點抵達，吵醒了我那位擔任幼兒園老師的女友，我匆匆向她介紹我的新朋友，並解釋我們回來菸吸古柯鹼。

這也不算太罕見，《時代》（*Time*）雜誌當時刊登了一則封面報導，標題為為〈狂嗑古柯鹼〉，配上一張馬丁尼杯裝滿古柯鹼的圖片。紐約人到了一定年紀就會為了晚上狂歡而小睡一下，這樣他們就可以狂歡一整晚，隔天早上正常上工，我女朋友也不太介意。

那兩名男性馬上開始吸了，我們五個人很快吸入了這個即將摧毀整個世代的誘人煙霧，即將受到古柯鹼肆虐的龐德街，距離這裡只有幾個街區，不久之後，美國其他類似街區也將布滿古柯鹼玻璃瓶，一個個玻璃瓶被踩碎的聲音宛如菲利普．葛拉斯（Philip Glass）的交響曲。吸入幾口古柯鹼後，我便完全可以理解，這感覺真他媽棒，好像浮在地球表面之上，完全感覺不到重力，伴隨著極致的狂喜，我完全嗑嗨了。我女朋友抽了幾口後就去上班了，四個人飄飄然地在家，真正吸過古柯鹼的人都知道，我們現在等不及出門繼續狂歡。

我知道第一大道和第十三街有一間開到早上的俱樂部，

非常專業的豪車司機很開心地載我們過去，佛林特先生肯定給了他相當豐厚的報酬。我無法確定跟蹤我們到這裡的私家偵探是否獲得同等待遇，但我相信他們在《好色客》的別墅裡肯定都備受款待。這間俱樂部位於某個街角，正面的門窗釘滿木板，上面還有塗鴉，入口是平淡無奇的小門廊，此刻是星期一早上七點，進到裡面時，滿滿都是人，我們跳了一下舞後，便前往地下室的貴賓室，貴賓室裡布滿破爛不堪的沙發和懶骨頭，我不確定那兩位男性去了哪裡，但她和我坐到沙發上。

我們一坐下，她就朝我撲過來，拉下我的褲子，把我的小弟弟塞進她嘴裡，狂暴地吸吮，不會吧，不可能，我已經神智不清了，我連要扶著小弟弟尿尿都有困難，更別說做愛了。

我完全不記得在那之後發生什麼事，我甚至一直到星期三才回家，多日未歸對我和幼兒園老師的戀情沒有幫助，這段感情很快就默默結束了。我沒再多想過那位神祕女子，也不曾回想我唯一一次吸食古柯鹼的經驗，直到將近十年後，我看著電影《情色風暴 1997》（*The People Vs. Larry Flynt*），寇特妮．洛芙（Courtney Love）出現在螢幕上說自己叫奧爾西亞．佛林特（Althea Flynt），那晚的記憶突然湧現，她當時就是試圖告訴我這個名字，奧爾西亞！我突然意識到自己十年前的那兩三天是和誰在一起。

我們那次相遇一兩年後，奧爾西亞死於愛滋病，幸好我們在一起時，我一直處於神智不清的狀態，沒有真正做過愛，我應該是少數幾個可以說古柯鹼救了自己的人。

All Good Things Must Pass

好事總會消逝

拉魯斯餐廳苟延殘喘了一年，最終因為經營不善而倒閉，我們完全沒有頭緒，餐廳生意還算興隆，我們也有賺錢，大部分的客人都很開心，我們的新任酒保——姑且稱他為瑞克——是一名爵士樂手及歌手，後來也變成我的摯友。他又高又帥，帶著金屬小圓框眼鏡，有著電影明星般的下巴，同時是很棒的酒保，非常值得信任，大家很快就喜歡上他。提摩西非常愛他，當餐廳樓上租金管制的貧民窟公寓出現空房，提摩西馬上幫他以超級便宜、每月六十五美元的價格租下來，但這可能不是一個很好的主意，沒有一個正常人會想住那裡，就算是窮困潦倒的爵士樂手也一樣。那是很典型的貧民窟公寓房間：浴缸在廚房，馬桶在走廊——水箱在上方、需要拉練條沖水，完全就是艾爾．帕西諾在電影《教父》（*The Godfather*）裡藏槍的那種馬桶，房間裡還有很多蟑螂，又不夠暖和，熱水更是不夠。

儘管有著上述缺點，但房租實在太便宜了，又可以充當錄音室和廉價旅館，我們在裡面發生的荒唐行為，堪比過去妓院時期的風光。某些晚上，瑞克會帶幾名樂手來演奏，放縱的狂歡隨之而來，這間公寓房變成可以彩排、嗑藥、做愛或喝醉的地方。在拉魯斯學到眾多餐飲業的知識中，很重要的一課是：餐廳不只關乎餐點和飲料，性愛也是非常重要的一部分——許多有魅力的年輕人共處一室，毒品和酒精隨手可得，客人不斷來來去去，很多人都想度過一段美好時光，誘惑真的太大了。

樂手帶著毒品抵達，首先出場的是鴉片，薩克斯風樂手帶著一球球塑膠包裝的黑色焦油狀物進來，告訴我們使用前要先冷凍。如果沒有適合的菸斗，最好攝取這種毒品的方式似乎是，將冷凍的球狀物直接塞進某人的屁眼裡，以求達到最完整的效果，酒吧後的冰塊桶很適合保存這些冰球，這個桶子裡無時無刻都會放著幾顆冰球，等著被塞進顧客和員工的屁眼裡。

某天晚上，我在吧台旁等飲料，我看著瑞克挖了一杓冰塊，倒進準備端給客人的雞尾酒，其中竟然包含一顆鴉片冰球，我隔著吧台大叫：「瑞克！」指了一下玻璃杯，但他沒有反應，因為音樂太大聲，燈光太昏暗，瑞克醉到看不到一顆黑色的冰球浮在琴湯尼上。瑞克為客人端上飲料，客人拿起玻璃杯一口喝下後，馬上乾嘔了起來，吐出那顆鴉片球，瑞克泰然自若地看著那顆球滾向他，撿起來看看那顆球，再直視著客人的眼睛說道：「原來在這裡啊！」將那顆冰球丟回冰塊桶，再為那位客人換上一杯新的琴湯尼。

拉魯斯結束營業前幾天，酒吧上方的公寓成了我們的額廢巢穴，酒保在哪裡？服務生在哪裡？誰在倒酒？沒有人能確定，這間樓上的公寓是墮落的旋轉門——服務生、主廚、樂手和客人都曾光臨過，每間餐廳都是這樣嗎？我不知道，但對一名二十幾歲的年輕人而言，這真是他媽的太讚了！

就這樣，一切瞬間結束了。某天，我準備上工時，看見餐廳大門深鎖，門上貼著一張稅務稽核員的公告，我們這間小餐館被國稅局盯上了，這個陪著我長大、教導我餐飲業知識的地方結束營業了。那天晚上，我從這裡學到的最後一課是，鴉片嗑到茫的瑞克看著我的眼睛，對我說道：「你是藝術家，是演員，放手去做吧！」差不多就在拉魯斯結束營業的同時，羅伯特．摩斯也卸下了劇作家地平線劇院製作總監的職務，我在四十二街的日子也跟著告終。

PART III 第三部分

Life on the Water

水上生活

我不適合失業，也不適合我應徵的小餐館，曼哈頓的失業率大約是百分之十，這是一個買家至上的市場，而這個市場不喜歡我。我四處奔走，將我那只有一個段落的可悲履歷表投到每一間餐廳，只要我認為它適合我這經驗少得可憐的服務生。

某天下午，在我可能丟出了一千份履歷就快要放棄之時，決定再試一次，偶然走到聯合廣場附近一間看似新開的餐廳，馬上就知道自己完全不適合這間餐廳，這是一間服務高級貴賓、提供高級餐點的高級餐廳，根據我的理解，這些高級賓客絕對不是我熟悉的那些四十二街（低級住宅區）的藝術家和居民。更慘的是，我當時穿著黑褲、白襯衫，打著一條細細的領帶，看起來還比較像艾維斯．卡斯提洛（Elvis Costello）的伴舞，而不是為這高級貴賓端上高級餐點的服務生。

站在門口的是一名美麗、親切的女性，她對我微笑，彷佛已經認識我好多年了，我緩步走向她，鼓足勇氣將貧乏的履歷交給她，那份履歷是用打字機加複寫紙完成的，當我還是主修英文的大學生時還很夠用。我已經準備好被請出門了，環顧餐廳，看起來那已經被雇用的員工，似乎個個吃飽喝足、不愁吃穿，他們都是儀容整齊的白人，帶著天使般圓潤的中西部臉蛋以及潔白明亮的微笑，在在證明了他們父母在其牙齒上的投資。他們全都身穿 Polo 衫，下半身卡其褲上的折痕燙得筆直，銳利到彷彿能切開端上桌的鮮嫩牛排，腳上皮鞋擦得閃閃發亮，每當低頭彎腰撿起一塊掉落的食物或紙屑，可能還有機會欣賞自己迷人的笑容，我他媽的怎麼可能有機會在這裡工作。

正當我準備默默離開時，領檯員或許是因為全然冷漠、缺乏經驗，或只因為老闆特別灌輸員工熱情的待客之道，她竟然請我稍等一下，馬上會有人接待我。我仔細觀察這個高級的兩層樓用餐區，客人個個口袋裝滿現金、儀容整齊、光鮮亮麗，一口一口吃著精心烹調的餐點。此時，丹尼出現了，如果這是在一九八九年，我可能會以為喜劇演員傑瑞．史菲德（Jerry Seinfeld）是從餐飲業發跡的，他們長得太像了。丹尼和善又熱情，他坐下來看了我的履歷表（真佩服他能忍住不笑），開始問我一些問題，那次面試我記得三件事——

1. 我被紐約洋基隊網羅去當游擊手的機率，比被這間餐廳錄取還高。
2. 好樂門美乃滋還是卡夫奇妙醬？
3. 餐點和服務，哪個比較重要？

我當然沒有被錄取，但三十年後我有機會再次見到這位傳奇人物，感謝他問出這個我在餐飲業界被問過最重要的問題。

丹尼的聯合廣場咖啡館才剛重新開張，他來到布穀用餐——全體員工看到他的訂位都非常興奮，能夠為這樣一名餐飲業傳奇服務，大家的興奮之情溢於言表，餐廳裡某些曾為他工作過的員工，也很期待再見到他，另外一些員工曾讀過他的書，很期待能夠親眼見到本人。丹尼．梅爾（Danny Meyer）以他該有的模樣現身，為人謙遜、溫暖又非常和善，許多認識或聽過他的客人都過去和他打招呼，我先安頓好與他同行的賓客，才走過去介紹我自己，我向他提起我們第一次見面的場景，他當然完全沒印象，我感謝他問了我「那個」問題，那個我往後不斷提起的問題，不、絕對不是美乃滋那題（當然要選好樂門），老實說，我完全忘記好樂門和奇妙醬這題，直到他太太插話說了美乃滋的事，我顯然不是第一個被問的人。

不是這題，是另外一題，餐點和服務，哪個比較重要？餐點還是服務？餐點還是服務？我曾為許多偉大的主廚工作，曾將成千上萬份餐點端上桌，有些很美味，有些很好，有些還好，有些根本吞不下去，但能夠讓客人不斷回訪的原因就是服務，即便每次都吃同樣的東西——勞烏小館（Raoul's）的胡椒牛排、密尼塔酒館（Minetta Tavern）的黑標漢堡、卡朋（Carbone）的通心粉、布穀的小牛胸腺、青蛙餐館（ La Grenouille）的多佛鰈魚，或是可愛的主廚新創的混合料理，重點還是服務，永遠都是服務。

即便是第一次在一間餐廳用餐，不論餐點是完美烹調還是搞砸了，重點還是服務，能夠將巨大自尊留在門外的主廚都會同意這點，我們都想要與人建立感情、受到認可、被好好對待，有些人需要受到愛戴，被「認可」為電影明星，或者華爾街的億萬富翁，或者政治人物、警察、餐飲業的專業人士、裁縫師、建築工人、老師——我們都想要覺得自己很特別，為人所知、受人認可，這會讓你感覺很好，總領班的力量都是由此而來，他們很瞭解這件事，也懂得背後的心理機制，顧客想要被如何對待？如何在他們進門時就對他們微笑？如何引導顧客坐下？這些總領班知道怎麼做好這份工作，如同水上俱樂部（Water Club）的偉大總領班蓋伊．蘇西尼（Guy Sussini）總對我說的：「吹喇叭吹到他們爽。」

餐廳不只是食物，我們到餐廳去慶祝特殊時刻，生命中的特殊場合，從出生到死亡以及其間的大小事，我們可以輕易放過一塊過熟的牛排，只要服務生、酒保或總領班認識你、記得你的名字、知道你偏好的馬丁尼，記得你上次點了大比目魚，你的孩子即將高中畢業，今天是你的結婚紀念日，或者打電話告訴你，你的前任剛訂了星期四的位子，你那天晚上去別間餐廳比較好，或者假裝不認識你這個月帶來的第四個約會對象，一副你只帶他或她來這間餐廳用餐，她可能就是你的真愛。

族繁不及備載，他們能讓客人覺得自己很特別、獨一無二，而不只是那幾百個每晚經過門口的路人。我們可以重煮一份牛排、重新調製馬丁尼、復熱麵包，這很簡單。相較之下，如果領檯員在你走進餐廳正忙著傳簡訊，完全忽視你的存在，或者你進門時沒人招呼，離開時也沒人說再見，餐廳空空如也，你卻被安排坐在一張兩人桌，還是在用餐區最冷的角落，那麼這位領檯員要不是無知就是懶得要命，根本不願意讓你坐卡座區四人桌，即便所有員工都知道那邊今天不會有人坐。或者服務生他媽的完全不清楚奶油白醬裡是否有奶油，或者在你太太三十五歲生日時忘記她的餐點，主菜在開胃菜剛上兩分鐘後就端上來了，甚至是沒上過開胃菜。或者你站在吧台旁十分鐘卻喝不到一杯酒，因為酒保正試著引誘吧台另一邊的女人，讓她幫他口交；或者只是因為酒吧人滿為患，他根本沒注意到你，還去問那些比你晚到的人想喝什麼，因為他們比較高、比較美、比較帥氣或比較有錢。或者你明明點的是白酒，卻得到一杯紅酒，服務生還堅稱你點的是紅酒，儘管你已經十年沒碰過紅酒了。或者一旦結帳、付了小費以後，你就被徹底遺忘。

這些都是糟糕的餐廳惹怒客人的方式，在這些餐廳裡，可能常常看不到老闆主，管理層可能也不在乎、沒能力或不知道這些簡單的服務要點，就算主廚曾在藍帶學院或美國烹飪學院進修，曾榮獲《紐約時報》四星、米其林三星以及一座比爾德獎肯定，只要外場沒辦法及時將廚房裡時而混蛋的主廚的傑作，帶著微笑端給客人，說幾句好話或表達感謝，你一定不會回訪這間餐廳，紐約市擁有兩萬五千家餐廳，其中許多餐廳的餐點都很不錯。

美味的食物當然不可或缺，我知道，我們都知道，如果餐點好吃，大家都會比較輕鬆，主廚是世界上數一數二認真工作人，詳情請看餐飲界傳奇波登（Anthony Bourdain）所著的《安東尼．波登之廚房機密檔案》（*Kitchen Confidential*）。主廚和廚師的工作非常高壓，工作時間很長，薪水可能又低，我們必須團隊合作，但服務還是讓你不斷回訪的關鍵，讓你一再回到這些餐飲大師的祭壇上祈禱，梅爾先生，謝謝你！

當我面試完走出餐廳大門，我知道我不可能收到丹尼的回覆，我繼續四處奔走，投著我那份很快就會被回收的履歷。以前找房子時訓練出很好的搜尋技巧，此刻正好派上用場，仔細搜尋徵求餐廳人手的廣告，我知道哪裡能拿到早報，也知道要在黎明之際趕到公開徵人的地方。儘管如此，我還是漏掉了一則新餐廳在徵服務生的廣告。

他們連續三天面試服務生，今天是最後一天，我前一天晚上才去金字塔俱樂部（Pyramid Club）看年輕的邦尼女士（Lady Bunny），還去 A 大道上另外一間俱樂部看其他變裝皇后的表演，我曾在這裡遇到一位酒保，來自德州的二十幾歲女性，她是一名龐克風格的女牛仔，將頭髮漂成白色，巴斯特．布朗（Buster Brown）一般的瀏海，鼻骨細到像是刀一般鋒利，右邊鼻孔戴著一個銀色的鼻環，臉上戴著牛角框眼鏡，總是身穿純棉洋裝，裙長剛好落在胯下下方，一雙白皙修長的美腿穿著黑色的襪子和靴子，我好愛她。

那天晚上，我坐在她擺滿金普森琴酒的吧台，變裝皇后打扮得珠光寶氣，假髮快要頂到錫天花板上漏水的水管，大步走向當時的 DJ。隔天早上，我躺在床上，前一晚的放縱讓我頭痛不已，因為洋蔥和琴酒混在一起的味道感到噁心，腿上放著報紙，我一開始看到廣告，心想我最好不要以這種狀態示人，想說到第三天他們應該也找到人了，但我那個還在宿醉的腦子突然清醒過來，也許是因為我破產了，昨天還將僅剩的二十元花在俱樂部，我真他媽很需要一份工作。

我決定穿戴整齊，拖著我該死的身體去應徵，那間餐廳是東河上的水上俱樂部。在這個溼熱的七月，為了省計程車費走了三十幾個街區，一接近餐廳，便看見長長的人龍排在餐廳外，至少有五百個像我這樣需要工作的人。沒錯，五百個渴求工作的靈魂，男生按照要求穿著黑褲白襯衫，女生也是穿著黑褲白襯衫或洋裝配高跟鞋，每個人都在等待再次被拒絕的機會，再次回到犯罪案件頻傳的街頭。長長的隊伍在酷熱的天氣下緩慢移動，好不容易移動到舷側的甲板，我們被引導沿著金屬階梯走道上層甲板，如同牛隻般等著被一槍擊中頭部，此時，我的白襯衫已被汗水浸透。

這是餐廳大亨麥可．「巴茲」．奧基夫（Michael "Buzzy" O'Keeffe）創立的水上俱樂部，很快就會有許多崇尚菁英白人料理和遊艇生活風格的客人前來朝聖。這兩艘相鄰的白色平底船，過去在河上來回將垃圾送到史泰登島上名副其實的「清倒」垃圾掩埋場，中間開窗的氣派入口連接陸地，從這裡可以進入任一艘船。東河上的水上俱樂部，即將成為奧基夫放大版的河邊咖啡廳（River Café），華麗的河邊咖啡廳座落於河的另一側，大約一英里以南的布魯克林橋下。

當我一走進去，第一個想法是這片工地很難變成餐廳，如果真的變成了餐廳，等待開業的這段時間，也救不了我的經濟狀況。前一天的琴酒還是讓我很想吐，毒辣的太陽持續照著我宿醉的頭，東河發出的陣陣腐臭味充滿我的鼻腔，汗如雨下，一群急需工作的人聚集在此聚，我被錄取的機會微乎其微，我決定在吐滿整個甲板以前趕快逃走。在打定主意要離開時，我被引導到一張卡座區的圓桌繳交申請表，甲板另一邊是一張長方形桌，桌後坐著一名男性和一名女性，面前擺著一疊履歷，背後是看不見的東河、曼哈頓市中心全景、聯合國總部大樓以及新成立的花旗集團總部大廈，他們所坐的地方剛好在甲板邊緣，遭受汙染的河水就在正下方，我心想，那些即將被拒絕的應徵者可以輕易將它們推下河，天氣酷熱，再加上我真的快要吐了，這也許不是一個壞選項。

當我坐在那裡，感覺好像高中填志願表時，試著偷看別人的資格條件。我很快被帶到甲板邊，介紹給總經理認識，一名快三十歲、看上去像是白人菁英的女子，她儀容整齊、穿著剪裁合身的套裝，脖子上還掛著一條珍珠項鍊，身旁坐著一位矮小的男性，他有著天使般的圓臉，說話帶著喉音很重的紐約口音，聽起來像農場男孩（Bowery Boys）的其中一員，農場男孩是一九四〇、五〇年代很受歡迎的電影角色，一群在經濟大蕭條時期生活在下東城的孩子。後來才知道，他的綽號是拉佐，非常符合他這個人，他當時已經是紐約市餐飲界的傳奇人物，即將成為餐廳的當家服務生，我往後會認識奧基夫餐飲帝國裡的許多人，而他是第一個。

拉佐用服務相關的問題轟炸我，有些問題我知道答案，但有些問題和量子力學一樣困難，當我被問到救贖港起司（Port Salut）是什麼，我的無知完全表露無遺，我完全不懂他在說什麼，心想反正已經差不多要跳船了，也沒有什麼好失去的，我帶著心虛的笑容問道：「是指船靠岸時，所有水手立正站好向船長致敬嗎？」拉佐一陣捧腹大笑，不知道是因為無知的我完全不認識這種起司，看起來又很想吐的模樣，還是因為我可能獲得這份工作了，答案是後者。

一年後，我受雇到一個《滾石》（*Rolling Stone*）雜誌主辦的派對端盤子，地點就在雜誌社老闆楊·韋納（Jann Wenner）家，主辦單位剛好需要一名酒保，所以我把這個機會告訴我在金字塔俱樂部暗戀的那名酒保。派對的酒吧設在廚房，當我進去準備多拿幾杯雞尾酒時，看見她將屁股壓在廚房中島的角落上用力磨蹭，我問她：「你在做什麼？」

「自慰啊！我只要一無聊就會這麼做。」

Another World

另一個世界

上工第一天，我被引導穿過即將成為水上俱樂部主用餐區的工地，鋸子嗡嗡地低聲作響，工人釘著釘子，畫家正在作畫，一班工人認真做著他們的工作，地板上鋪滿木屑，看不見一張桌子或椅子。在此之中，有一群人圍成一圈，他們是即將成為我同事的服務生和助理服務生，幾乎都是白人，除了其中一位華裔領班，他曾在香港寄宿學校就讀，說著一口完美的英文，這是一群非常非常有魅力的人，如果奧基夫想在現代雇用這一群白人俊男美女，很快就會有一群律師在門外等著告他。

拉佐站在這一群精心挑選的年輕人之中，講解奧基夫飲食帝國的規定，如同在策劃一場銀行搶案，我很快就會知道奧基夫傳奇故事中的某些細節，他曾在PJ克拉克（P. J. Clarke's）本店工作過，有幸收過法蘭克．辛納屈（Frank Sinatra）送出的平整百元大鈔，他每次在那裡用餐時，都會賜予大部分的外場員工一張百元大鈔。拉佐在有名的麥斯威爾李子酒吧（Maxwell's Plum）工作期間，也曾被要求開除過即將成為餐飲大亨的基斯．麥克納利（Keith Mcnally），當時還是服務生的麥克納利疑似被主廚抓到，他將手指放在冰淇淋裡，拉佐被迫當場開除麥克納利，當時拉佐抗議道，麥克納利是一名很棒的服務生，應該再給他一次機會，主廚回覆：大家都知道，服務生的手指可能曾經或很快就會塞到某人的屁眼裡，只有一輩子在廚房工作、痛恨任何沒穿白色工作服的人才能得出這樣的邏輯。當拉佐向有名又自負的老闆華納．萊羅伊（Warner Leroy）報告即將發生的開除事件，他回覆道：「嗯，至少不是在我的屁眼裡。」我們除了被告知嚴格的服裝規定——布克兄弟的襯衫和長褲、J.PRESS 的領帶、必須擦得和軍靴一樣亮的黑色皮鞋（一切費用由我們自行負擔）——從拉佐的獨白中我得到的最大啟示是，他警告我們遠離奧基夫先生，拉佐形容他難伺候、脾氣差，有時還很刻薄，無論如何，離他越遠越好，拉佐讓我們這些無神論者心生畏懼。

我從來還沒有參與過開餐廳，完全不知道會發生什麼事，餐廳從籌備到開幕如同生命從無到有，我在經歷過水上俱樂部的開幕後，發誓再也不要重蹈覆轍，也確實都沒有，直到二〇一六年我們開了布穀。每一天都在嘗試，而且裝潢的時程無法預測，大家都急著想開幕，但零件、材料和設備就是會遲到，或是還要等待工人完成某部分，我們才能繼續進行下一步，這一切都化作強烈的無力感，進而產生一個有毒的工作環境。

壓力變得顯而易見，不時地會傳出大叫聲，工人對工人、承包商對老闆，老闆對總經理，總經理對經理，經理對我們這些低階的工讀生，主廚在等他的爐子，爐子來了，他還必須等能源公司開通瓦斯管路，這可能需要等一個月。沒有瓦斯也無沒辦法煮菜，整個廚房團隊本來預計從安裝爐子和開通瓦斯那天開始上工，此刻已經開始領工資了，他們在等待廚房完工時也在找事做。鋪地板的工人在等吧台設備安裝好才能開始工作，吧台設備還無法安裝，因為從歐洲進口的取水器還在某艘正在大西洋的船上，木工無法安裝窗框，因為窗戶對這空間來說太大了，如果不擴大牆壁，就必須重做窗戶，各種狀況層出不窮。

外場員工領的是最低時資，當時一個小時是三點三五美元，上工的前幾週，我們幾乎沒再做服務相關的工作，一起幫忙搬運貨車卸下來的箱子，裡面裝滿各種形狀和尺寸的盤子、銀器、玻璃器皿、刀子、叉子、湯匙以及各種用餐區開業所需的東西。工人完工後，我們開始掃地、拖地，將用餐區布置成可供訓練的狀態，有些人擦窗戶，有些人擦亮銀器，有些人做粗活，基本上就是一群免費勞工幫忙餐廳開業，放到現今肯定完全違法，我們好幾個禮拜都沒見到一位客人。

當時，餐廳營運像軍隊一樣，不誇張，你就是做上級交代的事，否則就等著被狠狠訓斥一頓，整個階級關係如下：老闆在最上層，如果主廚很有名，他就排在第二位；如果不有名，就是總經理排在第二位，接著是總領班，總領班下面是領班、服務生、助理服務生，酒保不會被排在這個階級裡，特別是奧基夫餐飲帝國的酒保，他們往往是較為年長、有經驗的愛爾蘭人，奧基夫過去經營酒館時就認識他們，他都會盡可能把他們帶在身邊。

我認知裡的餐廳世界——劇場、苦苦掙扎的演員以及明星都包含在只有五十個座位的拉魯斯餐廳裡——即將變成遙遠的回憶，我很快就要被推進一個我完全不知道的世界，這是讓我開始在業界站穩腳跟的地方。

剛上工那幾週，我學到最大的一課是什麼？細節就是一切，細節至關重要，特別是在奧基夫的餐廳，他不會放過任何一個細節。上工第一週，卸下送來的貨物、清理工人殘留的痕跡後，我們會開始布置用餐區，擦亮所有玻璃器皿和銀器，折疊餐巾、鋪好桌巾，將一切安排妥當，彷彿我們要接待滿座的客人。銀器必須擦得閃閃發亮，玻璃器皿要一塵不染，乾淨到可以能像裝飾一樣反射周遭的環境，桌布必須燙得完美且平整，如果折痕不在正中間，如果落地長度沒有適中或上面有髒汙，就必須丟掉。如果總領班或經理過來檢查，發現桌子擺設得不夠完美，他們會把所有東西推下桌，讓你重做一遍。椅子必須擦拭乾淨，桌子必須穩定水平，地板必須清掃乾淨，一切力求完美，絕不妥協。

這些單調的工作完成後，我們便會開始「模擬」服務，工作人員分成兩組，輪流扮演客人，不斷重複到厭煩，因為只有這樣才能讓你理解，實際服務客人時該做什麼、不該做什麼。

我們比較熟悉彼此後，開始形成小圈圈，我們可以自己選要在哪一組，某部分也取決於我們覺得誰比較厲害，但很多時候也是被欲望所驅使。服務生（Server）就是提供服務的僕人（Servant），你很少看見富家子弟在餐廳裡端盤子或煮菜，我們的工作人員（和絕大多數的餐廳一樣）是由工人階級組成——邊緣人和藝術家、酒鬼和毒蟲、帥哥美女和肉食男女、同性戀、雙性戀和異性戀。許多人逃離家鄉到紐約來追夢，這是一個可以迷失、實驗、遊玩、工作、哭泣，有時甚至還會死亡的地方，在這座城市裡，每個人心中渴望的東西似乎隨時唾手可得，在水上俱樂部，我們得以進入這個大城市，發現我們從未想過的事物，墜入愛河、嘗試新事物、擁抱新的生活方式，雖然有時也會帶來致命的後果，但如果這是一趟旅程，那麼對我們很多人而言，旅程就從這裡開始。

勞役伙伴

Partners in Servitude

我們很快就對這些例行公事感到無聊，店裡都還沒出現半個客人，微薄的薪水讓耐心幾乎被消磨殆盡，這段時間足以讓每個人的性格慢慢顯現。有一名長得很像艾爾．帕西諾的服務生，他的座右銘是「只要是女人，我都會幹她」，他喜歡隨時掏出自己巨大的陰莖、垂在膝蓋骨上。還有克萊兒（Claire），亮麗的外表配上黑短髮，皮膚白皙清透，眼珠子是綠色的，她也是一名非常厲害的服務生，是我見過最美麗的女性之一，我馬上就愛上她了，有人說她正在和奧基夫交往，受訓期間我都盡可能黏著她，想辦法讓她和我同一隊，她當時已經結婚，我也已經訂婚了，但並不影響我們對彼此的欲望，很快就會越來越明顯。

我們不是唯一一對，如同前述，餐廳不只是食物，沒錯，我們去餐廳用餐、慶祝、狂歡以及喝酒，但也許對某些人而言，更重要的是，在餐廳裡追求親密關係。我們去餐廳約會，為了遇見其他人，有時是去引誘別人，我們帶著重要的人到餐廳慶祝，喝了一點酒後回家，說不定還能來一砲。餐點不是主角，做愛的可能性才是，員工和客人都是這麼想，員工常常被搭訕，許多男性會將名片交給當時想追求的對象，希望服務他們的美麗領檯員或服務生會打給他們，這些男性似乎認為專業服務也會延續到床上，他們會送禮，兜售酒或毒品，希望能得到回報。我們當時有一名領檯員，個性親切、外型美麗，非常有魅力又善於交際，不論是員工或客人，大家都想追求她。一名客人送她貂皮大衣，另一名客人送她鑽石戒指，大家想盡辦法引誘她都沒有成功，她倒是都收下了禮物。

顧客搭訕服務生，服務生搭訕顧客，酒保搭訕所有人。水上俱樂部最受歡迎的服務生是「雪后」，土生土長的布魯克林人，說話帶著濃厚口音，是挪威裔後代，一頭公主般的金髮、態度冷淡、做事很有效率，可以算是我們最好的領班。雪后總是和一名來自加州的作家出雙入對，這位作家很快就被暱稱為羅伯叔叔，他曾在洛杉磯寫出一部很成功的劇本——《海灘春光》（*Where The Boys Are*）的重拍版，但隨著事業每況愈下，後來便移居東岸。他帥氣又很聰明，但我們很快就發現他是大酒鬼。服務生之中還有身材高䠷的「舞者」，冰山般的藍眼睛，小精靈般的髮型，為了錢在這裡工作，很容易分心，常常跟在卡巴萊歌手瑞克．邁凱（Rick Mckay）身邊，瑞克大部分時間都在用餐區唱歌，不停和願意聽他說話的人聊天，他是一名很糟的服務生，但他的個性得以彌補工作上的不足，大家都愛他，他後來製作出廣受好評的紀錄片《百老匯：黃金時代》（*Broadway: The Golden Age, By*

The Legends Who Were There）。

另外還有「體育迷」布萊恩．史特勞伯（Brian Straub），從小吃玉米長大的，剛從中西部農州運過來，長相帥氣、個性親切又迷人，女人都會對他投懷送抱，事實上，幾乎每個人都會對他投懷送抱，他可能是這個世界上最真誠、最善良的人之一，他來到東岸想成為演員，如同大部分演員，他也在端盤子賺錢，前一份工作是五四俱樂部的吧台助手。此外，還有「三修女」，我們的男性助理服務生，三位非常聰明也非常典型的男同志，工作表現十分普通，總是在別人背後說三道四，主要目標是在工作時盡可能玩得開心。某天，他們搬著一疊布巾下樓，攤開餐巾披在頭上，看上去就像修女一樣，他們一邊整理成疊的餐巾，一邊合唱〈多明尼克〉（"Dominique"），因此獲得了「三修女」的稱號。

服務生中還有來自佛羅里達的奇普阿姨（Aunt Chip），他到紐約市是為了公開出櫃，他是我見過最善良、最溫柔、最有愛心的人，所有人、所有人真的都很愛他。幾年後，和愛滋病纏鬥多年的他與世長辭，葬禮上來了各式各樣的人，從小教堂的門一路排到街上。還有羅伯叔叔的兒時玩伴博伊德．布萊克（Boyd Black），他和妻子凱莉．麥吉莉絲（Kelly McGillis）一起來到東岸，麥吉莉絲即將成為電影明星，不久後就會甩掉他及他的毒癮，她演了《魯本，魯本》（*Reuben, Reuben*），還憑著《證人》（*Witness*）和《捍衛戰士》（*Top Gun*）讓事業一飛衝天。最後是總領班蓋伊（Guy），身形高大的法國人，說話時帶著完美的法國口音，英俊瀟灑，留著小鬍子，黑色頭髮往後梳成油頭，上工時嘴裡總是刁著香菸

（幾年後這些香菸會致他於死地），鬆開的領結隨意地懸掛在領口。

酒吧後面站著的是「帝王博士」，頭髮灰白的前任警察，他無抗拒任何攔停臨檢緝毒行動可以碰到的金錢或毒品，所以被開除了，沒想到，奧基夫拯救了他。之所以有這個稱號，是因為他可以一個晚上輕鬆乾掉一瓶帝王威士忌，有著濃密的紅髮和八字鬍，是酒保界的佼佼者，老派又多話，他和他的德國牧羊犬住在旅行車上，帝王博士在工作時，他的狗也常常會在客人沒注意到的情況下睡在吧台後面。

隨著訓練期接近尾聲，我們也和同事建立了同盟，這支雜牌軍已經完全準備好迎接餐廳開幕了，雖然木工和窗框還沒完成，很多燈具都還沒掛好，到處都是木屑，巴茲需要營收，但我們比他更需要收入。瓦斯終於接通後，在最後幾次訓練裡，我們開始碰到真正的食材，學習如何將多佛鰈魚切成魚片，將龍蝦剝殼或將小雞去骨，全部都要在桌邊服務。

整個訓練期間，奧基夫總是坐在用餐區入口旁第一個卡座，我們很快就知道那裡算是他實際的辦公室，桌面高約三英尺，讓他能像老鷹一般棲息並俯瞰其地盤，隨時等著撲向獵物，不論是承包商、經理或服務生都一樣。

奧基夫身高很高，總是一絲不苟地穿著他在英國薩佛街訂製的西裝，稀疏的頭髮貼在一邊，炯炯有神的雙眼下是高挺的鷹鉤鼻。我們上工的前幾週，他主要是對著管理層和承包商咆哮，使盡全力讓他們覺得自己很沒用，彷彿他人生中最大的錯誤就是雇用他們，他們所做的每件事都在破壞這間即將開幕的餐廳，但他卻沒有管我們外場員工，我後來才知道，這是因為他當時還沒有把我們當人看，我們只是負責粗重工作的苦力，還不值得穿上制服，一旦穿上了制服，真的開始幫他點餐和上菜，我們的地位就從垃圾變成獵物，獲得和其他人一樣的地位。

我們在練習為小雞去骨時，他第一次插話管我們，我們很快就知道，他很看重這件事，我們被詳細教導如何從連接的關節切開，將大小腿分離，將雞胸肉從胸骨上取下，最重要的是將雞翻過身，確實將「雞生蠔」取下，也就是雞背上兩塊小而圓的黑肉。根據巴茲的說法，這是雞身上最多汁、最軟嫩的兩塊肉，他會故意一直點雞肉，就為了要測試服務生的刀工，如果切得不完美，你就會被臭罵一頓。

巴茲曾在天主教學校就讀過許多年，但他學到最多的大概是如何大肆羞辱別人，那些惡劣、以虐待為樂的遠古修女都沒有奧基夫凶殘，他不僅會狠狠訓斥你一頓，好像你只是個會拍馬屁的狗屁，但他會確保經理叫上所有人看著他行刑。第一個忘記切下那兩球肉的服務生不僅被羞辱，還被停職處分兩週，收入幾乎所剩無幾，只能在家吃微波食品好好反省。

每天都會有新法規，如果上菜時奶油的溫度不對，如果我們在桌邊攪拌甘藍菜馬鈴薯泥時下的青蔥和胡椒不夠，如果沒有按照標準程序拆解前面提過的雞，如果鞋子沒有擦到像軍靴一樣閃亮……如果服裝不符規定、不是 J. PRESS 的領帶或布克兄弟白色襯衫，如果燈罩歪掉或一張紙掉在地上超過兩秒，如果吸管不是黑色（他討厭彩色吸管，因為和食物不搭），巴茲就會把經理叫來，叫他們集合所有員工到廚房，或者到用餐區的一側，基本上就是要告訴我們，我們有多垃圾，他會不定時告訴我們，我們如何破壞他的餐廳，以及他根本可以請猴子來做我們的工作。

他也很愛告訴我們，既然在他提供的空間賺取小費，廚房也是由他付錢打造且聘僱廚師，我們才應該付錢給他，購買在餐廳工作的權利。他氣急攻心時，他會不斷提起廣場飯店某個神祕的洗手間服務員，據說這位男士為了能管理洗手間，還真的付錢給飯店，因為他會遞上乾淨、硬挺的白毛巾，供上流社會人士擦乾他們細嫩的雙手，藉此賺取高額小費。

儘管碰到這些事，我還是非常需要這份工作，並想盡辦法留下來，我們會聽到河岸另一邊的河邊咖啡廳客人的事，演員、模特兒、華爾街富豪、絕美的餐廳本身，餐廳營運得多好，最重要的是每個人都賺了很多錢。河邊咖啡廳是服務生最高殿堂，如果我們成功了，至少會和他們擁有同等地位，或可能就比他們低那麼一點。如果我想在這裡成功，我知道必須拉攏老闆。

某個安靜的下午，我看見奧基夫獨自坐在他的桌旁，便決定放手一搏。我走上前去自我介紹，並告訴他我們被警告要遠離他，如果我們不想被生吞活剝，我說（謊稱）我無法想像有人會這麼糟糕，我很榮幸能為他工作，並表示我在本森赫斯特長大，他不可能比那邊的人還糟，厚顏無恥一點無傷大雅，沒想到真的成功了。巴茲開始說起他在布朗克斯長大的故事，其他服務生一臉不可置信地盯著我，巴茲會和你交談，卻很少聽你說話，不過沒關係，我已經鞏固了我在這間餐廳的職位和生存機會。最後，我為巴茲工作了八年，當然也是因為這個工作我真他媽在行。

How Soft Is an Opening?

試營運在試什麼？

大多數新餐廳首次接觸大眾就是所謂的「試營運」，通常為期三天，有時也會稱作「親友日」，因為受邀的客人都是老闆、主廚、經理等人的親友，在正式開幕以前，他們被邀請來用餐、試吃餐點及體驗服務，很多時候還會被要求填寫用餐體驗的意見表，我們也能藉此機會展現好幾週以來的訓練成果。廚房烹調餐點，外場將餐點端上桌，先讓所有客人看看餐廳未來會是什麼樣子，服務生還在學習整套流程，所以會犯很多錯，還好客人會欣然接受這即將降臨的災難，畢竟這一餐是免費的。

大家都很緊張，目標是盡量不要搞砸。親友日的第一天，我們早早抵達開始準備，那真是一場災難，地板上還蓋著一層木屑，桌子亂七八糟，尚未擦亮的銀器和玻璃器皿都還堆在廚房，桌巾得從兩層樓上方的甲板拿下來，所有的桌子和服務區域都準備好等著一輪猛攻，壓力非常大，更糟的是，巴茲就坐在他的老座位，手裡拿著電話，不時對來電者大聲咆哮，轉過頭來對著離他最近的承包商或經理發洩怒氣，再接著小聲對著身邊的跟班說一些祕密，像核武密碼一樣的機密資訊，與此同時，他還會不斷被需要他在最後一刻做決定的小事所打斷。

開幕兩小時前，員工必須團結起來瘋狂工作，艾爾和博伊德搭檔，負責處理「乾淨的」餐具，放在碗籃裡直接送出廚房，上面還沾著油漬和食物碎屑，當他們回廚房告訴主廚這些餐具需要重洗，主廚馬上把他們趕回用餐區，說他的洗碗機應付不過來，這應該是服務生的工作，我很快就領悟到大餐廳的現實：一籃又一籃應該要洗好並消毒的餐具，上面卻還殘留著油漬和食物碎屑，這些餐具又再次被送回來，讓外場員工擦掉前一晚的殘渣。

為了讓餐具達到一定程度的乾淨和明亮，服務生必須用調理盆裝滿滾燙的熱水，用抹布沾熱水擦掉所有餐具上的油漬和食物碎屑，真的很噁心，艾爾和博伊德在抹掉油膩的馬鈴薯、牛排、雞蛋等食物碎屑時，建立起了革命情感，一直延續到他們在水上俱樂部工作的期間，老實說，我不太確定他們是不是在此時發現彼此的老二都如種馬般雄壯，但一起露屌很快就成了他們的日常，當他們端著滿是食物的托盤，褲子上方蓋著硬挺的白圍裙，穿梭在桌子間上菜時，老二也跟著上上下下。

玻璃器皿也沒好到哪裡去，上面沾著指紋，有些還有油漬，都需要洗個熱水澡再好好擦亮。桌巾當然是由三修女負責從上面拿下來，桌子排好、餐巾折好，最後再鋪上桌巾布置好。太陽快要下山時，我們才發現還有燈沒有裝好，餐廳大部分區域還是暗的，奧基夫無意間聽到餐前會議上說著燈光不夠亮，服務生很難將多佛鰈魚切片並保證去掉每一根魚骨，他從他的桌子大喊：「他媽的叫另一個服務生給我拿著蠟燭！」這聲大叫帶領我們進入戰鬥模式，揭開了第一晚的序幕。

我很驚訝在餐廳開幕以後，大多數親友都沒有翻臉，那真的是一場災難，等待時間很長，服務亂七八糟，菜單選項有限，客人基本上就是白老鼠，老闆、投資人和經理最後都會將他們的人情債主塞進用餐區——親朋好友、其他投資人、業界專家以及對餐廳的成功至關重要的人，當初廚房和外場都認為用餐區合理容納人數為三十幾個客人，已經快速增加到七十多個人。

除此之外還有美食家，一群非常重視餐廳體驗的人，他們通常很有錢，將吃遍世上所有米其林三星餐廳當作人生目標，他們認為自己「必須」是第一批到當紅餐廳試吃菜色的人，他們可以花掉將近一個小國家的國民所得，只為了第一時間享受在這些餐廳用餐的樂趣，為了感謝這些貴賓蒞臨，他們也總會得到特別待遇——主廚在他們用餐完後必定會來打聲招呼，他會走過用餐區並停在特定幾桌旁邊，看看客人是否滿意他和團隊當晚烹調的料理。

當然，所有人都會假裝驚訝地看著尊貴的主廚離開他的地盤——也就是他的廚房，在廚房裡，廚師們身穿一塵不染的白色制服，外套上插滿鑷子、湯匙、測試針和刀具，已經煞費苦心花了三小時精心處理每一塊肉、魚、蔬菜和配菜，擺盤如同畢卡索、馬蒂斯和波拉克都參與了這道菜，主廚願意暫時放下他的團隊和創作，以聖方濟各般的謙卑姿態迎接這些美食家，確保一切都讓他們滿意，這正是他們渴望見到的。

這群人的自虐傾向讓他們非得受邀參加「親友日」，這樣他們就能告訴所有人，「是的，我們當然受邀了，親愛的，沒錯，這間很糟糕，還有很大的進步空間，我們短期之內不會再回訪。」當然，一旦聽說這間餐廳確實很棒或是當紅餐廳，幾乎訂不到位子，他們就會立刻回訪，因為他們經歷過「親友日」的折磨，所以會理直氣壯地要求桌位，期望受到皇室一般的對待。

此外，因為任何有頭有臉的人都要在七點半用餐，而且只能在七點半用餐，因為他們沒辦法早一點下班趕過來，還必須在九點半離開趕去參加這個派對或那個社交活動，所以訂位要求總會剛好在我們最忙的時刻湧入。那些只在餐廳投資一小筆錢的金主，完全不知道如何經營餐廳，只知道訂位以及叉子該放在盤子的哪一邊，他們會說：「餐廳有兩百個座位，多幾個人有差嗎？」這「多幾個人沒差」的想法就會演變成一場大災難，造成廚房食材短缺，餐點和飲料的等待時間長到讓人難以忍受，服務生大部分時間都在解釋為什麼要等這麼久，但他們還在整套服務流程裡，所以也會出現很多錯誤。

親友日第一天晚上，災難的源頭是雪后不小心為一張兩人桌點了二十二份牛排，先不論這張桌子只能坐兩個人，大家也都知道餐廳裡最大桌也只能坐八個人，但沒人對這份點單有所懷疑，主廚沒有，控菜員沒有，廚師沒有，上菜的傳菜員也沒有，完全沒有人覺得有問題。三名傳菜員從廚房走出來，雙手拿著托盤，端著足以重組成一頭牛的牛排量，放在兩名錯愕的客人面前，兩份牛排留在桌上，剩下的被送回廚房，幾秒後，整個用餐區都聽見廚房傳來的髒話以及盤子碎裂的聲音，主廚拿起所有被退回的牛排丟過廚房，丟向任何在他投擲範圍內的人。當客人切開他們點的上等牛排，情況變得更糟糕了，因為他們眼前的牛排烹調溫度不對，領班擔心自己即將被開除，苦苦哀求客人不要退回牛排，並招待他們另一瓶酒，接下來至少一週都不敢踏進廚房。

這天晚上的情況從此急轉直下，沒人有辦法扭轉危機，儘管菜單品項有限，餐點和飲料的點單還是會出錯，餐點的等待時間拉長到一小時，客人為了能吃到東西，也就接受了送錯的餐點，客人非常憤怒，我們能做的就是持續灌酒，希望能減輕他們的痛苦。

所有員工都很慌亂，歌手上菜時找不到他的領班，最後發現她在宴會接駁船內練芭蕾紓壓。歌手試著安撫客人，他們彷彿剛經歷比了大飢荒，他突然唱起理查．羅傑斯（Richard Rodgers）的曲子，一副他在傳奇爵士樂餐廳卡萊爾咖啡廳表演。帝王博士已經喝到第二瓶了，調酒作業也因此停滯，他花很多時間想辦法讓自己站穩，我們很快就明白，他喝得越多，倒的酒就越少，還會開始回憶起過去的警察生涯，完全無視周遭的災難。艾爾不論餐廳發生什麼事，只要有機會，他就會試著實踐自己的座右銘，他總會跑去主酒吧，搭訕大門旁的女領檯員，再被不斷叫回來工作。主廚更是無法接近，他會隨便送出餐點，不管品質、點單順序或者客人的用餐進度，甜點被當作開胃菜，開胃菜被當作主菜，主菜剛上桌馬上就被客人吃掉。

巴茲坐在餐廳裡，對周遭的災難完全無感，他正在與一些投資人共進晚餐，只有他那一桌獲得像樣的服務，因為每一位有餘裕的經理都在那裡監督，用餐區的其他桌只能自求多福了，我也因此學到餐廳生涯中另一個讓我受用無窮的寶貴教訓：不論別人怎麼說，客人才不是用餐區裡最重要的人，客人也不會永遠是對的。用餐區裡最重要的人是老闆，如果他被照顧得很好，就不太會注意其他事，也正因為如此，雖然我們的第一晚是場災難，所有人隔天都還能回來繼續上班。

Success 成功

一九八二年十一月，經濟衰退結束，水上俱樂部正好開幕，奧基夫大獲成功，儘管有骯髒的餐具和玻璃器皿，地上還鋪著木屑，燈光也不夠亮，電腦系統很差，服務生很奇怪，但水上俱樂部還是開幕了，達到超出所有人預期的成功。華爾街強勢回歸，如同一九二〇年代，酒精、毒品和性愛隨之而來，人們蜂擁而至，紐約各界名流菁英——政治人物、出版商、雜誌編輯、電影明星、音樂家、銀行家、律師、時尚人士等應有盡有，隨之而來的還有金錢。在一個普通的夜晚，我們每個人都能帶著兩百至三百美元的現金下班，等於一個晚上就賺到了一個月的房租，那些出雙入對的人還有雙倍的錢可以玩樂，克萊兒和我會賺到大約五百至六百美元現金，帶著許多同事一起去城裡狂歡。

有人說在一九八〇年代，性愛、毒品、酒精和現金驅動了餐飲業，這樣的描述太保守了，當時物價很高，我們很快就發現自己賺到比以往更多的錢，除了每張帳單上至少百分之二十的小費（當時的標準是百分之十五），大人物走進餐廳還會以擁抱和親吻向你打招呼，特別是華爾街的大人物，好像他們已經認識你一輩子，再把一張百元大鈔折起來塞進你的手中，通常還會夾帶一點古柯鹼，接著，他們通常會開水晶香檳和香檳王，並邀請我們一起舉杯敬生活以及所有美好事物。

五四俱樂部結束營業留下了一個缺口，餐廳才開始在名人世界炙手可熱，這些俊男美女需要去處、需要被認出來，餐飲業樂意滿足他們的需求。餐廳成為了新的百老匯，一個能被看見、受矚目的地方，對很多人來說，也是建立社會地位的地方。基斯和布萊恩．麥克納利（Keith And Brian McNally）理解到這一點，他們從第一間餐廳——奧迪恩（The Odeon）開始，至今開了不少餐廳。他們聘僱俊男美女在餐廳門口和外場服務，其他俊男美女也隨之而來，每個人都想去用餐，這就像一場派對，只要能負擔入場費的人都歡迎，不過也有例外，如果不是名人或不認識「業界人士」，可能只訂得到下午五點或晚上十一點的位子，最好的桌位和最熱門的時段都要留給明星、富豪和人脈通達的人。名聲和金錢就是通行證，沒有名氣或財富的人要不是很樂於被安排在角落，因為身處這個眾星雲集的空間而感到幸運，就是認為「被流放到西伯利亞」是一種侮辱。

這時，總領班就成了用餐區內最受喜愛或最令人討厭的人。總領班的工作某種程度上也是一種精妙的藝術，不僅要細心安排用餐區的座位，到了討人厭的五點半，還要保護自己，以免被那些等了一個月卻還是只能訂到五點半的客人殺害，在現在這個空無一人的用餐區，這些客人被告知所有視野最好、位於正中央的首選卡座都有人預訂了。

訂位機制是這樣運作的，大多數成功且熱門的餐廳只會釋出冷門時段供大眾訂位：五點、五點半、六點、十點甚至更晚，其他時段都開放或分配給老闆、主廚、貴賓、名人、重要的常客以及小費給得很大方的客人，餐廳和名人彼此互相需要，名人想要且需要被看見、被討論，並知道自己還保有不論餐廳多滿，隨時有訂到位子的能力，那麼誰能訂到這些桌位呢？李奧納多・狄卡皮歐（Leonardo Dicaprio）、勞勃・狄尼洛（Robert De Niro）、伍迪・艾倫（Woody Allen）（沒錯）、碧昂絲（Beyoncé）、傑斯（Jay-Z）、喬治・克隆尼（George Clooney）、歐普拉（Oprah）、布萊德・彼特（Brad Pitt）、所有的運動明星、偉大的主廚、政界大人物、模特兒、「老一輩」的華爾街商務人士、重要的常客（一個月來用餐超過兩次，花錢不手軟，小費給得很大方）以及附近居民，你總會希望附近居民前來用餐時感到賓至如歸，因為他們是重要的收入來源，一旦狄卡皮歐等人轉去下一間熱門餐廳，還是會持續光顧的是附近居民。

華爾街商務人士一直是最受歡迎的客人，有些人甚至達到了傳奇人物的地位，他們其中最好的一些人都很親切又低調，總會禮貌詢問是否能幫忙安排ˋ桌位，而且從來不會強求，他們點最昂貴的酒，知道什麼時候該讓出桌子，一次用餐給出的小費就足以讓你繳一個月的房租，這些人的名字旁總會標記著「永遠訂得到桌位」，就算餐廳滿座又超額預訂。

我負責門口接待時曾被威脅、辱罵、挨揍，被那些訂不到首選卡座或窗邊座位的人叫過各種難聽的名稱，從「矮子」到「傲慢的混蛋」都有。對某些人而言，無法獲得首選座位相當於被閹割，進而失去男子氣概，由此產生的憤怒程度足以令人瞠目結舌。

那麼，如果不在貴賓保護名單內，怎麼做才能得到黃金座位呢？老實說，保持良好態度一定會有幫助，我曾冒著讓某位貴賓多等幾分鐘的風險，只因為一對友善的夫妻前來慶祝結婚週年，而且希望坐在特定座位，除非每一張桌子都保留給超級巨星，這種情況很少發生，不然任何稱職的總領班都會給一對態度良好的情侶或四人組一個好座位。若非如此，總領班只是在騙你的小費，趕快離開！這種餐廳不值得留戀，金錢「幾乎」總是可以讓你得到好座位，如同金錢（和名氣）總能讓你在洋基體育場得到包廂，或者在紐約尼克隊主場獲得場邊座位，或者在紐約巨人比賽時坐在正中間五十碼線的位子，餐廳也是一樣的道理。如果一名客人走進餐廳、報上名字，並給你一張百元鈔票，你難道不會給他一個好座位嗎？我認為在大多數情況下，因為我基本上熱愛與相處並公平對待每個人，所以才得到客人高額的小費，我關心他們、他們的家庭、伴侶、工作等，盡可能讓客人擁有美好的用餐體驗，厲害的門童和餐廳老闆懂得這個道理，對我而言，這才是讓這個產業特別且吸引人的原因，我工作的這些年內遇過幾十萬人，每個晚上遇到的人都不一樣，儘管某些晚上的情況真的很糟，但大多數不會太糟。

我們的主廚尼爾是很厲害的賽馬操盤手，任何人只要對賽馬感興趣且願意花個幾美元，他都願意幫忙下注，與此同時，他也經營美式足球和籃球比賽的點差投注。某個忙碌的星期六晚上（那天晚上我們可能在短時間內就服務了四百名客人），他來告訴我，他剛得到某匹馬的內幕消息，牠即將參加紐澤西州梅多蘭茲賽馬場的最後一場比賽，他需要往返那裡的車資，這樣就能將所有的錢都押在這匹馬上，他向我們提出了一筆交易，如果外場員工願意幫他負擔車費，他就幫我們下注那匹馬，根據他的消息來源，這匹馬一定會贏。一開始，我告訴他，他在胡說八道，我一毛錢也不會給他，但他不放棄，只有墮落的賭徒才會這樣，他說一定沒問題的，他冒著在星期六晚上離開工作崗位、可能會被資遣的風險，如果我們不加入他就是瘋了。

我上鉤了，羅伯叔叔和我在員工中掀起了賭博熱潮，我們在餐廳裡到處收錢，並從任何有現金的人身上募集到一千五百美元，從服務生、領班、助理服務生、侍者、雞尾酒服務生、泊車員、廚師，無一倖免。我們負擔了車資，把主廚送走，他已經吸了不少古柯鹼而且有點醉，口袋裡帶著幾千美元現金，時間非常緊迫，他得趕在最後一場比賽前抵達。一位副廚接手了廚房的工作。午夜時分，主廚帶著一個裝滿現金的購物袋回來，那匹馬表現相當出色，大幅領先對手獲得第一。

And They Came . . .

他們來了……

沒錯，他們真的來了，商業圈、藝術圈、時尚圈等各界的名人都來了，當時還沒出櫃的八卦專欄作家莉茲・史密斯（Liz Smith）常常帶著伴侶艾莉絲・洛夫（Iris Love）前來用餐，她們養的兩隻狗會蜷縮在桌下，引起周遭客人注意的同時，也和其他水上俱樂部的客人交流。莉茲對水上俱樂部的成功很重要，她經常撰寫在這裡看見名人用餐的文章，卡爾文・克雷恩（Calvin Klein）帶著羅伊・科恩（Roy Cohn）及邁爾康・富比士（Malcolm Forbes）一起來訪，隨侍在側的是當天精選的男伴——來自愛荷華州某個神奇農場、喝牛奶長大的金髮帥哥，當然這些金髮男神都只是「朋友」，因為他們當時還沒出櫃。羅伊・科恩會坐在那裡，露出色瞇瞇的眼神，臉色蒼白蠟黃，雙眼無神，心不在焉地看著身邊的男伴，不斷掃視用餐區，尋找他認識的人、前上司、或是他陷害過的人。

搖滾巨星也來了，布魯斯・史普林斯汀（Bruce Springsteen）、米克・傑格（Mick Jagger）、險峻海峽合唱團

（Dire Straits）以及洛．史都華（Rod Stewart）都來過。史都華來的那一晚，他顯然很緊張，因為這是他與模特兒瑞秋．杭特（Rachel Hunter）第一次約會，他甚至問領班：瑞秋會不會喜歡自己。出版《女裝日報》（Women's Wear Daily, WWD）的傳奇出版商約翰．費爾柴德（John Fairchild）也是常客，有一次，他喝了太多葡萄酒想要上廁所，但上樓去洗手間對他來說太難了，於是他拉開通往小陽台的玻璃門，眾目睽睽之下，在陽台上對著河水尿尿。其他常客也包含親切有禮的華特．克朗凱（Walter Cronkite），還有艾德．麥克馬洪（Ed Mcmahon），任何經過他那一桌的餐廳員工都會得到一張百元鈔票。布魯克．雪德絲（Brooke Shields）慶祝十八歲生日時，邀請多數員工與她以及她的朋友在舞池跳舞。艾琳．福特（Eileen Ford）會帶當紅的超級名模前來用餐，巴茲也因此擁有源源不絕的美麗領檯員，充當餐廳的門面，如果不夠漂亮，不可能有機會得到領檯員的工作。

餐廳用餐區在任何晚上都是紐約名人的聚集地，傑羅丁．費拉羅（Geraldine Ferraro）在接受副總統候選人提名後，曾和巴茲其中一名合夥人共進午餐。比利．喬（Billy Joel）一直都只願意給百分之十的小費，他曾在這裡追求過名模克莉絲蒂．布琳克莉（Christie Brinkley）。全身戴滿鑽石的喬伊．希瑟頓（Joey Heatherton）會和她的男友兼經紀人傑瑞．費雪（Jerry Fisher）（他最後被她刺傷）現身餐廳，在吸太多古柯鹼又喝太多酒的情況下，從高腳椅上跌下來。梅爾．托美（Mel Tormé）、黛安．基頓（Diane Keaton）和華倫．比提（Warren Beatty）、費．唐娜薇（Faye Dunaway）、瑪莉．泰勒．摩爾

（Mary Tyler Moore）、巴布・狄倫（Bob Dylan）都來用餐過，黑道老大和貪腐政客——霍華・高登（Howard Golden）、唐納・梅因斯（Donald Manes）、米德・艾斯波西托（Meade Esposito）——進監獄前也都來這裡享用最後的晚餐，這完全是一九八〇年代的縮影，同時展現了最好與最壞的一面。

某個星期六傍晚五點三十分，我因為換燕尾服而遲到，當走進用餐區，蓋伊就抓住我並用眼神示意我，你他媽遲到太久了，叫我最好趕快到一號桌去，他已經安排一名貴賓入座了。當我走近那一桌，我看見一對情侶正在看著曼哈頓的景色，我走過去招呼他們，發現在我眼前的正是傑基・葛里森（Jackie Gleason），他一如既往的圓潤身材，領子上插著一朵紅色康乃馨，剛修完鬍子的臉容光煥發，身上散發出昂貴古龍水的香味。他的妻子坐在旁邊，整個畫面很優雅，我歡迎他們來用餐並準備問他們想喝點什麼（當時和現在不一樣，現在喝到一杯雞尾酒以前，還得先提供各種水的選項），但在我開口前，葛里森用他的角色雷夫・克拉登（Ralph Kramden）的紐約口音大聲說道：「我要一杯珍寶威士忌，她要一杯夏布利白酒。」

我立刻去準備飲料，他是偉大的傳奇人物、本森赫斯特的國王，當我端著飲料回來，將白酒放在他妻子面前，我將威士忌放在他面前後，他舉杯小啜一口，伸出另一隻手抓住我手臂，同時迅速喝下威士忌，葛里森喊出他著名的「啊——！」以後，他直視著我說：「再來一杯！」我端著威士忌回來，將威士忌放在他面前後，我頓了一下，他揮了揮手請我離開，「好了，醫生說只能喝兩杯。」他用空著的那隻手拍了拍心臟。當我回到那一桌介紹菜單和特餐，還來不及開口，他便脫口問道：「你們有薯餅嗎？」我回答沒有，薯餅不是我們會提供的餐點，「幫我個忙，問一下主廚，告訴他是我要的。」

我用燦爛的笑容讓他知道我會去問主廚，並且直接走向廚房，厲害的賽馬操盤手主廚尼爾在廚房裡工作，「主廚，我有一位客人想知道你能不能幫他做薯餅。」來自布魯克林的尼爾看著我，眼睛眨都不眨就說道：「亞佐立納，他媽的給我滾出廚房！」我說道：「主廚，他是重要貴賓，是傑基・葛里森！」尼爾再次叫我滾出廚房，說我只是想從華爾街客人那裡得到百元鈔票。「主廚，真的是傑基・葛里森要的。」他再次對我大吼，叫我滾出廚房。絕望的我不想讓葛里森失望，我叫尼爾自己去看看，他放下手邊工作，惡狠狠地瞪著我，彷彿在說你敢騙我就死定了，他走進用餐區，看到葛里森夫婦就坐在那裡。

尼爾回到廚房，只對我說了一句「媽的」，便叫一名廚師拿馬鈴薯給他，我回到葛里森的桌邊，讓他知道主廚很樂意為他準備薯餅，葛里森看了我一眼，微笑回覆道：「我想也是。」他和她的妻子非常親切、有禮貌，兩人也十分相愛，他們享受了一頓美好的晚餐。隨著他們的晚餐接近尾聲，餐廳也客滿了，水上俱樂部的用餐區是一個很長的長方形空間，領位台在一端，一號桌則在另一端，葛里森夫婦離開時（當然也在桌上留下豐厚小費），他們手挽著手穿過長長的走道往出口走去，他們走過用餐客人時，客人慢慢發現他的身分，你會聽到人們驚呼「天啊」或「真假」，如同巴士比・柏克萊（Busby Berkeley）編排的舞蹈一般，客人像體育賽事中的波浪舞一般，一個接著一個起身向他鼓掌致意，葛里森走到領位台，優雅轉身向客人鞠躬，帶著他一貫的葛里森笑容離開了餐廳。

Mimi

咪咪

儘管餐廳出乎意料的成功，但巴茲・奧基夫的心中還是留有一絲恐懼，不，不是每天上門收帳款的工人和供應商，奧基夫是出了名的不愛付帳，弄到有人心生不滿，甚至還帶人來拆樓梯，威脅他再不付帳就要拆掉整間餐廳，他離開餐廳前留下了一張支票。這分恐懼也不是源於那個老是忘記取下雞生蠔的笨蛋服務生，也不是向員工兜售古柯鹼被抓到的酒保，或者不斷更改的廚師名單，或者冷凍庫和倉庫的食物不斷遭竊，以上都不是造成他恐懼的主因。他真正恐懼且不斷提及的是一名來自布魯克林、五呎高的女性，她的名字叫咪咪。

咪咪・喜來登（Mimi Sheraton）是紐約時報首位女性美食評論家，她在那裡已經工作八年了，儘管如今已經高齡九十幾歲，她仍然外出用餐並為《每日野獸報》（*The Daily Beast*）撰寫美食相關文章，她當時所撰寫的評論毫不留情，很熱衷且非常精確分析食物、服務和整體價值，不論一間餐廳開業多久，不論在業界人士之間多受歡迎（她對雷吉小館的評論完全是一記重擊），不論過去有過幾顆星（馬戲團餐廳曾被降為一星），她都只專注在用餐體驗，有時為了準確評論，她還會回訪一間餐廳七、八次，她的評論寫得非常好，誠實又切中要點。

但奧基夫絕對不會認同，不認同到他可能願意花一百美元懸賞她的頭，第一個看到她的人就能獲得一張嶄新的百元鈔票，並且可能得到他永遠的青睞。他每天都會發表許多激進言論，其中一個不斷出現的主題就是貶低咪咪．喜來登，他說他有證據能證明，她肯定被某些餐廳老闆收買，才會幫他們寫出好評，而且堅信她會在我們「準備好」讓她評論前來訪，很有可能會因此損害他的名譽，以及新開幕就很成功的水上俱樂部的聲譽，也許是因為她對河邊咖啡廳的一星評論，讓恐懼深植於餐廳老闆奧基夫的心和收入。她寫道——

震耳欲聾的噪音和亮度不足的照明設備減損了整個環境的美感……每道餐點間的間隔長得令人痛苦……但管理層只會招待酒水以示歉意，餐點送上桌後，員工又會在桌邊徘徊，伺機奪走餐盤，逼迫吃飯速度慢的客人加速……但太多餐點上桌時只有餘溫或者完全冷掉，每道餐點都有一些不合理的搭配。

奧基夫對她抱有敵意，並不打算讓她有機會寫評論，進而毀掉他正在建立的餐飲帝國。某天，他來找克萊兒和我，問我們是否願意偷偷守在她西村的房子外，試圖偷拍一張她的照片，他想讓所有員工都看過照片，確保咪咪一進餐廳就馬上被認出來，我亟欲鞏固我在奧基夫心中的地位，也很榮幸他將這個任務交付給我。克萊兒和我在一個涼爽的秋天清晨，拿著相機在她家對面的街道上坐了好幾個小時，等待她出入家門，但一直都沒有動靜，我們最後因為天氣寒冷以及無止盡的等待而放棄，後來就去吃早餐了。

結果發現根本不需要照片，我們有一位服務生曾任職於雷吉小館，咪咪為了寫評論視察那裡時被看見，那篇評論是喜來登漫長的生涯中被引用最多次的文章之一，絕對值得一讀，注意到她進來餐廳用餐是這位服務生在水上俱樂部工作的顛峰，他認出咪咪而從巴茲那裡收到的那張百元鈔票，我希望他有存起來，因為他很快就因為被發現偷藏小費而遭開除。

那是一個星期四晚上，我們聽到她被發現坐在用餐區時，還是一如往常地忙碌，這是一個很重要的時刻，全體員工立刻被告知這個消息，星期四人聲鼎沸的群眾已經讓整間餐廳的氣氛開始緊張起來，此刻又更緊張地等著老闆的決定——他是否真的會把她趕出去，還是讓她好好享用完一頓飯呢？在她被認出來以前，同行的夥伴已經被安排入座並上了一瓶酒，巴茲召集了餐廳高層討論一番後，領班被告知回到他們桌邊，告訴他們他不會提供菜單，如同咪咪後來寫道，領班回到他們桌邊時說道：「我們有理由相信這一桌坐著一名美食評論家，而我們還沒準備好接待評論家。」

水上俱樂部的船頂插著幾面旗幟，其中一面綠底的旗幟上有兩顆金球，我問過許多次這面旗幟代表的意義，終於有人告訴我，那兩顆金球象徵巴茲的兩顆睪丸，從批評者到粉絲，所有人都看見他的愛爾蘭睪丸高掛在水上俱樂部船頂，那天晚上，它們當然也被展示在用餐區內部以及上方，某種程度上算是展示出來。不出所料，奧基夫決定不接待咪咪後，他就離開餐廳了，後來我才發現這是他的行為模式，當餐廳出現一些棘手的情況，他就會把爛攤子丟給其他人。咪咪優雅地離開了，再也沒有回來過，巴茲馬上叫他的手下打電話給《紐約時報》第六版，隔天，報紙刊登了這起事件，這則報導很快就傳開來，水上俱樂部獲得了前所未有的高度關注，我們現在紅到全世界，生意好到不行。

Extracurricular Activities

課外活動

餐廳的生活十分喧鬧，我們進入了固定的生活模式，八到十小時的工作結束後，找到當紅的酒吧，在裡面進行當天晚餐服務的檢討會，不管去了哪間店，最後都會沾到酒精，遲早有某個人會出去找最近的毒販買一點古柯鹼，我們的夜晚會持續到四、五點，有時甚至到早上八、九點，通常在太陽升起時才回家，此時所有朝九晚五的人才正要去上班。

我們有自己的愛店，西九街的瑪莉蘆酒館就是其中之一，這間位於地下餐廳由瑪莉蘆自己主理，身形高大的她充滿活力，她會親自接待當晚的名人，並於凌晨四點打烊，讓派對持續到清晨。傳奇的爵士俱樂部布萊德利酒館就在幾個街區外的大學廣場，在那裡表演的音樂家之中，有些是當時最偉大的爵士藝術家，他們表演完一個節目後，就會前往瑪莉蘆酒館喝免費的酒，吸著像糖果一樣發放的古柯鹼，這裡充斥著黑道和明星，傑克·尼克遜（Jack Nicholson）、傑伊·麥金納尼（Jay McInerney）、勞勃·狄尼洛、奧利佛·史東

（Oliver Stone）和艾力克．羅勃茲（Eric Roberts）都是常客，其他餐廳的服務員和酒保下班後也會過來喝酒，再搶占洗手間空間吸古柯鹼。

范達美酒館是另一個傳奇地點，位於著名的心碎俱樂部對面的街道上，距離奧迪恩餐廳只有幾個街區，這兩個地點都記載在麥金納尼的《如此燦爛，這個城市》（Bright Lights, Big City），這裡是翠貝卡的酒精和毒品集散地，你需要的東西都可以在這裡找到。范達美的酒吧由兩位傳奇酒保大師傑德和丹尼主理，精湛的技藝不只展現在高超的調酒能力，他們可以喝下好幾杯酒又吸了古柯鹼後，在滿是顧客的酒吧繼續工作。這裡地下室的廁所和酒吧、餐廳一樣需要等很久，排隊的人多到讓大部分男性乾脆直接尿在外面，女性則會去隔壁餐廳借廁所，因為范達美的廁所隔間裡滿是吸食古柯鹼、做愛或同時做這兩件事的人。

回到樓上，只要壓力過大，吧台後的員工就會拿出他們的古柯鹼，在水槽上倒成一排又一排，吸食他們所謂的「超大劑量」，衝擊感會非常強烈，他們的身體顯然不堪負荷，以致讓他們吐在吧台後的水槽，此時，他們會再喝下一杯冰鎮伏特加，像公園裡的小狗一樣抖一抖後再繼續工作。接著，凌晨四點時，他們會鎖上門開始打撲克，通常會持續到中午。

我們所有壞習慣都不僅限於下班時間，糜爛的行為也延伸到上班時間，艾爾每天晚上都精力充沛，我從沒看過任何人可以在工作的地方幹過這麼多女人，似乎也沒人在乎，艾爾時不時就掏出他的小弟弟，展示給任何想看的人觀賞，甚至連不想看的人也會看到，你會轉過一個轉角看見他在擦亮玻璃杯或銀器，同時晾出幾乎垂到膝蓋的小弟弟。

某天晚上，艾爾叫我十分鐘後去出酒口，因為站在工作站對面看得比較清楚，我按照他說的時間過去，離開忙碌的服務區域，因為如果艾爾叫你做什麼事，不論招致什麼懲罰可能都很值得。當我站在可以清楚看到工作站的地方，我看見艾爾和正在搞曖昧雞尾酒服務生站在一起，她的手正放在他的口袋裡幫他打手槍，她一邊幫他打手槍，兩人一邊對我微笑。

博伊德也會參與這種暴露的表演，他的小弟弟和艾爾一樣大，雖然他比艾爾高了近一呎，但第一眼看到並沒有那麼令人驚嘆。他們都是傳菜員，其中一項工作是推出一台手搖風琴，這是奧基夫給用餐區的特別服務之一，手搖風琴是一個手推車形狀、帶有輪子的音樂箱，一邊有手搖曲柄，轉動曲柄會傳出生日快樂歌的旋律，傳菜員的工作是從廚房推出這個奇怪的裝置，端出蛋糕和蠟燭，為前來用餐的壽星慶生，博伊德和艾爾會把握每一次可以端出蛋糕、推出手搖風琴的機會，博伊德推著手搖風琴，艾爾端著蛋糕，兩人一起抵達桌邊，一個人開始轉動曲柄，另外一個人則送上蛋糕，所有服務生都知道但客人不知道的是，他們會在長圍裙下掏出小弟弟，此時，一個人轉動曲柄，另一個人大聲地唱著生日快樂歌，他們的小弟弟也會隨著音樂在圍裙下上下擺動。

隨著時代變遷，我瞭解這些行為聽起來肯定很可怕，也許當時真的很糟糕，但據我所知，參與者都是自願做出這些奇怪的動作，沒有人的工作因此受到影響，沒有人被迫做任何事，我們都參與其中，如果有人感到任何不適，也沒有提出來。我現在知道有些人因為害怕被報復，當時沒有說出來，還好這個產業在這方面已經有所改善。酒精和毒品驅動了這些充滿野性和喧囂的時光，這不是藉口，但這就是當時的情況。

餐廳開幕不久後來了一名新經理，他來自紐澤西，一個形式正經、雙頰通紅、做事一板一眼的愛爾蘭人。在此之前，管理層的管理力道非常薄弱，服務生幾乎主宰了整個用餐區，我被全體服務生選為首席服務生，讓我負責排班，這表示原班底幾乎得到了我們想要的一切，我們非常受客人歡迎，因為生意非常好，所以我們有很多自由，但也許太自由了。「紅臉」開始負責並管理我們這個小團體，他很快就接管班表，並試著管制喝酒的情形，但我們有帝王博士這種人在吧台工作，他幾乎沒有勝算。某天晚上下班後，體育迷說服我、羅伯叔叔、克萊兒以及其他幾位服務生，一起去位於老米特帕金區、惡名昭彰的性愛俱樂部地獄之火，以前這裡肉舖外面的卡車和架子上都掛著厚厚的肉塊，街上充斥著各式各樣的性工作者——異性戀、同性戀、跨性別應有盡有，幾個街區以外的廢棄碼頭是惡名昭彰的同性戀性愛遊樂場。地獄之火附近有一間現在已成為傳奇的同性戀愉虐性愛俱樂部礦井，雖然礦井僅限男性入場，但不論異性戀、同性戀或各種性別，地獄之火都很歡迎。

這間俱樂部位於一個基本上還未完工的地下室，你一走進俱樂部，吧台就在正前方，一男一女兩位酒保都穿著皮革背帶，身上都帶著各種金屬環，量多到足以觸發十英尺以外的金屬探測器，乳頭、肚臍、耳朵、臉上、生殖器，幾乎全身都有金屬環。我們點了飲料坐下來，體育迷來過這裡，他告訴我們和他約會的模特兒是這裡的常客——她特別喜歡戴上項圈和牽繩，四肢著地被侏儒牽著爬行。

紅臉告訴體育迷，下班後會加入我們，我們所有人聽了都大笑，心想怎麼可能，但晚一點他的確出現了，還穿西裝打領帶，後來羅伯叔叔和我去上廁所，廁所在店面後的三個台階之上，最底部的台階躺著一名穿著艾索德白色針織毛衣和白色褲子的男子，若想要上去廁所，必須先踩過他和那件已經髒掉的白色毛衣，廁所裡沒有小便斗，只有一個浴缸，裡面還躺著一名裸體的男子，這是唯一可以尿尿的地方。

我們回到吧台以後，克萊兒和我決定去看看後面，這是紐約典型未完工的地下室——沒有鋪面的地板、管線裸露，有幾間由磚塊和混凝土建成的小房間，這些房間過去用來放各式儀表或當儲藏間，現在卻破敗不堪，適合進行各種幽會，光線昏暗，得瞇起眼睛才能認出別人，他們都以各種方式進行性愛或愉虐。

我走過一個轉角，隱約看到三個人，靠得更近時，我認出其中一人，他就是我們雙頰通紅、做事一板一眼、討人厭的經理，四肢著地跪在滿是塵土的地板，嘴裡放著一支陰莖，屁眼裡塞著另一支，我他媽震驚到不行，馬上衝回吧台，跟酒保要了紙筆後衝回去，當時紅臉準備起身，我趕快交給他那張紙，「這是我們下個月的班表。」從此以後，我們和他之間就沒什麼問題了。

隨著時間過去，員工的習慣和偏好越來越明顯，突然出現的小副業讓我們口袋都裝滿現金。古柯鹼的來源可能是客人用來代替小費，或是廚房兩名廚師其中之一，或者首席酒保，酒保最後被抓到並開除，雖然從此經過一段漫長的空窗期，但最後總會有人替補空缺。有些服務生會在工作結束後進行採購，也就是去乾貨倉，用他們的包袋裝一堆茶包、果醬、鹽、胡椒等任何家裡缺少的東西，在身障廁所和樓上的布巾間裡，大家可以偷偷吸古柯鹼或者快速來一砲，布巾間變成大家的最愛，裡面有層層疊疊的柔軟布巾可以躺。當餐廳裡沒有可以吸食的毒品，附近可以快速到達的下東區就是很好的選項，特別是對於需要迅速解決海洛因癮頭的人。

博伊德海洛因成癮，我們其中一位幫廚也是，癮頭上來時，他就會突然從外場消失，並叫其他傳菜員幫忙一下，他會身穿制服偷跑到街上，搭計程車到下東區，取得他要的毒品再回餐廳，這樣一趟來回可以壓在三十分鐘以內，他會在身障廁所注射毒品，毒品開始發揮作用後，他就會跑到廚房旁邊的銀器間，大吐特吐在銀製酒桶裡。

博伊德也會幫幾位服務生和那位廚師取得毒品，那位廚師是一名人高馬大、溫和親切的巨人，我完全不知道他在哪裡或如何注射毒品，但我們都知道毒品什麼時候發揮作用，他是負責龍蝦和多佛鰈魚等菜單上最昂貴的品項，毒品作用越強，就有越多份餐點掉到地上，因為我們很愛這兩個人，所以所有人都會為他們掩護，為了掩飾他烹調上的錯誤，我們會一直煮鰈魚和龍蝦，只要有一份掉到地上，他還有其他份可以替補，因此下班時就會剩很多龍蝦，所有人下班後就有龍蝦饗宴可以吃。主廚尼爾總是會很好心地試著幫他，他知道那位廚師會把毒品藏在他的置物櫃裡，他就去到更衣室，打開他的置物櫃，當然，裡面不只有古柯鹼，還有一把手槍，他把槍丟進東河，至於古柯鹼的去向我就不知道了。

當然，三修女也有分，大衛（他因為尖銳的聲音被冠上尖叫獵豹的稱號）熱愛在紐約賓州車站的廁所徘徊，常常因為在廁所裡口交被逮捕進而曠職。另一位三修女成員是凱斯・哈林（Keith Haring）最好的朋友，而且和尚—米榭・巴斯奇亞（Jean-Michel Basquiat）等人混在一起，他也是會在空班時跳上計程車，取得海洛因後再回到餐廳。還有一名成員是雙性戀男孩俱樂部成員，這一群號稱「直男」的人偶爾也會和男性上床，他們不會承認自己是雙性戀或同性戀，歌手也是成員之一，但顯然因為從未和女性上過床而被趕出俱樂部，有些人像體育迷一樣，還屬於這個俱樂部是因為還沒出櫃，有些則是因為實際上就是雙性戀，還有人是因為在某個夜晚用了太多毒品，所以願意和隨便一個人發生性關係。

不幸的是，這也使他們之中很多人喪失性命。一九八一年，有人開始感染即將為人所知的愛滋病，其中一個病例是我在佛羅里達大學的朋友，我們本來以為他是異性戀，我還曾和他女朋友上過床，他於一九八一年過世。到了一九八二年，恐懼開始蔓延，卻沒有減緩濫交的情形。當時的夏天，我們一群人會在火島上租一間房子，到了一九八〇年代末期，其中四位室友過世了，體育迷當時在和一名可愛的女服務生交往，同時活躍於雙性戀男孩俱樂部，他們最終也都死於愛滋病。

如今似乎難以想像當初許多人對感染愛滋病的恐懼，當時對病毒傳播的方式所知甚少，謠言因此甚囂塵上，愛滋病可能會透過噴嚏、接吻、觸碰染病者的手、蚊子或血感染嗎？沒人知道。某天晚上，克萊兒和另一位領班正在為某一桌客人點的一隻兩到四磅的龍蝦去殼，這是銷售昂貴餐點時很重要的服務，她們其中一人不慎被龍蝦殼劃傷，客人們突然激動起來，表示他們不要這些龍蝦，因為領班沒有戴手套，還指控他們試圖散播愛滋病毒。

尖叫獵豹是第一個出現病徵的人，他本來就很瘦了，當他的身體開始出現卡波西肉瘤，體重也開始往下掉，他很快就掉了很多體重，以致我們其中一位也在時尚產業工作的領班，拿了好幾件傳菜員外套縫上肩墊，讓尖叫獵豹不會看起來如此消瘦。某天晚上，用餐區的電話響了，尖叫獵豹看到沒人在領位台便拿起話筒，拉佐從用餐區的另一端看見了，急忙大叫道：「不要接！你會傳染愛滋病給大家！」

我們看見其他同事也陸續出現染病的徵兆，首先是好不了的咳嗽，接著才出現卡波西肉瘤，他們住院時會被隔離，我們去探望他還需要穿隔離衣、戴上面罩，然後就是葬禮了。很多人都是如此，尖叫獵豹和男友，體育迷和男友都去世了，我住的那棟公寓裡有八戶，其中六戶住著男同性戀，他們在兩年內都過世了。

The All-Star

全明星

當我們其中一名酒保因為兜售古柯鹼被開除，巴茲馬上聘用一位有名的酒保代替他，我不確定巴茲知不知道，他有名的不只是高超的調酒技術，還有他對女人、酒精和毒品永無止盡的欲望，我們姑且稱他為希朗（Ciaran）。

希朗在成為基斯．麥克納利惡名昭彰的奧迪恩餐廳總領班以前，曾是蘇活區佳美樂的傳奇人物，但他從前兩份餐飲業夢幻工作離職且正在找新工作，這應該就是警訊了。然而，巴茲就是愛聘僱明星，而且還曾在麥克納利的餐廳工作過，所以根本沒有仔細檢查這個大獎。他在佳美樂工作時，酒吧的客人每天都擠得水洩不通，等著他們點的酒，他都獨自作業，一隻手抓兩瓶酒，還能一次調三、四杯雞尾酒。

希朗擁有一半義大利、一半愛爾蘭血統的外表、高大健壯，十分引人注目，他和我一樣來自黑道家庭，他那雙令人屏息的藍眼睛在十歲時見識過的事情，比大多數人一輩子見識到的還多，也許這是我們能成為朋友的原因。去到佳美樂，你會看見一位大師在工作，如果你是「家人」，就不需要付酒錢，十點以後，他為自己保留的尊美醇威士忌會喝到只剩半瓶，很快就輪到古柯鹼了。

我懷疑巴茲是否瞭解他職業生涯的所有細節，但他已經是一位傳奇人物了，聘僱他也是很自然的，特別是他擁有愛爾蘭血統。他從酒吧外場開始做起，因為吧台助手和主酒吧都已經有巴茲的人了，這應該也要是個警訊，厲害的酒保有很多工作機會，不會屈就於酒吧外場，除非這是他唯一能得到的工作。

他很快在餐廳裡打響名號，雖然他高超的技巧在出酒口完全無用武之地，但他說故事的能力、酗酒及吸毒的陋習很快就廣為人知，女人很喜歡他。比較沒有那麼忙的幾個晚上，他會消失一下子，通常是拖著某位領檯員、訂位員或雞尾酒服務生，去布巾間吸一點古柯鹼，很容易就看得出他正在和誰上床，你只要看到哪位外場員工和他一起不見一段時間就知道了。二樓訂位處位於主酒吧的正上方，這是他最愛的點，訂位員也是他的最愛，你會知道他在那裡，因為第一，出酒口沒人；第二，領位台電話響個不停；第三，你聽到主酒吧上方的天花板不斷傳來「砰、砰、砰」的聲響，這表示他和訂位員已經吸完撒在巨大桌子（巴茲的辦公桌）上的古柯鹼，並開始在上面交媾，他每一下進出的力道之強，讓桌子在主吧台上方的樓板上下震動，所有人都聽得到，管理層要不是已經回家，就是欣然接受他的給予，對他的逾矩行為視而不見，再加上他的名氣，沒人敢動他，這一點都不稀奇，因為總經理本人也成癮古柯鹼，他不打算開除希朗，雖然他最後因為挪用公款被逮捕定罪。

某個星期日晚上，將近晚上十點，主酒吧已經沒什麼人，用餐區也只剩幾桌客人，全部都是用完甜點後再多坐一下，我們很快就要打烊了，主酒吧的酒保這時通常已經離開，吧台助手會結束手邊工作並接管吧台，用餐區的員工會到主酒吧點他們想喝的酒，整個晚上都不太忙，讓希朗可以比平時早一點開喝，平時當班時會配著喝的尊美醇威士忌，早就喝掉一大半，看著他一邊喝完那一瓶尊美醇，一邊走向酒吧。

主酒吧空間是一個很長的長方形，從一邊穿過出入口就是餐廳入口，過了十點以後會有警衛看守，另一邊則是一座壁爐，附近還有幾桌座位，唯一還坐在酒吧的客人是會計部的員工，他是一名男同性戀，他會不斷展現自己對希朗的愛意和欲望，我走過去拿酒時，正好看見希朗打開第二瓶尊美醇，我站在那邊為飲料放上配料時，看見巴茲的朋友約翰某某也來到酒吧坐了下來，這是一個「完蛋了」的時刻，所有員工都不喜歡某某，希朗尤其討厭他，無禮的某某是個酒鬼，又都不會閉嘴，他喝越多，就變得更加大嗓門、無禮、好鬥，大家只是因為他和老闆的關係，才一再容忍他的行為。

今天不適合坐在希朗工作的酒吧喝酒，因為他一直離開工作崗位，表示他那天吸了大量古柯鹼，到了此時，他的狀況已經很糟糕了。希朗盯著某某坐下，沒有過去問他想喝什麼，而是走到我站的地方，一隻手靠在吧台上，另一隻手舉起尊美醇的瓶子喝了一大口，他放下瓶子走回某某面前，彎腰靠近某某的臉，他們倆說了幾句話，希朗走回我站的地方，拿起平時裝著招牌酒的五加侖酒桶，裡面沒有酒，只有準備到掉的冰水。他將冰桶舉過頭，雙眼瞪著某某，將整個冰桶的冰水倒在自己身上，我心想：「完蛋了！」全身溼透的他走回某某身邊，從吧台後面拿出一個馬丁尼杯，咬碎杯子並將碎玻璃吐在某某的臉上，他接著撕開身上的襯衫，像泰山一樣捶打胸膛，發出恐怖的尖叫聲，躍過吧台抓住某某，開始將他拖向壁爐，某某大聲尖叫，希朗也在尖叫，我也開始尖叫。此時，那名會計部同仁從椅子上跳起來大叫：「希朗！！！」撲到他赤裸的背上試圖阻止他，或者藉機感受他的肌膚，也許兩者都有，後來又傳來一聲帶著濃厚海地口音的尖叫：「希朗！！」是我們親愛的警衛，六呎六吋高的彪形大漢，他朝著他們奔過去，大聲喊著：「希朗，不要啊！！！」他接著以美式足球員勞倫斯．泰勒（Lawrence Taylor）的速度、技巧和進攻力道，在幾秒內衝過去將三人撂倒在地，某某差一點就要被推入火裡。

The River Café

河邊咖啡廳

某天下午，我被叫到巴茲的辦公室（大門旁的桌子），他告訴我，河邊咖啡廳需要一名領班，問我有沒有興趣，我很驚訝，對我而言，這是千載難逢的好機會，我壓抑住想尖叫的欲望說道，當然有興趣，他便沒再多說什麼。

河邊咖啡廳是世界上最美麗、最浪漫的餐廳之一，是一艘座落於東河上的船，在壯麗的布魯克林大橋之下，提供了前所未有的下曼哈頓的景色，這是巴茲．奧基夫獻給紐約市的情歌，當你看向窗外那些致敬資本主義的景象，曼哈頓島是如此燦爛、浪漫和經典，和伍迪．艾倫的電影《曼哈頓》（*Manhattan*）開場畫面一樣，彷彿還能聽見蓋西文的音樂，這就是紐約。喧囂的八〇年代，雷根總統主政的美國，華爾街資金充沛，下滲經濟學如同我東村公寓大樓裡漏水的水龍頭，緩慢又不太順暢地滴著可能還充滿鉛的水，逐漸嘉惠那些足夠幸運能與這十年繁榮光景的受益者接觸過的人們。

河邊咖啡廳一開始是一間美式義大利餐廳，充滿鋪著紅白相間格紋桌巾的桌子，但巴茲懷有更大的願景，所以他請來賴瑞．福吉奧尼（Larry Forgione）來主管廚房（從傳奇主廚米歇爾．蓋哈（Michel Guérard）紐約的餐廳雷吉小館挖角過來），這是奧基夫第一次與其他主廚合作並獲得巨大成功，福吉奧尼將河邊咖啡廳轉變成一間專注於食物的餐廳，福吉奧尼離開後，廚房由查理．帕默，在他的任期內，河邊咖啡廳獲得《紐約時報》三星評價，滿分為四星。

這裡完全是餐飲業另一個樣貌，既嚴肅又認真，巴茲經營水上俱樂部時的瘋狂，完全比不上他在河邊咖啡廳的程度。他追求極致完美，裡外皆是，從餐廳入口美麗的裝飾，到用餐區和廚房的每一個面向，他都要控制並期望他的員工和他一樣力求完美，站在大門外的泊車員，身穿白西裝外套、繫上領結，一整年都穿著一樣的制服，不管外面天氣冷熱，外表至關重要。客人一下車，從擦得亮閃閃的黃銅手把拉開餐廳大門，他們就會被護送到一間小房間，兩位美麗的領檯員會為客人確認座位，並引導他們經過走廊到用餐區和酒吧。

如果水上俱樂部算是熱門，那河邊咖啡廳的座位又更搶手、更難訂。餐廳會在兩週前開放訂位，到了早上十一點開始登記訂位，餐廳早就已經全滿，意思是開放給大眾訂位的座位已經滿了，如同我工作過的大多數餐廳，最好的座位都是留給常客、業內人士以及有錢人。

用餐區由尼基（Nicky）和羅尼（Rodney）兩位總領班負責，都是義大利裔美國人，打破了巴茲要求外場身高最高的人擔任總領班的鐵律，他們兩人的身高都不到五呎八吋。我和羅尼從我來此用餐以及他去水上俱樂部工作時就是朋友，當他知道河邊咖啡廳其中一名領班要出去開自己的餐廳，他馬上向巴茲提起我的名字。

如果拉魯斯餐廳像是外外百老匯，那河邊咖啡廳當時就算是百老匯，自尊和金錢都是吸引我的原因，這間咖啡廳以美食和服務齊名，貴賓名單的厲害程度力壓水上俱樂部，因為河邊咖啡廳空間較小也比較漂亮，又已經獲得三星好評，一般客人想要訂到座位就更難了，一間餐廳越難訂到位子，有頭有臉的人越想前去用餐，而且他們願意為了這種特權付出高額代價。河邊咖啡廳因為其美食、服務和迷人景色，逐漸攀升至傳奇的地位，不久也招攬到全明星廚師與主廚陣容，在未來幾年內確立自己的地位。

這也是我非常非常擅長這份工作的證明——一份我熱愛的工作，另外一個誘因就是金錢，我們在水上俱樂部的收入已經很不錯了，但河邊咖啡廳的餐點價位較高、員工較少，領班又可以分到更多小費，這裡的領班職位成了業界表率。那位即將離職的領班似乎要去蘇活區開自己的餐廳，這間名為普羅旺斯的餐廳後來一炮而紅，變成紐約最好的法式小餐館之一。隨著他已經發出不少離職通知，離職的時間也越來越近，每次在水上俱樂部看到巴茲，都在觀察任何關於我可以調職的跡象，但他都沒有透露任何線索。

河邊咖啡廳的服務總監又讓整個情況變得更複雜，羅尼事先警告過我，這位先生心情好時，不僅很討人厭還很討厭面試，很少錄取不是以前與他共事過或業界權威推薦的人，他也是個厭惡人類的人，此外，他還知道我們水上俱樂部某些人在河邊咖啡廳慶祝週年時帶來的災難。

水上俱樂部剛開業一年，十位開幕餐廳的原班人馬來到河邊咖啡廳慶祝，因為我們都值晚班，不可能同一個晚上一起休假，所以午餐是我們唯一選項，在這個慶祝的場合，我們的酒費遠高於餐點費，雖然我記得我們還算規矩，但最後還是都醉到不行，那是觸怒他們的第一點，第二點是所有花費都由巴茲買單，這對我們早已臭掉的名聲毫無幫助，因為他顯然沒有為咖啡廳員工做過類似的事。

結束以後，大家都擠進一輛計程車趕回曼哈頓工作，我們抵達水上俱樂部時，我意識到自己已經爛醉如泥，不可能管理好我的服務區域，羅伯叔叔認為我那天晚上最好還是去端菜，我可以在他和其他傳菜員的幫忙下，端幾盤菜上桌以完成晚班的工作。一開始還算順利，帝王博士在酒吧當班，他看著我醉醺醺的狀態，堅稱我一定要遵循博士的指示，不斷塞酒讓我能夠站穩，某位傳菜員提供的古柯鹼也起了一點作用，工作到一半我就感覺自己像金剛一樣——自信滿滿地在餐廳裡端盤子，雖然古柯鹼和酒精讓我動作有點遲緩。

正當我快要衝進廚房捶胸大吼時，我的服務區域突然接到一份十人桌的點單，這並不罕見，經驗豐富的傳菜員經常這麼做，托盤上放著菜盤，每個菜盤上又蓋著蓋子，讓托盤能夠輕易堆疊，所有盤子都是圓形的，疊放得很整齊，我將三個盤子的疊成一落，總共三落九盤，但第十個盤子就出現問題，盤子上的餐點是主廚尼爾的晚間特餐，一整隻清燉銀鮭，整隻魚悠游在龍蝦醬汁中，這道餐點被放在無蓋的橢圓盤子上，無法堆疊，唯一能保證整張點單一次上菜的方式，就是把橢圓盤放在所有圓盤的最上面，還得確保一路保持平衡走過狹長的用餐區。

控菜員和其他傳菜員看見了，不願意看我這樣端著托盤上菜，他們求我讓其他比較高大的傳菜員上菜，或至少分成兩個托盤上菜，但我體內的金剛不願屈就這兩種方法，好勝又對疼痛麻木的我，把菜盤疊在托盤上，最上面平放那道沒有蓋子的魚料理，我像舉重一般把整個托盤舉起來，逕自走出廚房、穿過那些心驚膽戰的觀眾。

然而，等著上菜那一桌在餐廳的另一端，我踏上了這趟旅程，用餐區坐滿客人，還滿到了走道上，大概走到三分之一時，我開始意識到這個托盤真他媽有夠重，我的手臂開始因為托盤的重量而顫抖，我邊走邊聽到菜盤碰撞的聲音；走到三分之二時，我開始冒汗，這天喝的酒和吸的古柯鹼好像快要從毛孔滲出來，手臂持續顫抖，魚料理的盤子碰撞聲大到我聽得一清二楚，當我走到走道盡頭，看見其他服務生臉上驚恐的神情，他們所有人都緊盯著托盤上搖搖晃晃的菜盤，終於抵達十人桌了，放下托盤架，我舉起手臂準備放下托盤，就在此刻，送菜途中早已經滑到邊緣的橢圓菜盤直接翻倒，那條魚飛到空中，讓牠悠游其中的醬汁也跟著飛濺而出，我轉頭看見十人桌派對的主辦人頭上掛著一條魚，龍蝦醬汁滴在他的西裝上，我丟臉到全身僵硬，即刻做好被開除的準備，沒想到，其中一位客人突然捧腹大笑，笑聲極具感染力，其他客人和主辦人也跟著笑了起來，而此時鮭魚已經掉到他的腿上了。

The Call

面試電話

傳菜員那個災難性的夜晚，顯然不利於我轉調至河邊咖啡廳，我變得沒那麼樂觀，但就在最後一刻，電話終於來了，我的面試排在下週，我並沒有告訴水上俱樂部的任何人，我害怕如果得到這份工作會讓自己被排擠，因為很多人都非常渴望這個機會，而我同時也擔心如果失敗會感到丟臉。

面試當天，我剃了鬍子，穿上我最好的亞曼尼西裝，特別花錢坐計程車越過東河，我不想搭地鐵，避免在炎熱的八月下午滿身大汗地走進餐廳，當計程車靠近餐廳前方的花園，我看到刻著河邊咖啡廳的金色名牌在陽光下閃閃發亮，巴茲以最低工資雇用的海地雜工肯定每天擦過三次，早知道就搭地鐵省車資，因為當計程車駛過入口停在大門前，我還是因為緊張冒了一身汗。一名穿著硬挺白外套的泊車員打開計程車的門，也打開了餐廳的門。

一進餐廳，便向站在入口處的美女領檯員介紹自己，接著被帶到一張角落的桌子等待服務總監，我瞭解巴茲招募外場員工的標準——通常是高又帥、身材精實的男性——所以當這名名身穿燕尾服的人從遠處走來，我有點震驚。他長得像是《新科學怪人》（*Young Frankenstein*）的伊果和吸血鬼德古拉的助理雷菲爾的混合體，他蹣跚走來、略微駝背，蛋形的頭上貼著稀疏的頭髮，可說是世界上最沒有魅力的人類，他伸出手向我握手，與此同時，我的視線離不開他眼下明顯下垂的黑眼圈，看起來好像每晚上都在餐廳的卡座輾轉反側、做著惡夢，夢見他愚蠢的員工又犯了嚴重的錯誤——在該放橄欖的馬丁尼放檸檬皮，將比目魚片的菜盤以不太正確的角度放在客人面前，或者某位服務生在他需要的時刻沒有出現，隨時都有犯錯的可能性，不論是真實或只是一種感覺。

當我握上他的手，瞬間被他冷冰冰且溼滑的手掌及無力的手腕嚇到，感覺好像是握著一個死人的手，他張開乾裂的嘴唇微笑時，我瞥見他灰黑且歪曲的牙齒，他露出極度嫌惡的表情，我不久後理解那是他平常的表情，他說道：「你現在在水上俱樂部工作。」故意拖慢語速，大概花了三十秒才說完餐廳的名字，帶著如此厭惡的語氣，彷彿這間餐廳的存在是餐飲界萬惡的根源。

他顯然知道我們的壞名聲，他這一整間餐廳做的是高級料理，對他來說，水上俱樂部和麥當勞差不多，而我卻在這樣一個可恥的地方工作，端出只適合牲畜吃的餐點。此外，巴茲規定他旗下餐廳的員工不能互相輪調，我即將成為打破這個規定的第一人，服務總監對這件事的怨恨勝過一切，我完全無法理解這麼不討人喜歡的人，怎麼會進入餐旅業。

我想要離開，但我看見他背後的景色，這座城市以可能的財富、性愛和名望吸引了多少人，同時也摧毀不少人，我知道我想留在這裡。因此，我乖乖坐在那裡，好像回到教堂一樣，穿著硬挺的祭壇侍童袍，等待牧師醉醺醺、含糊其詞講完彌撒，當他一一點出水上俱樂部的過錯，並表示他這間高貴的餐廳絕對不容許這些行為，我也只能點頭微笑、暗自忍受。

我知道我得趕快讓他結束水上俱樂部的話題，轉移了話題並直接將他捧上天，我欣然接受他惡意中傷我現在的工作場所，贊同他的評估意見，說著與這些背信忘義又不專業的員工共事有多困難，我多渴望在更好的環境裡工作，多和像他這樣的專業人士共事，在這裡，不僅可以學習，還能在他有口皆碑的指導下蓬勃發展。我告訴他，我曾在這裡用餐過兩次，服務生在他的指導下如此完美無瑕，這正是我職涯裡渴望達到的——受到一位真正的專業人士指導。

我的謊言似乎起了作用，我的奉承打動了他冷酷的心，他問了不少關於服務的問題，我都回答得很好。當問到我最害怕的問題時，我知道他曉得水上俱樂部毒品和酒精猖獗的情形，「你曾在工作時喝酒或吸毒嗎？」我直視著他得意微笑時露出的灰黑牙齒撒謊表示，我知道這些事存在，但我從未參與其中，這樣非常不專業，加上我也上過表演課，我不想讓任何事影響到我的機會。

這場面試彷彿進行了一個月之久，當他終於站起來讓我離開，我再次因為緊張而滿身大汗，我向他告別並離開用餐區時，看見晚班員工已經開始準備上工，所有人都對我投以同情的眼神，他們都在雷菲爾的盤問中存活下來，現在才能在他珍愛的用餐區裡工作並賺大錢，我特別注意到一名在擦亮餐具的男士，捲頭髮、額頭極高、身高不高，他在我離開時給了我一個心照不宣的得意微笑。

It Begins

開始了

兩週過去了，什麼消息也沒有，我聯絡羅尼，但他說雷菲爾確認已面試過我，沒有其他資訊。接下來幾週的工作，我都是敷衍了事，心思都已經飛到那裡了，終於，我接到雷菲爾的電話，他說他和巴茲談過了，我下週就開始過去訓練，這是我非常渴望的機會。

這次我搭地鐵到布魯克林，可以省一點錢，而且能夠在上班前換衣服，當時的布魯克林和現在不一樣，還不是很有名，也沒有充斥著潮流人士、工匠、釀酒師和手工藝職人，以及逃離曼哈頓高租金的餐館老闆。河邊咖啡廳所在地為現今的丹波區，當時還是一片不太安全的荒涼之地，大部分都燒毀了，作為商業區的日子已經所剩無幾，藝術家、龐克迷、無政府主義者和那些構成反主流文化的群體還是聚集在曼哈頓，但他們很快就逃離，否則就是消亡了，曼哈頓即將成為菁英聚集的區域。

我身穿嶄新的比爾布拉斯燕尾服走進餐廳，向門邊的美麗的領檯員介紹自己，讓她知道我來受訓，她懶懶地舉起手指向用餐區。

當我走進入灑滿日光的用餐區，那壯麗的景象、近在咫尺的曼哈頓、餐廳之上的布魯克林大橋，讓我十分驚艷。員工在布置用餐區，有人制服還沒穿好，脖子上的鈕釦還沒扣上，有人的領帶還隨意地垂在領子邊沒繫好，他們正忙著準備工作：擦亮玻璃器皿和銀器、折疊餐巾、排好餐桌及準備好工作站，我還看見領班的燕尾服外套掛在椅背上。這種場景每天都在全世界每間餐廳裡上演，不一樣的是，這裡有絕美的下曼哈頓景色，曾是世界上最高建築物的伍爾沃斯大樓、俯瞰整個金融區的世貿大樓、紐約證交所、象徵權力與金錢的美聯儲紐約大廈、橫跨河岸兩側的壯麗布魯克林大橋，橋上每天都有幾千輛車進出高樓大廈聚集的曼哈頓區，幾乎可以聞到現金的味道沿著布魯克林橋衝進這艘停在橋下的船，從那裡來的上流人士都爭先恐後地想來這裡花自己辛苦賺的錢，他媽的就是這裡，整個場景嚇得我幾乎屁滾尿流，如果一切順利，我每天都可以見證這一幕。

不論是因為全然恐慌，還是因為前一晚在范達美酒館為了安定心神吸的古柯鹼和三杯馬丁尼，這都不重要了，我從這個美麗的場景直接轉身進入廁所，吐得一塌糊塗，幸好我包包裡還有一枝牙刷，我盡可能振作起來，再次走過前台美麗的領檯員，她似乎沒注意到我重新走進用餐區，只是帶著一絲輕蔑的微笑。那時彼此都還不知道，我們會在三個月後上床，瘋狂地墜入愛河，這段激情的關係將延續五年。

眼角餘光瞥到雷菲爾，他看見我走進用餐區便朝我走來，駝著身子拖著腳，不疾不徐、蹣跚的步伐讓整段路看來十分漫長，好像比別人多花一倍時間才能走到，這使我不得不保持笑容，僵硬的痛苦表情撐得我下巴痠痛，或許也是因為我前一晚嘗試靠著磨牙入睡卻徒勞無功，至於吸古柯鹼的後果就是讓我頭痛欲裂，雷菲爾終於走到我面前時，我又想吐了。

他比以往更像鐘樓怪人，他說話時，嘴裡傳來像是混雜著山羊起司和酒的惡臭，讓我感到噁心，分泌出一小滴膽汁從胃倒流到嘴裡，他叫我坐下時，我只能選擇吞下這酸味的液體。

他用悲傷、單調的聲音解釋訓練內容，他告訴我，在成為領班管理服務區域之前，必須先接受服務生和傳菜員的訓練。畢竟我終究要領導一個團隊並管理服務區域，最好弄清楚如何將工作做得和別人一樣好，甚至比他們好。根據過往經驗，如果跟著某個職位的佼佼者訓練，你表現得不好，管理層馬上就會聽到所有事，一切都沒有保證。

知道雷菲爾也巴不得我這個來自低等水上俱樂部的人，不要在他神聖的用餐區工作，顯然我不是他的第一選擇，但他被迫要訓練我，我也知道他會去問每一個我見習的人，想盡辦法不要讓我留下來，專業人士在第一晚就能看出你是否合格，根據餐廳不同，你可能需要花幾天甚至幾週的時間受訓才能成為領班。

他說完話以後，指向用餐區的另一端，叫我先和員工一起用員工餐，當我起身向他道謝，西裝袋卻卡到了桌子邊緣，當我繼續移動，它從桌子上扯掉桌布，連帶將玻璃杯、盤子和餐具都弄掉在地上，所有東西和地板碰撞時，發出刺耳的聲響，讓用餐區裡所有人都停下工作，盯著我和我腳邊的慘況，我聽見雷菲爾說道：「我的老天爺！」接著突然有人說：「我們來處理！」他是我面試當天離開時對我微笑的服務生，好心帶著兩名助理服務生開始清理，我的新救星帶我離開用餐區，逃離雷菲爾的怒火。

他向我介紹他是吉米（Jimmy），是我水上俱樂部前同事的男友，我想起那位同事曾告訴我，在這裡工作過。他帶我到餐廳後方擺放置冰機的地方，拿了一個杯子放滿冰塊，接著從他褲子後方口袋拿出隨身扁酒瓶，倒給我一杯伏特加，好像在演五〇年代的通俗劇一樣，搭配交響樂團的配樂，宛如天使降臨，他心照不宣地看著我說：「看樣子你昨晚過得不太好，很緊張嗎？」看樣子我人還沒到，名聲已經先傳來了，我邊笑邊喝下那杯伏特加，再三感謝他，慢慢地回過神來。

The Family That Dines Together . . .

一起用餐的家庭……

員工餐（Family Meal，直譯為「家庭餐」）可能是最疏離的用餐形式，雖然名字聽起來很溫暖，似乎暗示餐廳員工就像家庭一樣共同用餐和分享，有時也會爭吵、鬥嘴和排擠。員工餐通常會在外場員工換班和餐前會議之前供應，多數餐廳員工餐可能包含前一晚剩下的員工餐、留下的剩食、即將壞掉或丟掉的食物，或特別為這一餐買的食物，通常是由當時最便宜的蛋白質組成。高級餐廳才不會讓員工吃專為顧客購買的食物，因為真他媽太貴了，餐廳從員工薪水扣除的錢根本不夠買客人享用的高品質食材，雞肉是最常見的，再來是熱狗和豬肉，通常是利用冷凍庫裡快壞掉的食材煮給員工吃。

許多廚師很討厭準備員工餐，主廚會希望儘可能節省購買食材的錢，如果當天廚房很忙、負責煮員工餐的廚師又分身乏術，那麼員工餐可能就會和餿水沒兩樣。員工餐若出現魚，絕對、絕對不要吃，魚只有在超過保鮮期、無法再賣給顧客時，才會出現在員工餐裡，此時通常會下鍋油炸以掩蓋腥味，基本上也不會出現蔬菜和沙拉，這頓飯是越簡單、快速越好。

河邊咖啡廳儘管帶有三星好評，員工餐卻十分噁心，晚餐的飯菜完全看不出來是什麼，有看起來像雞肉、芹菜、紅蘿蔔的小塊，還有其他看不出來的小碎屑浮在油上面，希望是可以食用的東西。以我現在的狀態，只要吃下一點眼前這道不知名料理，我就會吐出胃裡所有殘存的東西，我抓了一片麵包、喝了一點水後坐下來，試圖為今晚做一些心裡準備。上工的第一天，大多數員工都會忽視你，除了坐在最靠近你的那幾位，但只是因為坐得很靠近，不得不向你自我介紹、閒聊幾句，接著又轉過身去和朋友聊天或看報紙，幸好我和其他人之間隔著好幾張椅子，沒有人來和我互動。

某天下午，員工餐在值班時間前上菜，一如往常地是難以下嚥的食物，大烤盤裡盛著難以辨認的蛋白質塊，在如同阿拉斯加港灣漏油事件殘存的油漬中載浮載沉，我們受夠了。羅尼冒著被開除的風險，做了一個很大膽的決定，他把烤盤打包，叫其中一名傳菜員搭計程車到水上俱樂部，讓巴茲親眼看看我們平常都吃什麼樣的餿水。三十分鐘後，十二個披薩出現了。

見習

見習的第一晚，所有人都在打量你，你的能力夠好嗎？你善於團隊合作嗎？你會賺錢嗎？你喝酒嗎？吸毒嗎？你會告密嗎？或者其實是老闆的眼線，專門回報員工干擾餐廳營運的行為呢？

我很清楚我的能力夠好，也絕對善於團隊合作，和最厲害的員工在一起就能賺錢，也不會告密，更不是老闆的眼線（但不表示我不會出賣一個無能的服務生或小偷），和大多數的人都能相處融洽，而且對餐廳員工最重要的是，我喝酒並喜歡吸毒。在這裡，你會想趕快知道誰是酒鬼和毒蟲，可以從哪位酒保那裡安全弄到酒，誰是滴酒不沾，誰會告發你。第一週見習結束後（接下來還有一週），我大概已經知道誰是酒鬼和毒蟲，哪位酒保會幫你甚至和你一起喝酒，哪些人會為了多一點排班而出賣你。

當有外人被雇用來擔任權威的角色，而不是從現有員工中選任升職，這樣就會引起員工的怨懟。你受訓的這兩週就像在自尊心和嫉妒心的地雷區中找一條出路，唯一能成功的方式就是讓他們知道，你比他們更優秀，你要更努力工作，尊重每一個人，一旦被雇用後，就要盡可能賺更多錢，在水上俱樂部生存的經驗，讓我具備了在這裡成功所需的必要技能。

我第一個見習就很幸運，羅尼就在門邊，那晚帶我的領班是領班蓋柏（Gabe），我因為不需要見習雷菲爾而鬆了一大口氣，事實上，在受訓這兩週，他完全沒有訓練過我，雖然他永遠都在旁邊，等著看我搞砸。

蓋柏是巴茲的愛將之一，他完全符合巴茲心中的完美形象：又高又帥，向後梳的黑色捲髮，擁有媲美泰德．邦迪（Ted Bundy）的笑容，誘人、有魅力又帶點危險，但他肯定不是殺人犯。蓋柏一旦來到桌邊，他會向後仰頭露出潔白牙齒和燦笑，發出極具魅力的笑聲，讓你覺得自己被愛、覺得自己很特別，是這個家庭的一分子——你已經打進河邊咖啡廳的小圈圈了。他顯然不會因為我而感到備受威脅，隨著領班米歇爾即將去開自己的餐廳普羅旺斯，蓋柏想要確保我能成功，這樣他就不用再多排班，能在上工第一天遇到他，已經讓我非常放鬆，他對待我就像對待客人一樣親切又迷人，他已經聽說過不少關於我的事，也很高興我能成為團隊的一分子，站在隔壁服務區域的雷菲爾，臉上帶著輕蔑的表情，顯然對我有不同的看法。

觀察蓋柏在他的服務區域工作，簡直像魔法一樣，他穿著黑色樂福皮鞋穿梭在餐桌間，如同在跳《唐吉訶德》（Don Quixote）裡巴西里歐的舞碼。他拿著菜單迎接一桌客人，接下他們的飲料點單，如果有另一桌客人入座，他會像是跳芭蕾舞般旋轉過去，送上他那迷人的微笑，親切地說一聲：「晚安！」他很快就會回來幫他們點飲料，接著，他會高高踢起腿往下一桌去，朗讀出當晚的特餐，他會以「親愛的女士及先生」開頭，並像奧利維爾朗誦獨白一樣說出當天的菜單，一旦朗讀完畢，幾乎不會有客人有問題，因為他已經讓客人知道所有必要的資訊，再用他那無敵的微笑和瀟灑姿態，馬上幫客人點好餐。他會再回到桌邊幫客人點酒，引導客人看向菜單底部，那裡的品項價格高達三、四位數，他幾乎都可以說服客人開那瓶酒。最後，他會優雅且泰然自若地遞上帳單，即便客人還沒有要求結帳，他們也會馬上拿出信用卡買單。

整個晚上就是這樣度過：微笑、喝酒、點餐、結帳……微笑、喝酒、點餐、結帳，那天晚上，蓋柏是整個鎮上最好看的表演，我在雷菲爾怒目監視下，整個值班期間都跟著他。蓋柏每次到吧台邊，總會先對酒保眨一下眼，接著快速喝下一杯酒。好幾次就像命中注定似的，已經有一杯威士忌在等他了，好像酒保完全知道蓋柏什麼時候需要一點麻醉劑幫助他繼續完成工作，他會向我和酒保點頭示意再喝下酒，這個舉動讓我知道，和他一起工作不僅安全，也感到被接納。下班以前，他已經喝到微醺，再和同事們繼續出去玩樂。

蓋柏的服務風格和隔壁服務區域的服務總監先生完全不一樣，雷菲爾會拖著腳步走到客人桌邊，白色餐巾垂掛在他燕尾服的袖子上，以《哈利波特》家庭小精靈畢恭畢敬的姿態，低頭謙恭地詢問客人想不想先來一杯雞尾酒再開始用餐，他念出特餐菜單的態度極度諂媚，帶著維多利亞時期管家的卑微，介紹之詳細令人受不了，大多數客人都會點特餐，只為了讓他閉嘴。

主廚因此非常喜歡雷菲爾，主廚希望特餐熱銷，因為特餐能賺錢。特餐都是用最好的肉和魚，融合並搭配上高級食材——鵝肝、魚子醬、松露，充分展現主廚的技藝和天賦，當然，特餐因此價格不斐，但這裡的客人幾乎都不在乎餐點價格，他們來這裡不是為了讓別人羨慕，就是為了像瑞典國王腓特烈一樣能吃到死，一份好的特餐菜單能讓主廚變成明星、讓餐廳賺錢。雷菲爾是推銷特餐的大師，我想原因之一應該是，那些人受不了他，只好選擇盡量不抵抗他、趕快點完餐，他銷售特餐就像比佛利山莊經銷商在銷售賓士一樣，他還有一個讓其他員工討厭的點，他服務區域的翻桌率幾乎是零，導致賺的小費也最少，做的工作也最少，因為小費是均分的，表示大家賺得又更少了。

在值班的最後，雷菲爾向我走來，叫我坐下並問我情況如何，我回覆道：「一切都很順利啊！蓋柏是很棒的領班，同事也很幫忙，食物看起來很棒！」

「你根本沒做什麼，明天四點準時到廚房見習。」話說完，雷菲爾就起身拖著腳步走出去了。

第二晚的起頭比第一晚好太多了，我在離家前先吃了一點東西，在員工餐期間和其他同事聊天，吉米和其他同事教我如何和主廚查理．帕默相處，大部分的建議都是在叫我不要擋路，被問話時再主動開口，收到！我完全不會想做這些事，帕默幾年前幫餐廳拿到《紐約時報》三星評價，現在是美國最受矚目的主廚之一，我會緊張嗎？廢話！被嚇到了嗎？絕對是，主廚有權決定誰能將他的傑作端上桌，我知道我需要拉攏查理，必須在他心中留下好印象，才能得到這個機會。

在廚房見習期間，培訓人員會陷入兩難，大多數主廚都很討厭傳菜員以外的外場員工，傳菜員是主廚的小弟（當時幾乎很少能在三星或四星的餐廳的外場看見女性，廚房更是不可能）。傳菜員必須將放了很多菜盤的托盤端去給一張六人桌，托盤可能重得不可思議，並不是說女性不能做這份工作，只是當時不會有人考慮雇用她們，但這裡有一名例外的女服務生，她幾乎和團隊裡的任何男性一樣優秀，和最厲害的服務生一樣，舉起裝滿菜盤的托盤，像碼頭工人一樣分享她的性愛大冒險，只要有需要，她會毫不猶豫跳下來幫忙端托盤，展現出自己的能力，也就打破了障礙，許多女服務生也追隨她的腳步，有些人甚至最後成了領班。

傳菜員聽命於主廚，除了送菜到用餐區、從冷凍庫拿出食材、或者為廚師們添飲料外，幾乎很少離開主廚的視線以外。主廚相信他最好的傳菜員，就和他相信手下最好的廚師一樣，厲害的傳菜員上菜速度很快，而且會擺對位置（肉品通常會面向客人），確保客人得到他們所需的一切，再趕快回去準備服務下一桌客人，所有完成的餐點都會放在出菜口，他們也會在那裡裝飾餐點和擦拭盤子，晚班開始前，他們也會在出菜口準備好各式調味料和裝飾配料。大多數主廚很討厭傳菜員以外的人在廚房受訓，因為這些人很檔路，還會問很多問題，如果情況變糟，主廚控制不住脾氣，這些人就會逃出廚房、回到用餐區。

好的見習生會知道要站到旁邊，帶著筆記本記下每道菜上看見的食材，以及主廚針對食材的評論，永遠不要亂碰任何東西，盡可能讓自己隱形，最重要的是，只有被問到時才開口，我看過很多主廚見習生趕出廚房，因為他太擋路或在廚師煮錯餐點時問問題，結果廚師和見習生都被罵得狗血淋頭。

然而，帕默不僅是厲害的主廚，還是一位紳士，他對我很有耐心，也會拿我在水上俱樂部的工作經歷開玩笑，並問了那些必問的問題——那裡的食物還行嗎？員工間酒精、毒品和香檳的流通是真的嗎？巴茲在那裡也像納粹一樣獨裁嗎？

我們簡短聊了一下，帕默是個話不多的人，我準備好了，廚房很快就開始運作，點單從機器裡吐出來，帕默以冷靜而穩定的語氣念出點單內容，你只能聽到主廚的聲音，以及在工作站負責烹煮的廚師被叫到時回覆：「是的，主廚！」這就像一場芭蕾舞表演，帕默是編舞者和指揮，不像在水上俱樂部的廚房錯誤連連，主廚和廚師對著彼此咆哮，傳菜員、廚師和服務生就算沒有嗑嗨、酒醉，也差不多快了，這一群頂尖的廚師只問最重要的問題，傳菜員默默裝飾、擦拭菜盤並放上托盤。

我站在一旁默默觀察，某些此時在帕默廚房工作的廚師，不酒後都成為美國的名廚——赫赫有名的大衛．柏克和瑞克．拉科寧（Rick Laakkonen）（兩位廚師都在帕默離職後接替他的位置）、瑞克．莫寧、格里．海登（Gerry

Hayden）、喬治・莫羅尼（George Morrone）、唐尼・平塔波納（Donnie Pintabona）、史蒂芬・萊文（Steven Levine）、派特・特拉瑪（Pat Trama）、法蘭克・法辛尼（Frank Falcinelli）、丹・巴德（Dan Budd）以及黛安・佛利（Diane Forley），這些名廚都在河邊咖啡廳的廚房工作過，並因為自己的能力而被看見，這廚師陣容宛如一九二七年的洋基隊，很難想像這些人一天可能工作十二個小時，有時甚至一週工作六、七天，時薪只有五美元。巴茲・奧基夫可以大手筆花幾萬塊購買法國特製的燈飾和椅子，使用最好的木頭鋪地板，廁所裡換上最閃亮的五金，卻不太樂意花錢在員工身上，這也凸顯了小費的重要性。我們的時薪都是五美元，即便每天工時基本都是十至十二個小時，你卻只能領到八小時的薪水，你之所以願意接受是因為你也只能接受，餐廳也預期你會接受，因為你有機會能在名廚身邊工作和學習，或從小費中賺取很多錢。如同其他餐廳老闆，巴茲年年都能僥倖逃過一劫，因為沒人想破壞現狀或因為抱怨而被開除，巴茲幾年後才被抓到。二〇一三年，他的員工控告他擅自挪用小費，還沒有按工時給付薪水，最後以兩百萬美元和解。

國稅局最後也發現了，並在九〇年代初期開始勒令關閉幾間餐廳，他們選了幾間頂尖餐廳稽查帳務，頗負盛名的彼得羅森也名列其中。彼得羅森是非常高價的魚子醬專賣店，位於中央銀行正下方，裡面裝設著貂皮卡座，一名河邊咖啡廳的領班離職後到那裡當總經理，我和裡面的員工相當熟識，大多數的外場員工都被國稅局叫來，被要求補稅三萬至七萬五千美元不等，消息傳出來以後，你就再也不能拿著小費現金回家還不申報所得了，餐廳開始扣留小費，每週以支票支付給員工，過去口袋裡裝滿現金穿梭在城市裡的日子也結束了。

我當晚的廚房見習十分順利，餐點看起來非常厲害，廚房的人員也非常專業。十點一到，帕默看著我、握了一下我的手說道：「做得好！」就讓我離開了，我走回用餐區，剛好和正要前往廚房、怒目對著我的雷菲爾擦身而過，我等他回來以確認餐廳不需要我了，我站在一旁，其他傳菜員經過我身邊都對我豎起大拇指，雷菲爾接著走過來，依舊怒視著我，確認我今天見習成功，「明天四點，服務生見習。」我今晚的見習結束了。

我開始覺得一切會越來越好，雖然要時時顧慮雷菲爾，但我的第三天見習非常愉悅。我被指派給吉米，他是一名很棒的服務生，整個過程很輕鬆，我知道怎麼服務客人，在新餐廳唯一要面對的問題是地理位置和時間安排，地理位置的意思是要知道餐廳的空間配置，知道什麼東西在哪裡，這樣你才能在穿越用餐區的一趟路上，盡可能完成更多的任務。地理位置比時間安排容易學習，吉米做得非常好，跟著他工作就像觀看領班蓋柏跳舞般穿梭在用餐區一樣美妙。

用餐區會出現以下情況：一號桌在等飲料，三號桌在等開胃菜和所需的餐具，七號桌需要補麵包，所以我們叫助理服務生拿多一點過來，六號桌剛用完開胃菜，我們先給一號桌上飲料，接著給二號桌甜點的餐具，並準備幫三號桌上餐具，因為他們很快就用完開胃菜。我們去拿餐具，卻發現晚餐叉不夠，所以吉米叫一名助理服務生補工作站的餐具。酒吧裡的招牌酒快沒了，吉米大聲告訴酒保我們需要酒和更多酒杯，他在酒吧旁時，一名客人問他洗手間在哪裡，在高級餐廳，你會盡可能帶著客人走到廁所附近，但這可能會打亂你的時間安排，因為六號桌的主菜準備上桌，但他們的餐具還沒準備好，領班會用眼神讓你倍感壓力，壓力大到連蛋蛋都有感覺，接著你又看到兩桌客人剛入座，餐廳規定又要求你，要在客人入座兩分鐘內接待他們，但你還需要帶那位該死的客人去廁所，每天晚上大概都像這樣，這是一種會上癮的感受。你在試著服務客人、讓他們好好享用一頓晚餐的同時，腎上腺素大量分泌，你拚命完成任務，然後一切突然就結束，完成了，你又熬過一個晚上，是時候拿著現金離開了，希望自己還能開心走出餐廳大門。

在整個過程中，吉米讓我知道哪些是不錯的酒保和服務生，討好哪些人就可以獲得酒，要注意哪位酒保，確保他擁有一切所需，如此一來，我九點就可以得到那杯我急需的伏特加，要知道哪些員工有吸古柯鹼的習慣，哪些人無用又懶惰，以及要小心哪些人會馬上出賣你。

吉米對我沒有怨懟，他顯然很適合當領班，但被選中的是我不是他，他本應對我有所怨恨，但他卻沒有恨我，我們都來自布魯克林義大利裔美國人、前祭壇侍童，也都在餐飲業工作。當然，雷菲爾繼續監視著我，所以我絕對不會做出任何不當行為，吉米也知道這一點，我們都很遵守規矩，就是兩位祭壇侍童做著他們該做的事。

"Do Not Fuck Zees Up!"

「別搞砸了！」

見習過程很順利得進行到最後一週，我用兩天休假來研讀、背誦菜單以及學習酒單，根據我的記憶，當時沒有服務教學手冊和指南，一切學習都必須靠見習，現在餐廳都有人事部門、各種培訓、服務手冊以及可能超過五十頁的指南，宛如要回學校學習如何服務客人。

我回餐廳的第一天，立刻感覺有些不對勁，門口站著一個人，在我短暫的工作期間內從未見過他，我從領位台走向用餐區，我的「午安」似乎換得了一個「你他媽是誰？」的眼神和一聲咕噥，我不知道這是他打招呼的方式，還是他在說「繼續往前走，我沒見過你，也不想認識你。」

吉米很快就向我介紹他，他是莫里斯（Maurice），在這裡擔任總領班很多年，之前休假回巴黎，不久後就會永遠回去那裡，他是巴茲的愛將，對莫里斯的客人而言，他的存在就像法國演員莫里斯．雪佛萊（Maurice Chevalier）一樣站在門邊；對員工而言，他就是貪婪、自戀、脾氣暴躁又極度討人厭，簡言之，典型的法國總領班，只回來工作幾週，吉米建議我完成見習並盡可能遠離他，反正他很快就會離開了。

每天的餐前會議上，主廚會給員工今晚的特餐菜單，雷菲爾也會就前一天的工作給予指點和批評，總領班會把當晚的訂位表看過一遍，用餐人數、預計抵達的貴賓、大型聚會的數量和開始時間、生日和週年慶祝的清單，以及當晚需要處理的特殊需求。總領班一一念過客人名單時，員工經常對客人的名聲提出評論，如果提到大戶或酒類大戶，大家可能就會爆出一聲「好！」並大聲鼓掌；如果提到一位讓人難以忍受或吝嗇的客人，或是大家都討厭的人，就會低聲抱怨，由於那天晚上我還在受訓，大部分時間都在外場學習各種服務步驟——使用電腦系統、結帳、查看酒類存放地點、觀察訂位員、接待客人等，我得靠其他同事告訴我詳細情形，同一個故事重複述說多次以後，可能就會增添不少細節，不過當晚的情形大致如下。

那是個星期六晚上，餐廳應該會滿座，訂位表上有超過兩百名客人，表示平均每桌會翻三次，莫里斯接著宣布一個重大消息：當天晚上會有三組六人桌的客人，這讓服務生和領班脫口而出「什麼？」莫里斯用厚重的法國口音喊道：「我說話時，其他人不要說話！」這聲訓斥讓所有交談聲平息，服務生和領班不可置信地等著莫里斯解釋這個愚蠢又不可能執行的狀況，因為所有桌子都被訂走了，不可能有辦法再將其他桌子拼成一張六人桌，唯一的一張六人桌當天晚上會有三組客人接續使用，中間沒有任何時間間隔。

這幾乎是不可能的，餐廳根據每張桌子大小有不同的用餐時間限制。在這裡，兩人桌是兩小時，四人桌是兩個半小時，六桌是三小時，餐廳開業時間為晚上六點至十一點，因為廚房只開火五小時，所以六人桌通常只會翻兩次，客人會在六點和九點入座。出現這種錯誤時，有人就要倒大楣了，通常是訂位員或總領班。

主廚聽到這件事後，馬上大發雷霆說道：「他媽的到底是怎樣？我們不可能有辦法服務三組六人桌的客人，誰他媽接的訂位？」沒有人比領班瑞克更震驚，那張大桌就在他的服務區域內。瑞克是一名四十幾歲、個性軟弱的中年男性，身材矮小，戴著粗框眼鏡，走路時微微駝背的身軀，似乎在保護他脆弱的心靈，男同性戀、個性怯懦，他是所有領班裡能力最差的，他從餐廳還沒獲得三星評價時就在這裡工作，顯然沒人忍心開除他，因為瑞克的領班工作能力有限，所以總是負責最小、翻桌速度最慢的服務區域，也就是六人桌所在的區域，正常情況下，這張桌子理論上可以不疾不徐地接待兩組客人，再加上幾張四人桌和兩人桌，應該不算太忙碌。

對於像蓋柏這樣身穿燕尾服的高手而言，這種服務區域根本輕而易舉，在一個比較悠閒的晚上，他還有時間在出酒口喝幾杯，和客人閒聊幾句，通常還可以早早下班。不過對瑞克而言卻不是如此，他總會在上工前悄悄在吧台喝一小口酒，並在他的工作站藏一個冰桶，裡面放著白酒，這樣整晚會保持在完美的冰鎮狀態，隨時都可以啜飲幾口，用一點酒來減輕工作的痛苦。

莫里斯偏好工作態度與他相似的領班，一位「鐵血上級領袖」，快速通過用餐區，盡快完成工作，他希望客人的用餐時間越短越好，蓋柏是他的神，雷菲爾和瑞克是他的死敵，莫里斯顯然好幾次試著讓他們被開除，但都失敗了。他喜歡翻桌率高的晚上，這樣才能出售更多座位，讓他燕尾服的口袋裡塞滿現金，莫里斯似乎在法國南部開了一間餐廳，他想趁著自己還在河邊咖啡廳的最後幾週大賺一筆，瑞克肯定不是鐵血上級領袖，他不高大、不英俊也不瀟灑，服務速度又緩慢，所以對餐廳來說是個負擔。

「里克！」他怒目咆哮道，「今天晚上你有三組六人桌，六點、八點、和十點！」整個用餐區都安靜下來，員工臉上都充滿震驚和難以置信的表情，後方還傳來其他領班的竊笑聲，瑞克害他們收入減少，因為瑞克也會參與小費分成，他們感覺機會來了，我們的領袖繼續說道：「十點時，G 先生會來！」

這簡直是致命的一擊、死亡的鐘聲，與失業僅距離一步之遙，你可以看見瑞克的表情從難以置信變成全然恐懼。吉米事後向我解釋，莫里斯口中的 G 先生是咖啡廳最好的客人之一，城裡其中一間大金融公司的執行長，他會自備巴拉卡水晶香檳杯來啜飲水晶香檳，聽說他和總領班握手一次，等於他在西徹斯特賣的五房物件一個月的月租。

莫里斯接著說道：「G 先生將和安迪．沃荷（Andy Warhol）、黛博拉．哈利（Deborah Harry）、史普勞斯先生和其他兩位客人一起用餐，他們必須在十點準時入座，他們只有兩小時的用餐時間，接著就要趕去參加派對了。如果你想在這間餐廳繼續工作，就別搞砸了！」說完以後，莫里斯就快速轉頭離開，我敢說，他幾乎是昂首踢著正步回到領位台。

我很驚訝，瑞克震驚到快哭出來，會議結束後，我們都刻意避開瑞克，我從眼角看見他帶著冰桶裡那瓶酒回到酒吧，和酒保講了幾句話後，他又喝了一杯並換了更大一瓶酒，他非常需要幫助。

六點一到，餐廳開門，我們的總領班帶著第一桌客人入座，瑞克手裡拿著菜單準備迎接他們，莫里斯經過瑞克，我聽見莫里斯低聲說：「六點、八點、十點！」瑞克迅速將菜單遞給客人，領檯員告訴他，客人等一下要去看戲，所以必須在七點半離開，這簡直是奇蹟，完全沒發生過這種事，我們餐廳離劇院區有一段距離，從來不會有人在看戲前來這裡用餐，拜託，我們在另一個行政區，老天似乎站在瑞克這一邊，至少到目前為止是這樣，瑞克幫他們點了餐、送點單廚房、回到他的工作站，開始喝起大瓶酒。

七點半，按照客人的需求，他們已經結完帳離開了，桌子重新布置好，瑞克為自己倒了另一杯酒，我們的總領班走向瑞克，指著桌子說：「八點和十點！」

八點，總領班帶著下一組客人裡的其中兩位進來，只有他們兩個，完蛋了，瑞克在另外兩人入座時又倒了一些酒，他問了其中一名女性其他客人抵達的時間，「在路上了！」她如是說。

八點十五分，還是只有四個人，瑞克打破規定、遞上菜單，卻被客人一手推到旁邊。

八點半，主辦人和太太一起抵達，客人們馬上祝他生日快樂，該死，慶生聚餐？瑞克不可能在十一點前把他們送走，更別說十點了。瑞克看起來像是快要哭出來，總領班在他身旁盤旋，帶著恨意與厭惡死盯著他，莫理斯走向瑞克低聲說道，「趕快去點餐！」那瓶酒此刻已經剩半瓶，他在那皺巴巴的燕尾服下已經滿身大汗。

八點五十分，點單送進廚房，瑞克已經非常絕望，我看見他走進酒窖，手臂夾著一瓶昂貴的勃根地酒離開，他走向主廚，謊稱這瓶酒是六人桌主辦人送他的禮物，他們希望可以在十點離開，主廚看了看時鐘，叫瑞克把那瓶酒塞進屁眼並滾出他的廚房。

九點三十五分，主菜上了，用餐區和酒吧人滿為患，每一桌都已經坐滿，滿座的客人都開心地微笑，啜飲著昂貴的酒，吃著精緻的三星級美食，愉悅地在全世界最美的餐廳之一用餐。瑞克則是完全開心不起來，他寧可自己是在孟買的貧民窟，酒已經喝完了，他搖搖晃晃地從一桌走到另一桌，看得出來已經喝醉了，也預示了這將是他最後一天在這間壯麗的餐廳工作。

重頭戲來了，G 先生提早幾分鐘盛裝抵達，帶著一群名人，以皇室成員般的姿態走進用餐區。鋼琴手看見 G 先生後馬上改彈他最愛的曲子，開頭幾個音符迴盪在整個空間，一張百元鈔票便直接落在平台鋼琴上方的白蘭地聞香杯。G 先生轉身擁抱總領班，接著我看見一疊鈔票在不同人的手中傳遞，親吻、謝謝和擁抱此起彼落，莫理斯法國餐廳的玻璃器皿有著落了。酒吧傳來香檳軟木塞噴出的聲音，水晶香檳流進巴拉卡水晶香檳杯，每個杯子在燭光下閃閃發光，G 先生舉杯敬他的客人，生活既完美又精彩，就是該這個樣子。

九點五十分，回到六人桌，主辦人起身舉杯敬他自己和客人，他是來自華爾街的肥貓大老闆，腹部一團又一團的肉，將他量身訂製的名牌襯衫布料繃得非常緊，越過皮帶往膝蓋下垂，臉頰因長期享用昂貴的單一純麥威士忌與稀有波爾多紅酒而泛紅，他舉杯準備開口說話，瑞克在角落暗自心碎、幾乎醉倒，當他走過去確認客人的情況，莫里斯以死亡般的凝視瞪著他。

就在此時，肥貓大老闆張口準備說話卻突然嗆到，緊抓著胸口倒在桌子上，總領班看見這一幕，臉上瞬間露出「他媽的現在是怎樣？」他迅速回神後立刻對著用餐區大喊：「醫生，醫生！我們需要醫生！」接著以吉姆．布朗的速度及多年練出如舞王佛雷．亞斯坦（Fred Astaire）般的用餐區舞步衝到桌邊，站在已經倒下的工業巨擘背後大喊：「空氣！他需要空氣！」接著將仍然癱在椅子上的客人推過用餐區，推出門口，一邊對客人大喊：「跟我來！新鮮空氣！」

客人們迅速跳起來跟著他出門，彷彿事先演練好一般，我們的華裔首席助理服務生（據說他在皇后區擁有多處房產，員工間都謠傳他是黑道成員）帶著他的團隊以極致完美的姿態重新布置桌子，G 先生一行人在十點整準時入座。

Guilty 罪惡感

雷菲爾從未說過我錄取了，他讓羅尼做這件事，雷菲爾似乎厭惡自己讓這件事發生，他甚至沒辦法對我說，我錄取了。這是那種要謹慎許願的時刻，這一刻貫穿了我的餐飲生涯，我剛獲得夢想中的全職工作，最近也完成了戲劇與演講學程並開始試鏡，萬一試鏡成功怎麼辦？餐廳會讓我請假嗎？還是我要辭職？有人可以幫我代班？我即將獲得優渥收入，放棄這一切去演一齣可能很爛還沒有收入的劇嗎？河邊咖啡廳裡沒有其他演員，這裡的員工都是專業的，餐飲業是他們的人生，他們在全國其中一間最頂級的餐廳工作、賺錢、享有健保——如果我離開去演戲，他們會怎麼想？現在不能擔心這些事，我擁有一份新工作，打算隨機應變，直到我真的試鏡成功為止。

生活過得很好，財源滾滾，我們正值顛峰，廚房努力運轉，服務水準一流，我們許多客人用餐沒有預算限制，領班會負責酒水服務，在傳奇酒水總監喬．德里索（Joe Delisso）

的指導下，我的酒類知識大幅增長，這對服務生的收入至關重要，酒水銷售會推動小費，我們的套餐——包含開胃菜、主菜、甜點——一份四十五美元，雙人套餐為九十美元，小費通常是百分之二十，所以雙人套餐的小費會有十八美元，再加上大約十五美元的酒水，現在小費已經來到二十一美元，這就是酒水至關重要的原因，一瓶不太昂貴的酒大約會是三十到五十美元，可以讓小費增加十美元，現在小費已經來到三十一美元，幾乎已經成長快百分之五十。如果一位大戶進來用餐，一位酒類行家，或者某位想展現品味的人，一位手中握有現金且根本不在意價格的人，小費就會大幅增加，如果再加一瓶中等價位的優質葡萄酒，假設一瓶一百七十五美元，小費會再增加三十五美元，我們的小費從十八美元漲到六十六美元，幾乎成長了百分之兩百六十七！

餐廳想要銷售酒水，這就是為什麼餐廳的絕佳位置可能會閒置一小時左右，我們在等那名經常花至少三百美元購買他最愛的葡萄酒的客人，這一切都是經濟學。這是一個自由市場，我們對這個市場瞭如指掌，令人最失望的狀況會是，一位不太熟的客人來用餐，瀏覽一遍酒單後點了一瓶老波爾多，假設是兩千年的林奇巴居堡紅酒，現在大約四百美元，但這位客人不願意在酒水上多付小費，雖然這種情況不常發生，但發生的頻率卻足以變成一個問題。在一間以服務自豪的餐廳，服務生為客人展示、醒酒和並倒出每一杯酒，不願意給受過專業培訓的服務生小費，對他來說是一種侮辱，我們靠小費過活，如果客人不為酒水付小費，我們就無法從中賺錢，不付小費等於不認可服務生為那瓶酒提供的專業知識和努力。

如果你去一間餐廳，點了一杯五百美元的酒，服務生沒有主動提供醒酒服務，而是打開酒瓶直接倒出第一杯酒，只放在桌上讓你在用餐時自行處理，那麼你不付小費很合理，但我敢保證，如果我們提供適當服務，客人卻沒有付小費，肯定會在訂位系統留下記錄，下次這位客人再來用餐，如果他真的訂得到座位，肯定也不會是好位子，也不會得到第一次用餐時那麼好的服務。

我們不僅想透過賣酒賺錢，還希望行家客人能點一瓶好酒，因為我們能成為他們這次用餐體驗的一部分，很多客人會很樂意分你喝一口，對我們來說，品嘗美酒是一種難得的特權，很少人有機會能品一瓶好酒，因為好酒數量有限，有機會嘗到一瓶越來越稀有的陳年美酒真的是很難得的體驗。

我們是紐約市首批為美國葡萄酒建酒窖的餐廳，世貿中心上由凱文．施瑞里（Kevin Zraly）主理的世界之窗（Windows On The World），是第一間也是最有名備有美國葡萄酒酒窖的餐廳，我們的酒水總監德里索曾在加州的酒窖工作過，因此認識了許多知名大品牌，讓他有機會進到他們的酒窖。羅伯．蒙岱維（Robert Mondavi）和他的妻子瑪格莉特會來用餐，並帶他們的酒來讓餐廳員工品嘗，喬和愛麗絲．海茲（Joe And Alice Heitz）也會來。

喬．海茲某一次來我們餐廳用餐時，我剛好是負責他們的領班，喬對我說：「麥可，我帶了一瓶很特別的酒來品嘗。」他邊說邊給我一瓶一九七二年海氏酒窖瑪莎葡萄園的卡本內蘇維濃紅酒讓我拿去醒酒，這是我當時的餐飲生涯喝過最好的酒，傳奇釀酒師麥克．葛吉克（Mike Grgich）也會帶著他的商品來讓我們銷售，並且不吝於向眼睛所及的每位女服務生調情，我們的酒窖裡放滿這些釀酒師和許多其他的釀酒師的傑作，客人也大量購買這些酒，我們也因此賺得口袋滿滿。

工作到第三個月，布萊恩．米勒（Bryan Miller）在《紐約時報》上寫了一篇文章，標題為〈隨著服務標準下降，這些餐廳依然表現出色〉，這篇文章刊載

於美食版的首頁，還附上一張河邊咖啡廳員工的照片，照片裡由雷菲爾帶著一名領班和四名服務生，我們被譽為紐約市服務最好的餐廳之一。在文章中，米勒指出，如果餐廳服務出色，領班和總領班應得一點額外的小費，雖然我們分到的小費已經非常不錯了，但這篇文章讓我們的小費增加十倍，我們結束服務時，口袋裡裝滿現金，對於一群在紐約餐飲界聲名大噪的年輕男女十分危險，這篇文章將我們推上顛峰，讓有些人能恣意妄為。

吉米介紹我認識一群常跑派對的朋友，我們很快就有古柯鹼定時送到餐廳，餐廳位於布魯克林，我們的客人大多都住在曼哈頓，許多人會乘著豪華轎車過橋，餐廳前的泊車員都是一群不受拘束的人，結識許多豪華轎車司機。這些司機會和泊車員打好關係（司機會塞幾塊錢賄賂泊車員，請他們在派對要結束時通知他們，或讓他們停在好一點的位置），以便他們載著知名人物抵達時能夠獲得特殊待遇，這些司機和我們一樣，基本上是身穿西裝的藍領階級，永遠希望能多賺一點錢。一旦客人進餐廳，司機會在那邊等到客人用餐完畢，有時候可以超過三小時，當客人離開餐廳、要求泊車員

幫忙叫計程車，這些積極的泊車員會建議他們搭豪華轎車，如果客人接受了，司機就會分紅給泊車員，這樣的關係發展到我們會請一兩位司機幫我們運送毒品，我們會給他們豐厚的小費，他們也非常樂意幫這個忙，因為他們時不時也會想要吸兩口。

身為真正的專業人士，我們員工通常會等到九點左右才開始喝酒，快要下班才會開始吸古柯鹼，午夜時分，許多員工都早已因為大麻、古柯鹼、酒精而神智不清，這時正值一九八〇年代，大家似乎都在狂跑派對，某位比較資深的領班有時會忍不住在下班前就開始吸，他在最後一組客人入座時，已經因為太茫而常常搞砸他手上的單，很多時候他搖搖晃晃走向電腦，卻無法按下正確的按鍵輸入點單，他就得去廚房解釋他弄錯點單，但他沒說的是他已經太嗨、吸太多古柯鹼，甚至還卡在喉嚨深處，他試著講話時，只能從鼻子噴氣，當他試著清出卡在喉嚨的古柯鹼，其他從他嘴巴裡出來的東西都令人難以理解。我們都知道這件事遲早會發生，所以偷偷擠在廚房外面，等著大衛．柏克氣到將他轟出去，我們就會在外面笑成一團。派對開始時，雷菲爾早就已經離開餐廳了，也因為內外場都有參與其中，所以沒人會向管理層投訴，那位領班之後還繼續工作了好幾年。

派對會持續到下班以後，我們會去熟識酒保工作的酒吧，馬蹄酒吧或者B大道上的7B都是我們的愛店，到那裡時，酒保已經嗑嗨了，還會塞古柯鹼給我們，酒可以免費喝到飽，派對會持續到幾小時後，某幾天快日出時，我們會在湯普金斯廣場公園買到幾包古柯鹼，我們要不是在凌晨四點酒吧打烊後，將這些古柯鹼帶回酒吧，就是去某人的家裡續攤。

某天晚上，我離開酒吧去買古柯鹼時，市區性格喜劇演員火箭．雷德格萊爾（Rockets Redglare）站在外面，醉到幾乎站不穩，他看見我離開，便向我要錢，我叫他滾開時，他偷襲了我一拳，我跌向一排垃圾桶，爬起來抓住一個垃圾桶砸向他的頭，他有因此清醒一點，搖搖晃晃地朝 A 大道方向離開。

我們會在某人的家裡昏睡好幾個小時後，起床整理儀容、換回燕尾服，剛好在上工前準時趕回餐廳，臉上還會因為刮鬍子時手抖而留下幾道傷口，我們這樣還能繼續工作簡直是奇蹟，但我們真的做到了，生意比以往任何時候都還好，我們因為自負而得寸進尺。

晚上餐廳打烊後，經理和雷菲爾先下班，等到最後一位客人也離開後，我們會坐下處理文書工作，由領班和總領班發號施令，我們給自己倒幾杯合理價位的酒，絕對不會碰一杯五十美元的干邑白蘭地和波特酒。某天晚上，某位醉醺醺的領班帶著還沒離開餐廳的員工，脫光衣服跳進東河裡冷靜、清醒一下，我因為不會游泳而留在甲板上，但還是脫了衣服，我不想成為不合群的人。有時我們在收拾餐廳，會讓一兩位常客留下來多坐一會兒，幫他們倒幾杯酒，因為我們知道桌上可能會再出現百元鈔票。

某天晚上，一位知名房地產經紀人和他的客人在打烊後還留在餐廳，雖然也不算太稀奇，因為他們通常會用餐三到四小時，付出大筆小費以延長用餐時間，也會不斷點酒，這種情形會一直持續到非常晚，取決於房產經紀人和誰在一起，幾乎是到所有客人都離開以後，我們讓他們拿出撲克牌玩雙陸棋，也持續供應一瓶三、四百美元的酒，全部都記在他們帳上，這種情況開始變得越來越頻繁，某些員工也會加入，最後演變成通宵的撲克局。很快地，其他餐廳的朋友也聽說了這個局而一起加入，狀況持續好幾個月，我們會玩牌、喝酒、吸幾口古柯鹼，在外人都不知道發生什麼事之前離開。

某天晚上，某位女性服務生打算在酒吧表演脫衣舞，雖然沒有任何性愛相關事件發生，但這個點子卻植入了我們一名賭客腦中。隔一天晚上的撲克局，玩到一半突然出現兩名女性，他熱情地歡迎她們，為她們上飲料後又繼續玩，他顯然雇用了幾名專業人士。賭客將其中一名女性帶到浴室，其他人則走到酒吧開始喝起昂貴的酒，某些人開始在吧台上跳舞，與此同時，早班雜工出現了，之前通常在他早上六點抵達餐廳以前，我們就會離開了，這晚卻不是如此，他看見我後所露出的眼神，讓我知道我們完蛋了，巴茲在幾個小時後也會知道這件事。

隔天上工時，經理把我叫到他的辦公室，「你他媽在幹嘛？你瘋了嗎？」完蛋了，我要被開除了，所有努力要付之一炬，我在等他說：「你被開除了。」但他卻說：「巴茲現在要過來，你完蛋了，接下來一個月都要付出慘痛代價，同時還要想著失業該怎麼辦。」

我很想自己跳船，除了身為天主教徒的罪惡感，讓我覺得自己是世上最糟糕的人，還得再度面對巴茲，再被老闆親自開除，這分羞恥感真的太沉重。就在我準備離開餐廳避免更加難堪時，巴茲剛好走進餐廳，他馬上看出我畏畏縮縮的動作，便示意我坐下，「怎麼了？你做了什麼事？」我說道：「巴茲，我們完蛋了。」我向他解釋某位客人通常會留到很晚，是我們最好的客人之一，我告訴他雙陸戰撲克局的事，他會一直點昂貴的酒，我們也都記在他的帳上，以及他會不斷在這裡花錢和給小費，他邀我們一起喝酒時，我們不僅覺得應該遵從，還覺得如果加入了，他就會再開更多瓶酒，他玩得很開心，花了很多錢，沒錯，後來一切都失控了，我告訴他撲克局的事，但否認有叫應召女郎，而是說幾位很有魅力的女子確實出現在這裡，我承認員工有喝酒但隱瞞吸毒的事，他接著問我帳單總金額是多少，我告訴他是四位數，故事結束。

當我坐在那裡，因為宿醉、羞愧以及等待即將到來的懲處而頭痛著，他卻問道：「那些女生長得怎樣？性感嗎？」

天啊，我有聽錯嗎？我抬起頭，直視他的眼睛說道：「她們真他媽漂亮。」

巴茲本身也是愛說故事的人，也喜歡好故事，我加油添醋告訴他一切，他問這情形持續多久了，我謊稱，除了幾場雙陸戰撲克局以外，這是第一次。他接著問員工裡有誰參與其中，我們這個菁英團隊大部分的人都有參與，如果他開除所有人，餐廳就會失去《紐約時報》讚譽有佳的團隊的大部分成員。我看得出他在盤算什麼，我知道我不會被開除，他得到一個好故事，也不會因為他最好的團隊行為不檢點就開除他們，他緊盯著我說道：「下不為例。」

「是的，老闆。」

「好吧，今晚誰會來？」

在河邊咖啡廳裡，主用餐區入口前的房間是卡布奇諾廳，因為咖啡機在那裡，順利成章如此命名了，那邊有幾張桌子可以讓客人坐下來喝點飲料。卡布奇諾廳旁邊有一個露天甲板，夏天時會開放給客人喝飲料、吃輕食，一旦天氣開始轉暖，就是開放戶外區的時候了，巴茲希望盡可能多雇用年輕貌美的女服務生在這一區服務，管理層也因此只被允許雇用這樣的員工。

某天下午我走進餐廳準備上工，看見卡布奇諾廳擠滿年輕貌美的女性，手裡拿著履歷等待面試這個夏日工作機會，乍看之下很像模特兒甄選。走進用餐區，我看見經理、總領班和主廚都坐在同一張桌子，正在面試其中一名女性，即便在美女如雲的空間裡，她還是顯得格外突出——美若天仙。我一邊準備我的工作站，一邊偷聽到面試內容，她被問到是否有履歷，她似乎遞上自己的模特兒履歷，被問到是否有包含餐飲業相關經驗的履歷，她回答沒有；被問到是否有任何服務相關經驗，她再次回答沒有；餐廳經理問她是否有雞尾酒相關經驗，她也是回答沒有；主廚問她是否曾在餐廳用餐過，她笑著回答道：「當然有。」她就這樣被錄取了。在我工作的這段期間，演員茱莉安娜·瑪格里斯（Julianna Margulies）、吉娜·戴維斯（Geena Davis）和米亞·莎拉（Mia Sara）都被雇用過，就是從來沒有雇用任何男性。

Jumpers 跳河的人

在咖啡廳工作其中一個奇特之處是自殺事件，布魯克林大橋似乎是許多跳河自殺者的最愛，雖然餐廳不在大橋正下方，而是有一點偏南方，但這是一座具代表性的建築，如果我想要跳河自殺，可能也會選擇這裡。

如果有人在橋上準備跳入東河自殺，我們會先看見警察船出現，船會停在橋的其中一側上下搖晃、燈光閃爍，等待即將出現的濺水聲。儘管聽起來點無情，可一旦出現警察船，表示我們的座位安排完蛋了。

面對跳河自殺者的標準處理程序是封橋，車輛和行人都無法通過，直到警察說服自殺者放棄或者他跳下去為止，可能一等就要等很久，長達一個小時甚至更久。客人塞在車陣中，看著計程車表不停往上跳以後，沒人願意配合後面的客人縮短自己的用餐時間，我們必須幫遲到的客人安排座位。你試著告訴那些困在車陣中一個多小時的客人，他們現在沒辦法用餐，因為他們訂位時間已經過了，看看會有什麼後果。

先別說橋上那個人的生活亂成一團，正在考慮結束生命，我們的客人來這裡是為了用餐，沒人能阻擋他們。

某天晚上，正當我將一杯飲料送到窗邊的座位，我看見一個身影從橋上墜落，第一次看到這樣的景象都很震驚，我很想吐，親眼目睹有人墜橋且撞擊到水面的景象真的很難受，我看著警方的潛水員跳進水裡試圖營救那個人，我推測那是一名年輕女子，她顯然成功被救起，但大多數都救不回來。

難過的是，看過幾次以後，衝擊力也變弱了，餐廳裡第一次看見這種事的客人會很難受，雖然大多數客人不太清楚發生什麼事，少數幾位瞭解的客人會發出驚呼，整個用餐區都聽得見。

在我們面前去世的不只有跳河自殺者，我當時的現任和前任同事中許多人，相繼死於愛滋病，時間間隔短到令人恐慌。在水上俱樂部，五名服務生——四名男性及一名女性——都因為愛滋病去世，沒有一個活過三十歲。咖啡廳裡的員工死亡人數也差不多，第一個離開的是我們最愛的總領班羅尼，幸運的是，發病過程不太長，末期得了弓形蟲感染症，這種感染腦部的疾病在愛滋病患者中不算罕見，因此他似乎不太清楚自己的狀況。

我在醫院見他最後一面時，必須從頭到腳都穿著防護裝備，因為沒人確定愛滋病毒如何傳播。他的腦部已經開始退化，我不確定他還認不認得我，我坐在他床邊，看著他的鼻子瞬間滴下了黏稠鼻涕並垂掛在那裡，他過去總是為自己外表感到自豪，非常會講故事也很會交朋友，深受大家喜愛，人生還正值壯年就被迫躺在那裡，不知道自己是誰，也不知道在自己哪裡。我伸出手將他清理乾淨後便離開了，這是我最後一次見到他。

然而，這名推薦我擔任領班的人，即便在將死之際，也確保我能接替他成為總領班。他去世後，我接替了他的位置。

某天晚上，一名客人突然心臟病發，倒在他座位前的走道，在忙到翻天的晚上，羅尼急需空桌，沒注意到有人倒在走道上，羅尼看見窗邊某一桌已經布置好準備迎接下一組客人，他帶著新一組客人入座時，他看見倒在地上的那個人，他一腳跨過、轉向其中一位客人，挽著她的手肘，護送她跨過地上的人，毫不遲疑地問道：「你來用餐過嗎？」

The Door

門面

管理知名餐廳的門面必須同時應付不同客戶的需求，不只有當地的行家、來自全球各地的客人，還有業餘的美食愛好者：當紅演員、藝術家、音樂家、搖滾明星、商業巨頭、醫生、科學家和政客，有些人的名聲享譽國際，有些人則是自恃甚高，這不是誇飾，幾乎每天晚上用餐客人的組成都是如此，他們都有一個共通點——都想坐在窗邊的位子，我不怪他們，誰不想坐在面對河流的落地窗邊？

用餐區可以看見整個城市的全景，俯瞰波濤洶湧的東河，城市的摩天大樓被金色、粉色、橙色和紫色的柔和色彩籠罩，在一旁襯托整個景象的是宏偉且帶著哥德式風格的布魯克林大橋，雖然餐廳的每個座位都看得到這一片景象，所有卡座都面向令人嚮往的華爾街和市區的天際線，但這都不重要，每位前來用餐客人都希望坐到窗邊的座位，他們不想被任何事物擋住這個絕美的景色。

窗邊只有九張桌子，奧基夫的規定是除了尊爵貴賓以外，否則窗邊桌位一律是先到先得，事情如果有這麼容易就好了。在任何餐廳擔任總領班壓力都很大，這裡桌位有限，特別是窗邊的桌位，總領班大多數的時間都在解釋為什麼這位客人或那位客人可以坐在用餐區的好位子，那麼誰能坐到好位子呢？永遠都是名人以及好萊塢明星、搖滾巨星、電視名人、政治人物、巴茲或主廚的好友、某些業內人士，以及那些花錢得到這種特權的客人。

巴茲會不斷警告我們不要賣掉這些座位，他無法或不願意理解的是我們的薪水。領班和我的時薪是五美元，我們的小費平分機制如下，三位領班先從小費池中分到全額分額，這三份小費分額再於總領班和領班之間平分，實際上，三份小費會分給四個人，如果總領班在門口帶位時沒賺到小費，那領班和總領班就會賺得比服務生少，監督三星級餐廳用餐區服務品質的人，時薪不應該只有五美元。

幸好我們餐廳的桌位很搶手，不少人願意多花一點錢給總領班以換取桌位，非常多，餐廳大約每半小時會安排座位總數三分之一的客人入座，以利維持井然有序的服務，廚房和外場也有足夠的時間完成工作，而不會忙不過來。要如同巴茲所想，以先到先得的方式安排窗邊桌位是不可能的，那些桌位都要留給業內人士，他們都想在七點到八點半的黃金時段用餐。

在一個普通的夜晚，一名客人提早抵達用餐時，大多數時候窗邊桌位都是空的，但我必須保留這些座位給貴賓，他們通常不會在六點餐廳開業時抵達，表示幾乎沒有任何訂位六點或六點半的客人有機會坐到窗邊，因為他們不可能及時在七點準時離開，把桌子讓給七點後陸續抵達的貴賓，雖然我總會試著讓客人入坐窗邊第一桌，因為提早抵達的客人用餐速度大多算快，我可以在重要貴賓抵達前整理好桌子。

剩下就是協商而已，你膽敢告訴六點抵達且已經準備好花幾百美元在晚餐上的客人，他們不能坐在窗邊任何一張空桌，看看會有什麼後果，許多客人是來慶祝結婚週年或慶生，他們打電話訂位時，可能被訂位員擱置在電話那一頭十分鐘，甚至更久，好不容易接通後，卻被告知熱門時段已經沒桌位了，只剩六點或十一點，大多數人都會選六點。

用餐當天晚上，他們抵達後走進餐廳，看見幾乎空無一人的餐廳，便會開啟以下對話——

我：「晚安，歡迎光臨河邊咖啡廳，請問今晚有訂位嗎？」

客人：「有，我們有訂位，六點的羅賓森，我們來慶祝結婚週年，很開心能在這裡用餐，我太太起了一大早，在開放今晚訂位的時間打過來，等了快三十分鐘後訂到位子，但我們非常開心能來這裡，我們想要坐窗邊，麻煩了。」

我：「太好了，恭喜兩位，我們這邊請。」

我帶著他們到其中一張最靠近窗邊、但不是緊鄰窗邊的桌子。

客人：「不好意思，我們想坐窗邊。」

我：「先生，很抱歉，但所有窗邊的位子都被預訂了。」

客人：「什麼？我們在開放訂位時就打來了！現在餐廳一個人也沒有，我們為什麼不能坐窗邊？」

我：「先生，我很抱歉，但所有窗邊的位子都被預訂了。」

客人：「誰訂的？現在這裡都沒人！」

我：「先生，我很抱歉，今晚有幾位常客會來用餐，他們要坐在特定的為子，所以老闆保留了一些位子，這個位子也不錯。」

這時我會說：「這裡，請坐，讓我招待你們一點香檳，週年快樂！」說完後便離開，有些人會一語不發接受現況，但香檳是不錯的安慰。

如果有一名領檯員和我一起在門邊，情況就會有所改變，我們當時沒有領檯員，如果有，我的工作會輕鬆非常多，我日後在其他餐廳工作時，終於有了領檯員，對話就會變成這樣——

領檯員引導客人到座位。

客人抱怨，他們希望能坐在窗邊的空位。

領檯員以最親切的態度接著說道：「對不起，這些位子都被預訂了。」

客人不願意接受領檯員的說法，所以他們會想找總領班處理。

領檯員告訴客人：「等一下，先生，我跟總領班說一下。」

客人待在他們不想要的座位，看著桌子，好像我們要安排他們坐在礦坑一樣。

總領班和領檯員在領位台交談。

領檯員走回客人身邊，告訴客人她很抱歉，還是不能安排他們坐那些座位，但她可以讓他們坐這邊這個也不錯的座位。

她接著安排他們入座附近的位子，但不是窗邊的位置，你總會盡可能保留一點選項，客人才會覺得有選擇的餘地，對客人而言，與其坐在這個明顯很不喜歡的位置，選另外一桌比較不丟臉，即使這個選擇不比原本的好，從心裡學的角度來看，如果客人感覺他可以選擇座位，那麼那個座位就會變成更好的選擇，客人就會接受並覺得他贏了。

如果我判斷這位客人會很難對付，而且不可能多付小費以獲得更好的座位，當領檯員回去提供其他選擇給客人，我就會故意消失十分鐘左右，在此之後，客人會坐下喝一杯，意識到並沒有那麼糟糕，也不值得為此爭執。

然而，此刻還沒有領檯員，只有我，有些客人會憤怒到辱罵我，我被叫過混蛋、一坨屎、糟糕的人、騙子、敗類、死要錢等等——全部都只是為了桌位，如果他們不願意接受他們的命運，便會要求和經理談話，經理總會站在我這一邊。

還有一些客人會和我走回領位台，伸手進口袋掏出一些錢說道：「如果你能做什麼，我會非常感激你。」

這樣就能得到他們想要的座位嗎？有時可以，這取決於那天晚上到底有誰真的會來，以及餐廳裡是否有空桌，通常有，特別是在這個時間點，這也取決於他們給我多少錢，一名經驗老道的總領班憑感覺就能知道鈔票面額，二十元鈔票通常會有點磨損，五十元鈔票還好一點，百元鈔票通常是最嶄新的，一疊一元鈔票最不可取，你也可以根據客人本身就知道他們會給多少錢，那些會給到百元大鈔以上的客人會有特殊的氣質，自信且世故，知道他們想要什麼以及如何能得到，他們也會給你一種眼神，似乎在說：「你會喜歡我將塞進你的手裡的東西。」

二十元鈔票會讓你得到座位嗎？有時候可以，這取決於哪些我認識的人會來用餐，或者我是否想賭另一位客人會給出更高額的小費，如果手裡的鈔票感覺像是一疊一元鈔票、一張五元或十元鈔票，我會有禮貌地將鈔票退回去，告訴客人我很抱歉，但我真的無法給他們已經被預訂的桌位，之後再送上一輪酒水安撫他們。

大多數時候，我知道客人會因為想要得到窗邊桌位塞錢給我，我不需要出售這些座位，只需要等待，根據每天晚上狀況不同，如果是二十美元，客人幾乎沒有機會；五十美元，也許有機會；百元大鈔？總是可以的。

某天晚上，某位客人對我們另一位總領班說，如果他能為他們安排窗邊桌位，他會好好感謝他。他安排他們入座時，客人塞給他一張一美元鈔票。他將這張鈔票拿到吧台，換了四個二十五美分的硬幣，走回客人身邊給他硬幣說道：「這是你打公共電話的零錢。」接著憤而離去。

大多數想要特定座位的人會很樂意為此花錢，這會帶給他們一種權力的感覺，知道如何得到他們想要的東西，他們明白這一點，知道如何玩這個遊戲，他們知道百元大鈔能讓他們有機會得到桌位並獲得特別照顧，「吹喇叭吹到他們爽」，這些客人喜歡被這個空間裡最有權勢的人「吹喇叭」，這讓他們覺得自己像國王，我也非常願意在合理的價格下交出這個王國的鑰匙。

此外，並不是每個在這場遊戲裡的人都是為了感受權力，大多數人其實很願意為了受到特別關注而多付出一點，在下次走進餐廳時被認出來，感覺大家都認識自己。許多人很樂意為我做一些事，也算是為他們自己，塞小費其實是一種感謝，感謝我將工作做好，感謝我人在那裡，感謝我總是記得他們，感謝我總是態度親切，這些都是隨和的客人，是我們都喜歡的朋友，我們都非常樂見他們來訪，沒錯，這是一場遊戲，如果正確地玩，大家都會受惠。

餐廳當然不是民主社會，我們不可能平等對待每個人，特別是在安排座位這件事上，在服務方面，我們盡力而為，但坦白說，誰能獲得特殊待遇、免費的甜點或飲料？那個混蛋嗎？那個無禮的人嗎？那個小費只給百分之十五的客人嗎？絕對不會是他們，能獲得到特殊待遇的通常是那些進餐廳後尊重員工、態度隨和、付出足額小費的客人。我們工作很辛苦、工時很長，忍受很多糟糕的事，所以客人態度友好就已經很夠了，我敢說百分之九十八的客人都是非常親切的客人，我們討厭的是那百分之二。

不久後，羅伯叔叔也加入我們的團隊，他和我以及其他泊車員開始在大學籃球比賽中大量下注，我們每天晚上都在賭，大部分時間都在仔細搜索運動新聞以及賭博表格上任何對我們下注有益的資訊，別問我怎麼做到的，但我們從來沒有任何一週虧損，我們每週下注，有人會把我們贏的錢裝進購物袋，直接開車送到咖啡館，情況持續了一整個大學籃球賽季，直到季後賽前為止。羅伯叔叔和

我一起出資，我們兩人在那一季都淨賺三萬五美元，一旦季後賽開始，我就停止下注，多數人認為，下注季後賽的風險太高，有很多未知數，賠率肯定對莊家有利，多數人會這麼認為不是沒有原因的。但羅伯叔叔並沒有停止，他一直下注季後賽，輸掉之後還繼續下注。

棒球季開始後，他也開始下注，直到那年八月，他已經輸光所有我們贏來的錢，甚至還輸了更多，完全無力償還鉅額賭債，情況最後糟糕到他不得不逃到加州躲債，後來，他一邊等待時機回到紐約，也終於在存夠錢、還清債務後搬回來。

風度翩翩男子

Mr. Debonair

某個星期六晚間，餐廳客滿，我站在領位台，右手邊平台上放著鋼琴，坐在鋼琴後面的是鋼琴手理查．金博（Richard Kimball），他剛從哈德遜河划著獨木舟從奈亞克通勤過來，彈奏出最優美的蓋西文作品，主廚大衛．柏克在廚房裡，他才剛接替最近離職的三星主廚查理．帕默，我們非常受歡迎，訂位變成兩個禮拜前開放預約，所有座位在一個小時內被訂光，這些訂位都是透過電話和手寫記錄完成的，網路訂位系統要在十年以後才會出現。

現在是晚上八點，酒吧裡已經有很多客人在候位，我的燕尾服口袋裡塞滿小費，都是來自那些瞭解這麼做才能坐到窗邊桌位的客人。我在用餐區裡指揮，嚴格要求助理服務生盡快清理並重新擺設餐具，以便維持翻桌的效率，並懇求領班們加快速度。

「給我桌位！」我朝著空無一人的方向大喊，同時指示一名服務生過來接手幫客人點甜點，因為我必須加快翻桌的速度，有些客人已經等了一個小時，我很快就要陷入困境，我不時從領位台走到酒吧，親切地向客人握手，謊稱桌位很快就會整理好，請酒保送飲料去給某些客人，給等待將近一個半小時的夫婦送開胃菜，我已經因為客人等太久送出不少飲料，如果再過一小時甚至更久，我就要沒招了。

當我回到領位台，一位風度翩翩的男子走向我，他身穿昂貴的藍色西裝，和他烏黑秀髮裡的幾絡白髮完美相稱，後面還著兩位珠光寶氣、二十幾歲的美女，裸露得恰到好處，足以讓別人多看她們兩眼，女士們後面站著一名引人注目的男士，渾身散發著銅臭味，我向那位男士打招呼，「先生，晚安。」我還來不及接著說下一句話，風度翩翩的男子就出聲要求一張四人桌，「先生，請問您有訂位嗎？」他並沒有，他接著露出大大的笑容，他肯定看了世上最棒的牙醫，他說：「我需要訂位嗎？」

我的壓力在過去一個小時內已經逐漸累積，兩杯伏特加也無法改善，當他這麼說時，銅臭味已經飄進我的鼻腔，我必須笑著說：「抱歉，先生，往後好幾週的桌位都被訂完了，我真的無法提供你任何桌位。」他再次展開那個笑容（足以色誘許多女性，也足以吸引包含我在內的男性），一點也不受我的拒絕影響，他回覆道：「我很抱歉，我沒注意到，你介意我們去酒吧喝一杯嗎？」砰！他出招了，我回覆道：「當然不介意。」當他往酒吧移動時經過我，伸出手向我握手，並塞了幾張鈔票給我，我馬上將鈔票還給他，因為我知道我真他媽沒辦法給他一張桌子，他阻止我說：「不，不，先生，這是給你的，你是一位紳士。」我一邊道謝一邊目送他離開，並把鈔票塞進我的燕尾服。

就在此時，我被一位客人攔下，他把我叫過去問他們的餐點在哪裡，他們似乎已經等主菜等了三十分鐘，我向他道歉並承諾會找出問題，我知道問題在哪裡，用餐區的座位不僅超額訂位，塞小費給我的客人比窗邊的桌位還多，我必須先解決上菜速度太慢的問題。

我一進廚房去確認那位先生的餐點在哪裡，我就知道我會被大衛．柏克臭罵一頓，柏克接管廚房已經快一年了，他賞心悅目又美味可口的高塔料理創作風靡了整個城市。我一進廚房，他馬上對我發火：「你他媽在幹什麼！」出菜口堆滿點單，我站在他身邊時，影印機還在痛苦地不斷吐出更多點單。

「你這個貪心的混蛋！你他媽根本不知道自己在幹嘛，我們永遠不可能餵飽這麼多人。」他說得有道理，我是有點貪心，但我知道自己在做什麼。「對不起，主廚，情況一團亂，外面來了一些常客，我無法拒絕他們，新來的訂位員似乎忘記輸入某些訂位資訊，我還遇到有些人說，他們兩個禮拜前就訂位了，我能分辨誰在說謊，誰不是，我向你保證，我會放慢點餐速度，讓你追上來。」

全部都是謊言，我倉促地離開廚房，他開始對廚師大吼，我走進用餐區，想起風度翩翩男子給我的錢，我伸進口袋拿出兩張嶄新的百元大鈔，價值相當於現今的五百美元，當窗邊一張四人桌的客人起身離開，我知道那些在酒吧候位的客人還在死盯著用餐區，他們都在等待有人起身離開，讓他們終於可以坐下，我的一舉一動被放大檢視，所以我必須動作快。

「亨利！」我對資深助理服務生大叫道。「我現在馬上需要這桌！」我直奔酒吧，完全無視所有其他也在候位的客人，有些已經等了超過一小時，我一把抓住有點嚇到的風度翩翩男子說：「先生，這邊請，您可以入座了。」同樣的笑容又出現了，他並沒有太驚訝，表現出一副他一直都知道自己會有位子，他微微點了點頭說道：「先生，謝謝！」

當我帶著他和同行的客人一起入座，我可以感受到其他候位的客人緊盯著我，他們的怒氣穿透了我的背脊。

「你們有水晶粉紅香檳嗎？」

「先生，我們當然有。」

「太好了，你們有蒙塔拉榭嗎？」

「有的，先生。」

「太好了，我熱愛蒙塔拉榭，就像依雲礦泉水一樣，我兩個都要，但先上香檳，謝謝。」

這兩瓶都是名列酒單上最昂貴的品項，我馬上抓住蓋柏，他有幸成為負責服務這位紳士的領班，我讓他瞭解情況後，便離開前去處理還在酒吧候位的客人，但我還是先繞到出酒口，舉起兩隻手指頭（表示我需要一杯冰伏特加），一口灌下後準備走入深淵。

幸好事情終於有所轉機，我終於可以安排候位最久的客人入座，當我再次回到領位台，風度翩翩男子正要去廁所，他走向我說道：「先生，我想再次謝謝你。」語畢，他又塞了兩張百元大鈔給我。

他與同行的客人整晚累積了可觀的結帳金額，並給每一位服務過他們的服務生一張百元鈔票，此外，他外加了百分之二十的小費，並給蓋柏額外兩百美元的小費。

當他們一行人準備離開，風度翩翩男子朝我走來，他接近我時，我被迫瞇起雙眼，因為他的微笑太閃亮了，預示著接下來的感謝之詞，他熱情地感謝我一番，再次伸出手向我握手，塞給我更多嶄新的鈔票，再給我一個擁抱，在我臉頰上親了一下後才離開。當他們一行人走下棧橋，準備去搭乘某一種昂貴的交通工具，我手上又多了兩張百元鈔票，傳奇人物就是這樣誕生的。

風度翩翩男子漸漸變成常客，總是帶著美麗的拉丁女子一起來用餐，服務生還認出其中一位是前哥倫比亞小姐，這是在搜尋引擎出現之前，所以我無法確切知道他是誰或他是做什麼的，但我有一些猜測。他每次回訪時，都會將鞋盒大的行動電話交給我保管。某天晚上，他交給我一張紙條，上面寫著電話號碼及一些其他數字，他問我是否可以在八點時撥打紙條上的電話，我當然同意了，我問他電話接通時我該說什麼，「不會有人接電話，你只會聽到一個提示音，輸入這些數字後，你會再聽到另一聲提示音，就掛斷電話，八點準時，謝謝。」他又一如往常塞給我兩百美元。他下次來訪時又請我做同樣的事，但這次我已經可以自在問他我在做什麼，「你在幫我下注，我喜歡下注籃球比賽。」我十分震驚，他問我是否會賭博，「我會。」「今晚下注波特蘭隊並加賭讓分盤。」他對我毫無保留。

我找到資深泊車員，平常都是由他幫我們下注運動比賽，我告訴他如何下注，他在員工間散布這個消息，我們押了一大筆錢在波特蘭隊上，大滿貫，我們大賺一筆，不管風度翩翩男子做了什麼，他都有厲害的管道。他接下來三次用餐都重複同樣的過程，每次他都會將行動電話和寫著號碼的紙條交給我，每次他都會告訴我們該下注哪一場比賽，每次我們都會贏，在第三次之後，我就再也沒有見過他。

容我解釋一下美元的價值變化，當時的十美元相當於現在的二十五美元，二十美元相當於現在的五十美元，五十美元相當於現在的一百二十五美元。當時客人的小費大多會給到二十美元，大方一點的客人會給五十到一百美元，傳奇攝影師理查．阿維頓（Richard Avedon）每次離開時都會給我五十美元，大方的華爾街客人從來不會少於一百美元，名主持人強尼．卡森（Johnny Carson）離開時也以百元大鈔感謝我。風度翩翩男子那晚給我的六百美元，相當於現在的一千五百四十二點三二美元。不幸的是，如今總領班收到的小費金額在過去二十五年內都沒有改變，有人說通貨膨脹把錢變薄，真的不是誇飾。

The Donald 那個唐納

某天晚間稍早，正好在熱門時段來臨前，我一如往常站在領位台，一名已經入座的男士走向我，我在他靠近前就認出他了，他在此之前來過幾次，每次都會塞給我一張二十元鈔票，他自我介紹道：「我們一直在觀察你。」

「你們什麼？」

「我們一直在觀察你。」

我往他的桌子一看，認出一位和他一起用餐不止一次的女士，我第一個想法是他們要邀我三人行。

「嗯，我不知道該說什麼，到底是什麼意思？」

「我代表一群很重要的人，我們有個團隊在尋找紐約市最好的餐廳總領班，你的名字一直出現，我來這裡用餐過幾次，我們認為你是城裡最好的領班，我想給你一份工作。」

我聽過很多很扯的事，特別是在某人喝了好幾杯之後，所以我變得有點多疑，但他如此有力量和自信地說出這些話，反而讓我有點好奇，他接著給我名片，顯然是廣場飯店什麼單位的副總裁，然後，他告訴我唐納．川普（Donald Trump）最近買下廣場飯店，想要大幅改變。

「唐納想要在飯店裡打造一個私人俱樂部，我們想要你幫我管理門面。」計劃是要打掉飯店下方的三號影城，變成唐納的私人領地。

我有些訝異，回覆道：「您過獎了，謝謝，但我在這裡工作很開心。」

他很堅持地說道，薪水會比這裡高上許多，這是千載難逢的好機會，而且在世上最好的飯店之一擔任這麼高的職位可以建立我的名聲，但我完全沒有興趣。

他繼續堅持說道：「讓我再多給你一點誘因，在六個月內，我們一旦開始營運，就會給你俱樂部百分之一的股權，門口就是由你掌管。」我再次拒絕，但這個混蛋還不放棄，我可能還比較希望他邀我三人行，這樣說不定還比較容易擺脫他們，「伊凡娜（Ivana Marie Trump）真的想見你。」他說出這個名字的方式，好像我被皇室召見一般，主理飯店和整個計劃的顯然是川普夫人，如果能通過她的審核，我可能真的能見到川普本人，我會管理他的門面。

這樣聽起來肯定非常糟糕，但這名男士非常堅持，「我們訂個時間，我會派車去接你。」此刻，我最不需要的是，另一輛豪華轎車出現在我東村的家，最後，為了堵住他的嘴，我態度放軟，我們約了時間。

約好見面當天，一台加長豪華轎車等在我家前面，我低著頭，小心翼翼、緩慢地走出大門，左右查看確保沒人看見我，還好那時還早，街頭上還沒有毒蟲的身影，我因為前一晚在范達美酒館喝得很晚，所以嚴重宿醉，完全不期待見到川普夫人。

我們抵達飯店時，副總裁先生在大廳迎接我，帶著我到伊凡娜的辦公室，飯店前廳在我眼裡看起來很像捷克妓院，我坐下後，他們送上咖啡，以精美昂貴的瓷器裝著，一名女性坐在我對面，當她被請去見伊凡娜，我才意識到她是網球明星瑪蒂娜．娜拉提洛娃（Martina Navratilova），我覺得她的來意和我不同，我啜飲著理應是美味的咖啡，頭痛欲裂，心裡不斷思考該如何稱呼伊凡娜，我應該像副總裁一樣直呼名諱嗎？我該稱呼她川普太太嗎？川普夫人？（可能有點太直接）親愛的女士？夫人？伊凡娜？我不知道。

瑪蒂娜很快就出來了，接著輪到我進去伊凡娜的辦公室，裡面金光閃閃，鋪滿地毯和織錦，我一看見她坐在巨大的桌子後面，決定不再糾結於如何稱呼她，而是告訴她我有多開心能來這裡，以及我多榮幸能見到她之類的屁話，她立刻開始以厚重的口音說話，我很努力瞭解她在說什麼，只在她突然不說話、看著我，似乎在等待我回覆時，我才知道她在問我問題，那段面談痛苦到好像永遠不會結束，最後，在她結束另一段獨白後，她站起來、伸出手向我握手並送我離開。

他媽的趕快讓我離開，我試著逃離時，副總裁先生出現了，他問我面談進行得如何，我回覆道，我完全無法判斷，雖然我認為完全就是一場災難，他接著邀請我回訪飯店享用晚餐，看來他們聘請了某位年輕、帥氣、當紅的主廚管理用餐區，副總裁先生要我過去看看飯店的經營方向，我當時已經確定我絕對不會在這裡工作，但也不會錯過免費餐點。

我一週後回訪，吃了一頓十分平庸的餐點後，帳單來到我面前，看起來是內部溝通不良，我將領班拉到一邊，讓他知道這頓餐應該由「伊凡娜」請客，心想如果我用比較親切的稱呼，我的說法比較有真實性，他顯然不知道我在說什麼，走去向總領班確認，他們圍成一圈，一名看似飯店經理的人也加入討論，經理走向我的桌邊，問我這頓餐點究竟是由誰招待的，因為他手邊完全沒有紀錄，幸好我皮夾裡還有副總裁先生的名片，我拿出名片、向他解釋狀況，經過另一番討論後，領班回來找我，說這一頓由餐廳招待，我謝謝他後離開，之後再也沒有任何廣場飯店的人和我聯絡。

蓋柏領班走向前來告訴我，十二桌的女士越喝越醉，她越醉就越討人厭，她從一坐下開始態度就很糟糕，她已經退回開胃菜，此刻還想退回羊排，因為羊臊味太重，蓋柏說他很想把屌塞進她的喉嚨裡，問她這樣臊味重不重。

「這或許不是最好的處理方式，你先去酒吧喝一杯，我去看看她。」

她四十多歲，穿著華麗、珠光寶氣，已經醉到不行，正在和三位顯然挺富裕的男士共進晚餐。

「晚餐還可以嗎？」

她抬頭看了我一眼，上下打量了一下，「你他媽是誰？」

「我是總領班。」我笑著說道。

她支吾其詞地回覆道：「哦！所以你就是那個死不願意給我們窗邊位子的人。」

「是的，就是我，我很抱歉，你們到達時剛好沒有剩餘的窗邊桌位。」

她又看了我一眼，抓住我的手說道：「你真帥。」

天啊！真的嗎？「我很遺憾您不喜歡羊排，需要幫您換一道菜嗎？」

「不了，這裡的餐點爛透了，唯一的優點只有景色，再給我們一瓶酒。」

好吧，她真他媽是個狠角色，同行的男士也喝醉了，看起來很享受這一切，我掙脫她的手，告訴她我會請領班過來，我用眼神示意蓋柏到領位台找我。

「她已經醉到不行，他們要再開一瓶酒，先不要理他們，再看看會發生什麼事。」

就在我說話的同時，她搖搖晃晃地走向我們，「廁所在哪裡？」

「這邊。」

當我準備扶著她的手肘，引導她走下坡道，她突然掙脫我，衝到坡道的盡頭，不知為何停在坡道和平台交接的地方後轉身，一頭撞進擋在坡道和河道之間的帆布，那裡有一條細縫，她竟然筆直朝那裡走去，接著直接掉進河裡。蓋柏和我瞬間嚇傻了，我們趕快跑過去看她，她的手臂在空中亂揮，大聲喊著救命。正當她開始慢慢漂走，我們其中一位助理服務生看見她，馬上跑去抓了幾塊桌布綁成一條繩子，跳進河裡、游到她身邊，遞給她一端，順利把她拖了回來，真的是老天保佑。

"Just When I Thought I Was Out, They Pull Me Back In!"

「就在我以為我要退出時，他們又把我拖了回來！」

初春乍暖還寒之際，餐廳在這個星期一晚間十分安靜，用餐區只剩下幾桌，酒吧已經空了，是時候坐下來享用晚餐了，由留下來的一位領班服務剩下這幾位客人不是難事，我坐在我常坐的座位，在領位台的正旁邊，讓我可以同時監看整個用餐區和酒吧，以防我需要注意任何事或任何人。

當晚的酒保，姑且稱他為J，工作最久、最資深的他被視為首席酒保，他是巴茲的愛將之一，當然，因為他也是愛爾蘭裔，很早就入選酒保名人堂（沒錯，酒保也有名人堂），一直都只從事酒保這個職業，願意為了餐廳赴湯蹈火。他不喜歡社交，對他不喜歡的客人態度很差，對員工也不友善，完全不信任任何菜鳥，我在那邊工作的期間，從來沒有從他手上得到任何一杯酒，我也不想向他要酒，當他負責酒吧時，想要得到自己想要的雞尾酒，只能趁他去上廁所時，找其他酒保偷偷塞給我一杯，幸好他都不會留太晚，等他一走，我們就可以拿想喝的酒，我不認為他在我第一年工作時有跟我說過話。

我們的關係花了一段時間才發展到某種相互尊重的程度，最後達到一種君子之交，他認可我的能力，我也認可他的能力，某天，我們小聊幾句，我發現我們達到某種新的熟識程度，他告訴我，他要去參加酒保名人堂的年度聚會，到時會有一個「雞尾酒新品」比賽，他打算要參加，我想了一下，想出了一種飲料，我稱之為紐瑞耶夫——香檳、伏特加和一些我不記得的成分，他很喜歡也拿去參賽，結果還真的贏了，要記得，這是一九八〇年代末期，這杯酒拿到現在會讓人笑掉大牙。

他在活動過後回到餐廳，他說：「我有一個好消息和壞消息，好消息是我們贏了，壞消息是獎品是一副滑雪板，我打算自己留著，你拿一支滑雪板能做什麼呢？」一天混蛋，終身混蛋。

當我坐下來吃晚餐，J緩慢地整理酒吧，最後幾桌也快吃完飯，突然，泊車員衝進用餐區說道：「麥可，有位客人把車停在入口擋住大門，他喝醉了，還對著我罵髒話，說他不會給我鑰匙，巴茲就要來了，我們必須把車移走。」

這不僅是眼前顯而易見的問題，現在有一名酒醉、態度惡劣的客人要出大門去開車，萬一巴茲出現，看來他就要出現了，看見我們讓一位酒醉的客人把車停在門前，擋住餐廳的車道和入口，我們肯定都會完蛋，泊車員一定會被停職兩週，我就算不被停職，也會被狠狠修理一頓。

就在此時，那位客人搖搖晃晃地經過我，衝向空酒吧要了一杯酒，當我們遇到行為脫序的客人，重點是全體員工要有共識，即便是高級餐廳的客人，也會有人喝醉、難搞，甚至還出現暴力行為，如果酒保說不准再給誰酒，那位客人就不會再得到酒，如果我和客人有什麼問題，例如客人行為無理、喝醉或行為脫序，我會請酒保停止供應酒，我若無法直接和酒保溝通，我們的暗號是用手或手掌在脖子前來回滑動，有點像砍頭的手勢。

那名客人走向酒吧，我給 J 一個不要給他酒的手勢，他看見了，瞪了我一眼，接著倒給他一杯帝王威士忌，我自言自語道：「J，你他媽在做幹嘛？」J 給了我一個不要插手的眼神，我也就不管了，我回到領位台，看著他將鑰匙交給 J，J 接著用眼神示意我到出酒口，以堅定且具威脅性的語氣說道：「你他媽知道他是誰嗎？」

「我不知道，J，我他媽顯然不知道他是誰，不然我就會走向他、和他打招呼。」

「那是胖安東尼！你回去吃晚餐，讓我處理。」

我們拿到鑰匙，我也不想讓情況變糟，所以我回去吃晚餐。

我看著 J 和胖安東尼手舞足蹈地說著話，胖安東尼顯然很醉了，我感覺已經度過最糟的部分了，我走到出酒口幫自己倒一杯酒，胖安東尼看見我並向我走來，他目測身高約五呎六吋，重約兩百二十磅，胖到沒有脖子，穿著廉價西裝，彎腰靠近我，用喉音很重的布魯克林口音說道：「我他媽不知道你是誰，也他媽不知道你在這裡做什麼，但你他媽很不尊重我。」我忍住不掉頭就走，盡可能保持冷靜的表情，儘管他帶有酒味的惡臭口氣讓我想吐，他將肥肚子壓在我身上，把我壓在一個櫃子上，「我不知道我接下來會做什麼，只要我想到，你就死定了。」話說完他就回到吧台，喝下他的酒後離開，我的老天爺，我不相信這種事居然發生了。

J對著我大喊：「你知道他是誰嗎？」

「呃，我當然知道，你剛剛說過了，他媽的胖安東尼，你有說是我不給他酒的嗎？」

「幹，我當然說了，他也不是什麼好東西，他這幾年來時不時就會來這裡，一心只想成為布魯克林人，以為自己是個硬漢，還很有人脈，我越來越常看到他，通常是你不在的時候，你應該離他遠一點。」

「真是謝謝你，J。」

他剛剛直接他媽的出賣我，混帳。「離他遠一點？我他媽還能怎麼做，巴茲就要來了，他的車擋在門口，你他媽又給了他一杯酒，現在這個人想要殺死我。」

這真的太糟了，我非常清楚這些人會怎麼行動，知道他們多在意被輕視，我一心想著胖安東尼會回來，就算不是要殺死我，至少也會打斷我的腿來教訓我，J很沒有說服力地試著告訴我，一切都會過去，我應該直接回家，我真的回家了，心裡知道這一切肯定不會過去。

隔天，我一到餐廳，電話就響了，是巴茲打來的，「昨晚發生什麼事？」

「昨晚？你說胖安東尼？」

「沒錯，胖安東尼。」

我把事情的經過都告訴他，巴茲一如往常叫我不要讓這類人進餐廳，他們很麻煩，我們不想要他們靠近餐廳，「好的，巴茲，我會盡力。」幹，我才不想因為告訴某個自以為黑道的人不能在酒吧喝酒而被殺掉，他已經威脅過我了，難道巴茲真的認為，胖安東尼下次走進餐廳時我會叫他離開？我想我會因此惹上麻煩。

消息很快就在餐廳裡傳開了，吉米聽見消息後，跑過來問我，「你居然不讓胖安東尼喝酒！」

「靠北，吉米，我又不知道他是誰！我還能怎麼做？」吉米告訴我他認識安東尼，他們一起在法烈布殊長大，胖安東尼是社區的惡霸，很暴力，大家都想遠離他，隨著他年紀越大，越無法無天，總是犯一些小罪，並開始和黑道混在一起。

幹，太棒了，真是感到十分安慰，現在我該怎麼辦呢？等著他來殺我嗎？幾天過去了，什麼事都沒發生，我嚇壞了，認真想過搬到加州，離他越遠越好。我知道我的家人會如何面對這種情況，但我完全不想參與其中，這也是我離開布魯克林的原因，特別是因為現在我是受害者，我甚至也無法聯絡我那些黑道叔叔，因為他們都已經過世了。

我班表上的下一個班次是星期六晚班，我帶著戒心回去上班，每星期五、六晚上，巴茲都會請兩名不用值勤的市警為餐廳維安，他們都是經驗豐富、老練世故的紐約人，從小在街頭混的兩人，後來成為警隊傳奇，其中一人是退役海軍湯姆．納尼（Tom Nerney），現在已經升職到霹靂小組，專門負責調查警察謀殺案，紐約市警察局給他們的薪水非常低，低到他們必須兼職賺更多錢。

湯姆那天晚上來上工，他抵達時說的第一句話是，他聽說這裡可能會有狀況，巴茲打電話給他討論了一下狀況，好吧，至少他還算是幫我著想，湯姆和巴茲以及J談過以後，以為自己大概知道胖安東尼是怎樣的人，但能見到本人會更有幫助。

這個星期六是母親節前夕，餐廳非常忙碌，終於，十二點剛過，我坐下來享用晚餐，湯姆一如往常來坐我這一桌，我們總會並肩坐在卡座，兩人一起看著用餐區，我眼神掃過吧台，看見兩位酒保突然移動到酒吧的一端，並偷偷地比手勢引起我的注意，就在此時，我看見胖安東尼的背影走進酒吧，後面跟著我這輩子看過最高大的人類，我們餐廳有服裝規定，他顯然借用了我們幫不知道規定的客人準備的夾克，因為那件夾克幾乎要從他背部裂開了，我很快就認出緊跟在他身後的是侏儒努齊奧，努齊奧是我們的常客，因為他是「高腳杯」文尼的手下，文尼是這附近的殯葬業者，也是酒吧的常客，據說文尼和黑道關係密切，他每次來喝酒，都會把我拉到一旁，捏捏我的臉頰，遞來一張二十元鈔票，因為他總是要求把他要喝的帝王威士忌倒進高腳杯裡，因此有了「高腳杯」的綽號，我們都知道他喝酒都用高腳杯，但每次來都會再次提醒酒保，努齊奧總會跟在高腳杯後面，幫忙跑腿辦雜事，據說是這個區域裡為組頭收帳的人。

他們三個直奔酒吧、點了酒，然後轉身面對我，我低聲說道：「湯姆，就是他，他就是安東尼。」湯姆仔細看了他一眼，差不多是他心中想像的樣子，湯姆小聲告訴我，安東尼是戈帝的手下，戈帝是最近突然崛起的惡棍，湯姆認為他最近被升為組長，可能和卡斯提拉諾謀殺案有相關連，甘比諾犯罪家族的首領保羅．卡斯提拉諾（Paul Castellano）在曼哈頓史巴克牛排館外被槍殺，當他的車子停在餐廳前，另一輛坐著四人的車子停在旁邊，他還沒吃到牛排，就在史巴克牛排館的入口被殺害，大家都認為是戈帝指使的暗殺行動，為他成為甘比諾犯罪家族新首領鋪路，警察認為胖安東尼當晚就是坐在車內的其中一人。

基於此原因，湯姆說他要離開去車裡拿槍，「你要幹嘛？！」我嚇到快要尿出來了，這裡有三位黑道分子，距離我只有兩十呎，眼睛緊盯著我，他們其中一人才剛殺害全國最大尾的黑道老大，他絕對會毫不猶豫把我打死，此刻，我已經深信他們今天是來認真教訓我的。

湯姆一起身，吉米就衝到我身邊，偷偷說道：「你知道他是誰嗎？！」

「當然，我他媽當然知道他是誰。」

「你知道他旁邊跟著誰嗎？」

「努齊奧和一隻大猩猩。」

「那隻大猩猩是夫利歐，他以及他兄弟和我一起長大，他們真他媽邪惡，小時候會用煙火炸小貓，恐嚇我們所有人，他們後來都去混黑道，你看他的手！」

我很快看他們三個一眼，他們還坐在酒吧，面對我坐的位子，夫利歐的左手顯然受過重傷，吉米告訴我，夫利歐被逮捕過，當他在監獄裡，有人試著殺害他，對他的牢房放火，他的手指似乎傷得太重必須截肢。

「那傢伙是個殺手！」

「幹，太棒了！」

我快要哭出來了，吉米離開我的同時，胖安東尼接近我的座位，心跳快到我以為會馬上倒地而死，讓他沒機會殺死我，當他接近我的桌子，彎腰靠近我，將兩個拳頭放在桌上說道：「你好嗎？」，我全身冒汗。

我楞了幾秒才說得出話，「還行。」我的聲音因為恐懼而斷斷續續，「我們今晚很忙碌，因為明天就是母親節。」幹，我完全不知道我為什麼跟他說這些。

「你不尊重我，我不知道我會做出什麼事，只要我想到，你就死定了。」

我非常害怕，我意識到人真的可以同時被嚇到屎、尿、淚齊發，我試著解釋那天晚上的情況，但他不給我機會，他起身轉頭，大搖大擺地走回酒吧。

就在此時，湯姆回來了，我一五一十告訴他發生了什麼事，他叫我冷靜下來，不用擔心，他會陪在我身邊，這群人可以察覺到這裡有警察，而且湯姆不是他們可以惹人。他們終於喝完酒後走出餐廳，一眼都沒有看我們，湯姆接著起身跟著他們出去，確認他們真的離開了，他回來後叫我回家，他說他會找一些資料再告訴我。

我走去更衣室換衣服，心想他們其中一人會在任何時刻出現在任何地方，在製冰機或垃圾桶後面躺著準備要殺我，我從小到大身旁都圍繞著黑道，我知道這些人的能耐，我盡快躲進車裡，一直注意是否有他們的蹤跡，當我到家時，我想他們可能會發現我住哪裡，所以在開門前四處察看，一直感到十分不安直到進屋裡鎖上門，這感覺很糟，不知道該怎麼辦，我又開始想著離開紐約，搬到洛杉磯投靠羅伯叔叔，兩個人一起躲仇家。

我一直到下星期四才需要回去工作，隔天，我接到羅尼的電話，他想知道發生什麼事，巴茲一直追問他，叫他不要讓那些人接近餐廳，他們很危險，不是我們希望出現在餐廳裡的人，完全就是奧基夫說的那一套。尼同意我所說的，但他不打算阻止他們進入餐廳，我解釋了前一晚發生的事，說我覺得生命受到威脅，羅尼認識所有常在餐廳用餐或喝酒且人脈很廣的人。他說他會做一些調查，叫我先避避風頭，等他的消息。

接下來幾天，我充滿恐懼，無論走到哪裡都會四處張望，總等著有人從車後或門後跳出來揍我一頓。終於，羅尼在星期三打給我，他剛和T先生談過，T先生和夫人是我們的貴客之一，每週都會來我們餐廳用餐，用名牌包裝著小狗一起來，放在桌子下方，開始用餐前都會先點一瓶香檳，T在布魯克林經營殯儀館，我們都知道他人脈很廣，羅尼把我的狀況告訴T，T說他絕對聽過安東尼，雖然他不是T的「人」，但T想知道他會做出什麼事，他告訴我T明天晚上會來用餐，順便和我談談，幹，這一切什麼時候才會結束。

隔天晚上，工作順利開始，T預定七點的桌位，我焦慮地等著他的到來，我站在領位台，背對大門，突然有人抓住我的肩膀，我感覺有東西抵著我的背，心想該來的還是來了，他們會直接在這裡殺了我，就在我準備尖叫時，我聽見T的聲音，轉身看見他手裡拿著一把手槍。

「你喜歡這種感覺嗎？」他笑著說道。

「幹，不喜歡。」

「好吧，幫我們帶位，香檳今晚由你招待。」

他和他美麗的夫人一起來用餐，她心知肚明地笑著，看著我端酒過去，我開了酒後，幫他們倒酒的手顫抖著，「你完蛋了，麥克，情況很糟，他是一名殺手，他不是我的人，但我知道他。」我再次想哭，大概已經是這週第一百次，我倒完酒，面向門口的T看見「高腳杯」文尼走進來，「啊，文尼來了，我馬上回來。」

他起身走向文尼，兩名殯儀館老闆出去談話，我希望他們不是在商量誰比較適合幫我送終。他們離開了好一陣子才一起回到餐廳裡，當他們回到餐廳，文尼馬上朝我走來，用手捏了我的臉頰，用眼神示意我「小麥，你還真敢」，給了我一張二十元鈔票，T對著我們笑了笑，叫我跟他們回到桌邊。

「你很幸運，麥可，高腳杯喜歡你，他覺得你是好孩子，他非常瞭解安東尼，他們認識同一批人，我們在車外聊了一下。」

我的奉承真的發揮作用了嗎？

T繼續說道：「高腳杯會和安東尼談談，你明天在嗎？」我點點頭，「很好，如果一切順利，我明天會路過喝一杯。好的，我們現在要吃什麼？」

我這一週來第一次深吸一口氣。

隔天晚上六點半，T走進餐廳，這次我在被槍抵著前就看見他了。

「好了，我們談過了，你真他媽幸運，小麥，我已經處理好了，安東尼會再回來，你到時見到他，記得過去跟他說：

『安東尼先生，我很抱歉之前不尊重你，請接受我的道歉，讓我招待你一杯酒。』懂嗎？對我著說一次。」我一字不差地複述一遍，「好了，小麥，保持聯絡。」T先生走回酒吧，喝了一杯約翰走路黑牌威士忌後便離開。

幹！媽的幹！不敢相信真的發生了，我只能等待，週末來了又過，下週四回去上班以前我放了幾天假，每個人此時都聽說了這件事，我們都在等胖安東尼，特別是酒保，J和我唯一會碰到的班是星期一，所以我再次確認其他天晚上的酒保知道胖安東尼可能會來。

事情發生時是星期六晚上，餐廳直接客滿，我回到大門旁，看見兩名酒保都在出酒口，我馬上知道發生什麼事，很難會看見兩名酒保並肩站在一起，他們通常會站分開一點調製飲料，兩人臉上都面露恐懼，他們用頭示意吧台的另一端，安東尼和一名女伴站在一起，一名不那麼吸引人的女性，我有點訝異，我以為一位疑似殺害卡斯提拉諾的人會帶著一名更迷人的女伴，她骨架大，頭髮往上紮到頭頂，穿著讓她看起來好像六〇年代走出來的女性，當我最後終於鼓起勇氣走向他們，一邊在心裡複習我的台詞，我走近他們，她先開了口，她上下打量我，並用濃厚的布魯克林口音說道：「就是他嗎？」老天，難道連他的女伴也在羞辱我嗎？

在他開口以前，我吞下一口氣，向他們兩位打招呼，如同我在百老匯工作第二年一般熟記我的台詞，我說道：「安東尼先生，我很抱歉對你不尊重，請接受我的道歉，讓我招待你一杯酒。」我很努力不讓貼在身體兩側的手顫抖，他聽我說完，看著我，盡可能靠近我，說道：「我不需要你招待我任何東西，我在等一通電話，電話來了再告訴我。」

他轉身回到女伴身邊，我就離開了，我不確定我感覺如何，一部分的我鬆了一口氣，我還可以四肢健全地回到家，另外一部分的我還是非常非常緊張，他說的電話是什麼意思？這是一次性的嗎？還會持續下去嗎？用餐區唯一的電話在我的領位台，當我試著招待客人時，他會站在那裡和夫利歐討論下一個目標嗎？如果巴茲進餐廳看到一個粗魯的人站在這裡講電話，我會當場被解雇。

我的警戒很快就隨著電話聲響而結束，我接起來，訂位員說有一通安東尼的電話，問我知道這件事嗎？幹，我當然知道，我走向安東尼，讓他知道電話來了，他的態度丕變，如同他終於成功了，終於達到他的目標，不僅讓我在他的女伴前看起來像他的小嘍囉，他還直接在世界上最有名、最漂亮的餐廳之一接私人電話，他走向電話，說道：「喂？……喂？……喂？……」他看著我說：「他媽的怎麼回事，怎麼沒人說話？」

這個白痴戈帝組長，不知道電話怎麼運作，我教他如何按按鍵接電話，我迴避一會兒，以免聽到他們的談話，心中暗自希望巴茲不會走進餐廳，以及這通電話不會太長，一切就這樣結束。

他約在一分鐘後掛掉電話，走向我說道：「你叫什麼名字？」

「麥可。」

「小麥，如果等一下有電話找我，你知道我在哪裡。」

最糟的情況發生了，胖安東尼變成常客，一週來餐廳用餐一次，通常是來喝酒，一個月裡會用餐一兩次來，每次與他同行的那群人，看起來都好像是被選角選來飾演廉價的黑道群眾，糟糕的西裝、油膩的頭髮、滿嘴髒話，他們的低級在一件事上展露無疑——他們小費給得很小氣，真正懂得穿著打扮、舉止得體的黑道總會想炫耀以獲得尊重，小費給得非常大方，整個晚上會有很多人獲得百元鈔票。某些聰明的客人來用餐，會以信用卡而不是現金給出高額小費，我們知道其中一定有詐，因為這些卡常常被拒絕交易，不過他們從來不受影響，因為總有很多張卡可以刷。某天，聯邦調查局來調查一起信用卡詐騙案以及多筆來自餐廳的消費記錄，事情才隨之曝光，此後，我們再也沒看過那些聰明的客人，雖然我們有一名常客是聯邦調查局探員，他和酒保J十分熟識，也是其他員工最喜歡的客人之一，他每次來都會發送聯邦調查局相關贈品——T恤、帽子等，後來見到他時，我們問他信用卡詐騙的事，但他什麼所知。

奇怪的是，隨著安東尼越來越常來餐廳，巴茲也不再嚴格禁止他和他的夥伴進入，安東尼常常和努齊奧以及其他同夥一起來，他們大多數時候看起來都很滑稽，因為他們被迫將我們提供的運動外套穿在運動服外面，他們會聚集在吧台，到外面的小甲板上聊天，喝幾杯酒後離開，值得慶幸的是，他們的電話並不多。

某個星期一，我到餐廳上工時，J正在吧台準備，他一看到我就大叫：「你聽說了嗎？你看到了嗎？」他把《紐約時報》推到我面前，報紙頭條寫著〈黑道分子在西城俱樂部遭槍殺〉，死者是胖安東尼，我們後來從警方、T、高腳杯以及其他人提供的資訊拼湊出以下故事：安東尼確實參與了卡斯提拉諾謀殺案，因此升遷得很快，但脾氣和貪婪害了他，他和他的手下經常幫戈帝敲詐夜店，安東尼顯然會私吞一些錢，還惹怒了不該惹的人，他們對他下達追殺令，並在夜店殺了他。我後來才知道為什麼巴茲幾乎不再提安東尼和他的手下，我們的聯邦調查局朋友也參與其中，聯邦調查局在餐廳裡裝竊聽器，拍了這些人的照片，並嘗試從他們甲板上的談話中得到情報，巴茲和那位聯邦調查局探員都不會證實或否認這件事。

Acting Proceeds Apace

演藝事業進展神速

從我第一次見到雷菲爾已經五年了，自從我被升職為總領班，他對我的態度也軟化了一點，我也越來越喜歡他，可惜的是，一年前，他的愛滋病擴散得太快，讓他沒有辦法繼續在外場工作，最後也因病過世。對我而言，終於感覺我成功了，在河邊咖啡廳的工作期間，以當時而言，算是我當時餐飲業生涯的顛峰，這是我的身分，是我進入俱樂部和酒吧的入場券，這讓我能在特定圈子裡受到尊重。

此刻，這樣的日子就要結束了，每天晚上阻止客人坐窗邊桌位帶來的壓力已經不堪負荷，如果再有一位客人要我讓他坐窗邊，我可能會直接對著他的頭開槍，此外，還有廚房的大衛・柏克帶來的壓力，他非常喜怒無常又易怒，特別是在一陣飲酒作樂之後，他曾經用力地朝著一名女性甜點師丟盤子，如果盤子真的打到她，我很確定她會腦震盪，他會不斷質疑座位安排，也很討厭許多位領班。

巴茲一如往常地瘋狂，某天晚上，他一走進廳，馬上看到窗邊某一桌的上方，從天花板上垂下一條電工膠帶，顯然是當天下午一個小型拍照活動留下來的，他立刻爆怒，集合所有外場員工，指責我們毀了他的餐廳，他很驚訝居然沒有任何一名員工發現這件事，他找出當天的日班總領班，他應該為沒有撕掉那條膠帶負責，巴茲將他停職兩週，所有夜班領班和總領班都必須幫他代班。不幸的是，日班總領班不久後死於愛滋病。

最後，一九八七年的股市崩盤為一切劃下句點。十月十九日，這一天被稱為黑色星期一，股市暴跌，道瓊指數下跌五百點，我們也因此失去最好的客人，從每晚都可以銷售數千美元的葡萄酒，變成只能倒給客人招牌酒。訂位量急劇下降，過去在門邊收著源源不絕的小費也沒了，隨著葡萄酒銷售減少，小費也少得可憐，荷包滿滿的生活一夕之間結束了，我們完蛋了。

沒想到，賽翁失馬，焉知非福。因為生意很差，很容易換班，我在那裡工作的最後兩年全心投入演藝事業，讓工作上的枯燥乏味變得比較容易忍受。完成演員培訓課程後，我開始不斷試鏡，很驚訝的是，我竟然開始獲得戲劇、電影和廣告中的角色，全部都是很爛的非工會角色。我演的戲劇大多都很糟糕，表演地點都是在教堂、閣樓、小劇院，台下觀眾大多是朋友、家人和其他樂於忍受蠢戲的演員。那時很多小劇院願意讓小演員有機會磨練演技，最好的學習是遇到很糟糕的劇本和導演，我當然也遇過很糟糕的劇本和導演，我能夠獲得的角色都很尷尬，我曾在沙丁魚罐頭廣告裡扮演沙丁魚，全身穿著沙丁魚戲服，只有臉露出來；我也出演了科幻史詩電影《機器人浩劫》（*Robot Holocaust*），大多數人都認為這部電影是影史上最爛的電影之一。最後，我終於拿到演員工會和美國電視和廣播藝人聯合會的證件，並開始接到一些不錯的演藝工作，這也讓我建立自信心，最後我向河邊咖啡廳提出辭呈，是時候邁向下一個階段了。

PART IV
第四部分

勞烏小館

Raoul's

我休息了一陣子，短暫的國內旅遊後，我回到家鄉，失業又沒錢，宇宙的力量通常會在這種時候介入，我接到吉米的電話，吉米是蘇活區法式餐館勞烏小館的大牌酒保，他讓我知道他們餐廳在徵服務生，我對勞烏小館很熟悉，這間餐廳給服務生的待遇算是城裡數一數二的，那裡的員工賺很多錢，通常一週只要輪三班，就能賺到足以過得舒舒服服的收入，還能有閒追尋其他事物。

勞烏小館於一九七五年由法國兄弟賽吉和蓋伊．勞烏（Serge And Guy Raoul）創立，餐廳在蘇活區開幕時，製造業正陸續搬離城市，藝術家和藝廊開始進駐空出來的舊倉庫和工廠，當時可以算是小型的藝術圈文藝復興，寶拉．庫伯（Paula Cooper）、李歐．卡斯特里（Leo Castelli）、瑪麗．布恩（Mary Boone）及東尼．沙法茲（Tony Shafrazi）等藝廊經理人都開了店，所有潮流人士都到下城區來看秀，他們需要能夠吃喝的地方，王子街上最近開了一間性感的法式小餐館，這是少數幾個提供食物和飲料的地方，〈週六夜現場〉（Saturday Night Live）製作人詹姆士．西諾雷利（James Signorelli）從以前到現在都是常客，他會帶著節目工作人員光臨，把這裡變成他們的俱樂部會所，從此這間餐廳的生意才真正開始好轉。

勞烏小館位於一個令人嘆為觀止的老紐約空間，一走進餐廳，你會進入一個狹小的空間，左邊是一個古色古香的酒吧，右邊則是一整排桌子，餐廳中央有一座魚缸，魚缸後是一排小桌子，擺在用餐區的中間，兩邊是最受歡迎的卡座區，餐廳掛滿了繪畫和攝影作品，大多數是當地居民和藝術家捐贈的，早期很多人會用畫作換一頓飯。

魚缸後的區域擺著一幅現在很有名的裸女照片，這張照片是馬丁．史萊伯（Martin Schreiber）的創作，他以一本主打年輕瑪丹娜（Madonna）裸體寫真集聞名。這張照片很多人以為是畫作，照片裡的女性魅惑地垂著一頭紅髮，斜躺在綠色沙發上，其姿態好像做完愛在休息，她的右膝微微抬起，左邊乳房豐滿圓潤，左手臂彎曲遮住自己的臉。多年後有傳言指出，這位畫中人是約克公爵夫人費姬，但這是胡說八道，這位模特兒是一名來自字母城的波多黎各年輕女孩，原件在馬丁．史柯西斯（Martin Scorsese）《神鬼無間》（*The Departed*）的拍攝期間毀損，現在掛那邊的是原件數位輸出複製品，這張極具挑逗意味的照片就這樣長駐在這個黑暗、小巧、性感、過去還煙霧瀰漫的空間裡。

走進勞烏小館會讓你有一種漫步在巴黎街頭的感覺，幾年後，酒保吉米的朋友賴瑞．克拉克（Larry Clark），一名攝影師兼電影工作者，捐贈了一張照片展示在餐廳裡，這張照片來自他的書《塔爾薩》（*Tulsa*），照片裡的年輕夫妻裸體在汽車後座，女人躺在男人上面，他們擁抱、接吻，女人的左手握著男人的陰莖，難怪勞烏小館多年來都是約會的熱門場所。

這裡的氛圍能挑起客人的情欲，餐廳前方的小螺旋樓梯通往二樓的小休息室，裡面有一名塔羅牌老師、一張小長椅、一張小沙發和廁所，這裡在當時是吸個毒、喝完雞尾酒再去廁所打一炮的完美地點，客人經常抱怨廁所等太久，裡面還會傳出情侶做愛或口交吸吮的聲音。

有了吉米從旁幫助，再加上我精彩的履歷以及對餐廳和顧客的瞭解，我認為我很有機會在這裡得到一份工作，唯一的問題是總經理，她是出了名的難相處、心地壞、對員工刻薄，我聽說她在招聘員工方面，動作是出了名的慢，我要做好耐心等待的心理準備。

我需要這份工作，所有我認識、在那裡工作的人都說，這裡是服務生的終點站——一旦你在這裡工作過，就再也無法在其他餐廳工作，因為這裡不僅收入豐厚，又幾乎沒有人在監督，你可以喝酒、吸毒，某位情欲高漲的男性或女性被這個性感的環境撩得無法自拔，說不定還能可以在廁所裡幫你口交（取決於你的偏好），而且每週只需要工作三天，就可以得到這些好處。

我催促吉米盡快幫我安排與總經理女士的面試，大約過了一週，他終於打電話給我，讓我知道他已經和她談過了，她在等我的電話。雖然我擁有豐富的經驗，我還是很緊張，打電話之前，我不斷練習我要說的話，深吸了一口氣後打了電話，我完全不知道電話那頭會有什麼反應，有人接了電話請我等一下，我至少等了十分鐘，總經理女士如果不是很忙，就是她在玩權力遊戲，她終於接起電話，態度還算親切，她一定是聽出我聲音裡的恐懼，所以決定態度放軟，馬上從這個初次交鋒中感受到勝利，通話很簡短，我們約了面試日期。

The Meet 面試

面試當天我做好了最壞的打算，我的策略是效法拳王阿里——迅速閃避並適時反擊幾拳，靠在邊繩上伺機休息且準備接招，我感覺自己早已身經百戰，特別是經過雷菲德的訓練以後，我認為自己能化解她最有利的攻擊，有條理地給出答案，離開時身上只帶點輕傷。我一走進餐廳，酒保讓我坐在酒吧中間等她，我就這樣坐下，酒保在離我一呎外準備，服務生也在幾呎以外做著同樣的事，所有人都在閒聊，對我完全視而不見，我完全沒有事情可以做，除了盡量不要表現得太不舒適，也不要和任何人直接對到眼，我帶著《紐約客》雜誌，本來打算在等待時閱讀，結果一點用也沒有，所有員工都在旁邊忙碌，我坐在那裡看雜誌會顯得很可笑，閒聊更不可能，我一直很討厭面試者在我餐前準備時和我閒聊，通常是要打聽這個餐廳的消息，更無禮的人會試圖打探服務生的收入，我沒打算這麼做，我只是坐在那裡感受這個空間，只要她願意給我機會，我一定可以大顯身手。

我坐在那裡等待時，想起我在勞烏小館用餐的那些夜晚，我第一次在這裡用餐時，餐廳是由總領班羅伯主管，他當時已經是城裡赫赫有名的人物，他經常表演變裝，大約在午夜時分，餐廳燈光會變得昏暗，音樂會轉到達斯蒂．史普林菲德（Dusty Springfield）的歌曲，所有目光都會轉向螺旋梯，羅伯會穿著全套變裝裝扮，黑框眼鏡是唯一不像達斯蒂的配件，他會在餐廳裡對嘴唱歌，最後才爬上吧台結束表演，他因為在附近人行道對著狗屎噴金漆而聞名，她也是最早一批感染愛滋病而過世的人。

接替他的是「皇太后」菲利普．桑德斯（Philip Saunders），非常典型的餐廳總領班，也是接待客人最親切、最優雅的人之一。某個星期六晚上，我女朋友和我沒預約就去用餐，當時餐廳滿座，酒吧也人滿為患，菲利普在門邊歡迎我們，一如往常地說著「親愛的，我全世界最愛的情侶」，我們肯定是他當晚至少第五對最愛的情侶，但這並不重要，你會感覺自己是餐廳裡唯一的客人，「來用餐嗎？親愛的。」他掃視一下用餐區後，告訴我們他只能給我們角落馬蹄形八人大桌的座位，這裡其實可以當作私密和浪漫的情侶座位，你們被塞在一個幾乎算是隱藏起來的角落。

「現在有一群流氓在那裡，他們已經結完帳了，應該很快就會離開。」這張桌子是餐廳裡最好的桌位之一，《黑色追緝令》（Pulp Fiction）在紐約影展完成放映當晚，導演昆汀．塔倫提諾（Quentin Tarantino）、約翰．屈伏塔（John Travolta）及其妻子凱莉．普雷斯頓（Kelly Preston）、哈維．凱托（Harvey Keitel）、鄔瑪．舒曼（Uma Thurman）和電影製片勞倫斯．班德（Lawrence Bender，他也曾在這裡擔任過服務生）就坐在這裡，這裡也是珍妮佛．羅培茲（Jennifer Lopez）和馬克．安東尼（Marc Anthony）在雙胞胎出生後首次約會的桌位，當時外面的街道還因為等待他們的狗仔不得不封起來。U2 樂團也會坐在這裡，流行尖端合唱團（Depeche Mode）如今還是會坐在這裡。我當時當然欣然同意，那桌的人起身準備離開，他們經過我們時，我認出那群流氓就是瑪丹娜和隨行人員，其中也包含當時可能在和她交往的桑德拉．伯恩哈德（Sandra Bernhard），我一直在想，她知不知道牆上那張裸照和她的裸體寫真集出自同一名攝影師。

他們離開後我們入座了，才剛點飲料，瑪丹娜和伯恩哈德就匆匆忙忙地回來，他們先道了歉，接著開始瘋狂找尋某項遺留在桌上的東西，我們起身讓他們尋找，一分多鐘後，沒有找到任何東西，他們道了歉後就離開。在等飲料時，我伸手去摟女伴的臀部，手意外伸進座位的縫隙中，我感覺有東西在那裡，伸手一摸，挖出一個化妝粉盒，他們顯然在找這個，我把粉盒放在桌上打開來，哇！裡面塞滿了古柯鹼，那天晚上我們讓所有員工都嗨起來。

當我還沉醉在我過往回憶之中，總經理女士終於來了，臉上掛著一個笑容，但我很快就會發現這個笑容非常虛偽，她不是沒有魅力，身材苗條，一頭時尚的短髮，不過她的手有點奇怪，上面布滿皺紋，感覺應該屬於年紀更長一點的女性。面試直接在酒吧中央進行，所有在場的員工想聽都聽得到，你也知道他們的一定會想聽，她也希望他們聽到。

她首先問了一些基本問題，想知道河邊咖啡廳的經歷、巴茲、主廚等，我當然告訴她一個修飾過的版本，她接著直接看著我的眼睛問道：「你不是已經過勞了嗎？你真的認為你還能繼續做這一行嗎？你到底為什麼想要做這一行呢？」她用高人一等的語氣說道，一呎外的酒保肯定聽得清清楚楚，差點就噴出剛喝下的水，我坐在那裡，回想我的目標——閃避、接招、呼吸、靠在邊繩上休息，「不，我還是熱愛這一行、客人以及整個氛圍，我休息了一段時間，我已經準備好回來工作了。」她聽完後，給了我和開頭一樣的笑容，謝謝我撥空前來。

幹，太糟了，每次都是這樣，最糟的人類，權力薰心，那些最沒個性、沒良心、沒人性的人，就是餐廳的總經理，他們的受虐傾向讓他們留在業界，工作時間糟糕、老闆更糟糕，不斷被推出去處理突發事件。一個月過去了，我都沒聽到任何回音，也沒有後續的消息，吉米或菲利普都沒辦法透露任何細節給我，只能說這就是她的工作方式，最後，六個禮拜以後，她終於打電話給我，問我是否還對這個工作有興趣，我當然說有興趣，並大力感謝她，我們約了一個時間開始見習。

Another Beginning

另一個開始

勞烏小館所有新進服務生都會被流放到西伯利亞，也就是後方用餐區，開幕後幾年，餐廳經過一點翻新，過去廚房後方唯一一間廁所被拆除，改成在樓上裝設多間廁所，可以從現在惡名昭彰的螺旋梯走上去。餐廳的後院是封起來的，餐廳後方的牆上畫著壁畫，掛著幾幅繪畫和攝影作品，這裡也開放給客人坐，問題是沒人想坐在這裡，大家都想坐前方用餐區，那裡才是最熱鬧的地方。

每間餐廳都有一定比例的爛座位，這間餐廳有著擺滿爛座位的爛用餐區，進入的唯一方式是經過酒吧和前用餐區——裡面擠滿光鮮亮麗、富有和有名的人——接著再被引導穿過像是唐人街貧民窟的廚房，部分天花板快要坍塌，不銹鋼設備十分老舊，宛如從第一次世界大戰後就失去光彩的樣子，地板滿是汙垢，洗碗區堆滿食物殘渣和骯髒的鍋碗瓢盆，客人如果走過去想幫忙，一伸手就碰得到，如果廚師從繁重的工作抬頭看（過去他們嘴裡還會叼著菸），你會看到一點笑容或骯髒的臉龐，取決於他們正在準備什麼餐點。主廚和廚師很討厭他們以外的人待在廚房，就連服務生也一樣不受歡迎，而且他們會經常讓客人察覺到這一點。

進入光線和設計都很糟糕的後方用餐區之前，你會先經過地下室入口，廚師和服務生會常常跑上跑下補貨，嘎嘎作響的金屬門開開關關，以防有人滾下非常窄又滑的樓梯，大多在勞烏小館工作過的人，不是曾經滾下那該死的樓梯，就是曾經被上方低垂的水管撞到頭。這個用餐區是為觀光客和超額客人準備的——那些不是忘記訂位，就是在尖峰時期走進來希望有座位的客人。

與客人相比，這個用餐區對服務生來說更糟，客人至少還可以在這裡用餐，負責後方用餐區的服務生和其他人一樣都是四點到餐廳，廚房六點開火，這裡的第一桌客人通常是七點半入座，這表示你要在這裡等三至四個小時才會有客人來，任何曾做過服務生的人都知道，被分配到很爛的工作區有多痛苦，眼看著同事在熱門區域大賺一波，你卻只能在這裡數著零錢。

在勞烏小館，我們被流放到西伯利亞的人，一定得穿過前方用餐區，才能到酒吧拿飲料，我們經過的座位，桌上擺滿牛排和肋排、昂貴的波爾多和勃艮第紅酒，或者來自瑞脊、蒙岱維、海氏等加州大牌酒莊的酒，一瓶的價格都至少三位數。前方用餐區滿滿都是錢的氣味，但這些錢也進不到我們的口袋，不同用餐區的服務生各自平分小費，如果前方用餐區可以賺到三百美元，我們大概只能賺到一百美元；如果前方用餐區可以賺到五百美元，我們大概只能賺到一百五十美元，我下定決心堅持下去，我知道我足夠優秀，也知道總有人會找到一份讓他能離開餐飲業的工作，或搬家不得不離開，或者受夠我們必須忍受的一切，最後選擇離開——以上都是服務生最終離開的原因。

我被流放到西伯利亞將近一年，偶爾有人要去度假、生病或需要休息一個晚上，我就會撿到一兩個前方用餐區的班次，前方用餐區的服務生很少願意在休息日來上班，我很快就知道原因了，因為那裡是賺錢的派對，酒水暢飲無節制，服務生為了控制他們的服務區域，有時還會大聲喝止粗魯或喝醉的客人，也不會受到懲罰，總經理女士的工作是整個產業裡最輕鬆的，她早上來上班，晚上六點就離開，管理全場的是分我們小費的總領班，他們不會威逼我們。

前方用餐區固定的服務生有藝術家、幾名演員，以及一名待在那邊好幾年的女性，他們所有人都是為了要賺快錢，盡可能趕快離開這個產業，我知道有人不久後就會離開，藝術家同時也成癮海洛因，他的日子所剩無幾，他會喝幾杯雞尾酒、吸幾下毒，一有機會就躲在工作站後面塗鴉明信片，只做剛好足以應付當晚工作的事。其中一名演員是麥可．麥斯（Michael Massee），他在餐廳工作了幾年後，發展出成功的演藝生涯，可惜的是，他就是那位在《龍族戰神》（*The Crow*）裡開槍導致李國豪（Brandon Lee）身亡的演員。這裡有成功的故事，也終將會有人事變動，我只需要表現得比和我一起在勞改營裡的服務生好一點，保持積極態度，樂於幫助前方用餐區的服務生，藉此獲得他們的好感，成為下一個被選中的人。

我其中一名後方用餐區的同事被暱稱為「女孩」，事實上，餐廳裡所有的男同志都以「她」互相指稱，女孩以勞烏小館的工作模式訓練我，其實就是非常簡單：點餐、上菜、遞帳單。我們馬上就熟識起來，我們年齡相仿，都曾在高級餐廳工作過，現在都在這個被譽為「服務生終點站」的餐廳最底層工作，女孩身材高挑、極度帥氣，和我一樣都是義大利裔美國人。等待第一批客人抵達之前，我們有很多時間可以聊天，我們很快發現，我們過去同時都在佛羅里達大學就讀，大一時還住在同一棟宿舍，只相隔一層樓。

女孩可能是我遇過脾氣最暴躁的服務生，如果他不喜歡你，不論你是客人還是員工，他都會表現得刻意粗魯，有時甚至就只是故意無禮，他顯然很輕視其他服務生，多年後，我們倆都已經在餐廳裡站穩腳步，每當有新進員工，女孩在他們至少工作滿一年前，都會拒絕承認他們的存在，總經理女士非常愛他，儘管他有許多不良行為，但他幾乎像是得到終身職一樣。他通常在第一輪客人陸續入座時還能順利度過，一旦開始接到兩人桌、三人桌的點單，情況就會變得混亂不堪，他只有在尖峰時期過後，出去抽根大麻菸才能冷靜下來，我在勞烏小館的工作期間，他一直是我的好搭檔。

哈維·凱托在《黑色追緝令》首映後跟著劇組來到餐廳，當我幫他們點餐時，他從桌子另一邊對我吼道：「什麼是帶骨小牛排？」他的發音聽起來像是呆骨小留排。

「就是小牛排。」

「留的部分是？」

「那是小牛。」

「哪裡有骨頭？」

「就是小牛肉帶著骨頭，是牛排。」

「所以呆骨小留排就是小牛排。」

「是的，哈維。」

「好的，我再看一下。」

我其實不是他那桌的服務生，但你怎麼能不愛哈維・凱托，我說沒問題，並開始幫鄔瑪・舒曼點餐。

我最後回去問哈維：「準備點餐了嗎？」

「我想要一塊不錯的小牛排，帶骨的那種。」

「這就是不錯的小牛排。」

「主廚煮的。」

「是的，哈維，」我撒了謊：「是主廚煮的。」

「有帶骨？」

此刻我快要抓狂了。「是的，有帶骨，這是小牛排。」

「好的，那我要牛排。」

The Raoul's Brothers

勞烏兄弟檔

賽吉．勞烏負責外場，他的兄弟蓋伊是主廚，賽吉身材高大，頭髮灰白、髮際線後移，留著山羊鬍，他並不是沒有魅力，但話不多，特別是面對員工時，帶著法國口音的語句總是簡潔有力，雖然他的英語很流利，但你總會感覺，如果你不會說法語，他對你的評價可能就會比較低。

他總是試圖讓總經理女士雇用法裔服務生，當她真的雇用到了，這些人都是典型的紐約市法裔服務生，不論這些人來自哪裡，他們大多都鄙視巴黎人，對客人的用餐體驗漠不關心，保持一種半冷漠的專業態度來保衛小費，他們的服務敷衍了事，一旦受到挑戰，就會表現出一種高傲的法式優越感，必要時他們也可以表現出虛情假意，大多數的法裔服務生都會表現得像楊波．貝蒙（Jean-Paul Belmondo），他們不忙時會微笑、非常有禮貌，與你交談也都會認真看著你的眼睛，但一旦他們轉身離開餐桌，微笑就會消失，進入自己的世界，他們從未與客人建立真正的感情。這些年來，客人對法裔服務生的要求最少，甚至可以說幾乎沒有要求，他們進入這個產業是為了錢，雖然他們賺不了太多小費。

勞烏小館剛開幕時，賽吉會負責接待客人，我從未見他站在這個位置，也沒有辦法想像，他說話都很簡短，似乎對管理餐廳沒什麼興趣，很少出現在那裡，不太認識常客，也沒有興趣認識他們。在我工作的十七年裡，我不認為我曾和他對話超過五分鐘。他來餐廳時很少打招呼，反而會掃視一下他在意的東西，看看是否井然有序——牆上的畫和照片是否端正，音樂和燈光是否有達到水準，柳橙汁是否為現榨，除了這些事以外，他毫不在乎。

接著，他會走到他的專屬卡座，期待你告訴他今日特餐，幫他點餐、上菜，就這樣。當他用完餐，就會起身離開——從來不會說再見。如果你接到他打來的電話，你會聽到一聲低吼「賽吉」，好像他打電話來找他自己，他會先找總經理女士，如果她不在，他就會找總領班，他只會和這些人講話。他的兄弟蓋伊比較友善一點點，但也對員工沒什麼興趣，他不太常在餐廳裡，在紐約雀兒喜開了自己的餐廳桃花心木後，他大部分時間都在那裡。

若不算蓋伊全心投入的桃花心木，勞烏兄弟除了勞烏小館外沒有其他太多成就，他們兄弟倆不是餐飲大亨，只是在對的時機剛好找到一個很棒的空間，勞烏小館不可能會失敗。如果你讀過莫伊拉·霍奇森（Moira Hodgson）一九八〇年於《紐約時報》刊登的一星評論，你一定會很震驚為什麼餐廳沒有在那一年停業，更別說還苟延殘喘了四十五年，評論裡的某部分會讓你感覺很受不了：白醬海鮮總匯是「沒有口感的鱸魚、鰈魚和扇貝的混合物……嘗起來好像已經在冰箱放了好幾天」；西班牙凍湯「非常稀……也缺少經常搭配的新鮮蔬菜末」；法式生菜沙拉的蘑菇「幾乎快要發酵……鵪鶉非常乾癟，腿部如火柴棒般斷裂，口感乾柴……搭配培根的肝臟過熟，如同冷凍肝臟的糊狀口感……銀花鱸魚佐洛克福藍紋起司，讓顧客露出如同聽見銀行突然倒閉時的表情，起司完全蓋掉了魚的味道，魚肉過熟，口感與起司無異。」

勞烏小館也曾在奈亞克和峇里島開過分店，但都失敗了，這對兄弟也曾試著在紐約中央公園艾美酒店裡開店——以父親之名將其命名為賽彼小館，完全按照蘇活區勞烏小館的樣子設計，勉強經營了好幾年，最後還是倒閉了。他們在丹波區開了一間短命的餐廳，占地廣大，但也不到一年就倒閉了，那時剛好時機不對，丹波區尚未迎來現在的復興，他們後來也試著在新墨西哥州特魯斯—康西昆西斯開一間水療酒店，距離最近的機場車程兩小時，那個區域基本上就是沙漠，除了幾處溫泉外，沒什麼吸引人的景點。他們還嘗試在土耳其開一間勞烏小館，但因為派去協助開店的經理在飯店房間過世而被迫中斷。

他們最大的失敗發生在一九八五年，賽吉想到了一個好主意，要開設另外一間高檔餐廳，聯手勞烏小館的前主廚湯瑪斯．凱勒（Thomas Keller），他們一起在翠貝卡開了拉寇爾，凱勒在那裡工作了四年後離開，並在納帕谷開了名為法國洗衣房（French Laundry）的餐廳，這間餐廳兩度被評為世界最棒的餐廳，也讓凱勒變成超級巨星。他於一九九六年接受《紐約時報》瑪麗安．布羅斯（Marian Burros）的訪問，提到拉寇爾時這麼說：「我學習到，不論你廚藝多麼精湛，關鍵都還是在組織和管理，管理不夠完善，餐廳資金不足，我們沒有將好評充分兌現，財務上完全沒有起色，賽吉又想將拉寇爾定位成像勞烏小館一樣的餐酒館，我不想妥協我的餐點，也意識到必須做出改變。」

餐廳失敗有兩大原因——管理不善和資金不足，勞烏兄弟靠著蘇活區勞烏小館一炮而紅，餐廳氛圍極其性感，還擁有出色的總領班和服務生，是人們能在紐約市獲得的最佳用餐體驗之一，就算牛排過熟、魚肉過腥、蝸牛過冷都不重要，人們都渴望來到這裡，身處這個空間，見見世面並被人看見，有時（特別是在過去）來這裡做愛和吸毒，感覺體驗過真正的紐約後離開。

六人桌，典型的布魯克林人，穿著花俏的義大利裔年輕男女，他們看起來就像我的家人，我走過去幫他們點餐，問第一位女士想吃什麼。

她咯咯笑著，看向她男朋友，指著菜單上的一道菜。「文尼，這是我想吃的嗎？」

他回答道：「對，她要吃這個，這是牛排，對嗎？」

「是的，先生。」（她當然點了牛排，這是她唯一認識的字。）「這是胡椒牛排。」

「好，那你們有雞排嗎？我要雞排。」

「我們有雞排。」

經過同樣的過程後，下一位女士點了牛排，我走到第三位女士身旁問她想吃什麼，她用非常厚重的布魯克林口音開口說話。

她的男朋友打斷她，說道：「哦，哦，哦！等等！等你長雞雞了再來點菜！她要牛排五分熟，趁我沒打斷她下巴以前。」

她看著我說道：「這就是我為什麼愛他。」

Service 服務

我曾經在宛如餐飲業聖殿的餐廳工作過，在那裡，我必須瞭解每一道餐點裡的食材，全部都是最上等的食材，精美擺盤彷彿要去現代藝術博物館裡展示，現在我只需要端上一些沒那麼珍貴、不需要特別吹捧的餐點，讓我感到如釋重負，我只需要稍微親切一點，把食物和酒水端上桌，遞上帳單，最後把錢放進口袋即可，我想要投入更多時間在我的演藝事業，如果每週都能在前方用餐區工作，我就能夠獲得溫飽，還有很多時間可以發展演藝事業，餐點真的都很糟嗎？其實不然，有幾道菜其實非常出色，這些菜至今仍保留在菜單上，例如：朝鮮薊佐油醋醬，當然還有公認全紐約市甚至是全國最棒的胡椒牛排。

菜單會以法語手寫在小黑板上，在客人入座前擺到桌上，服務員走到桌邊幫客人點飲料，送上飲料後再回來點餐，但大多數客人都讀不懂也不會說法語，不知道大部分的餐點為何，服務生需要翻譯每一道菜名以及其使用的食材，回答所有問題，接著點餐，面對前幾桌客人，你還可以這樣逐一介紹餐點，但當你的服務區域滿座後，就完全不可能再這麼做了。勞烏小館一直被認為餐點價格昂貴，但這不是服務生荷包賺飽飽的原因，這裡永遠都人手不足，前方用餐區只有兩名服務生、一名助理服務生（同時負責收拾桌子）以及一名酒保。每個服務區域都有九張桌位，除了路邊的小餐館、快餐店之類的地方，在比較正式一點的餐廳裡，服務生通常只會負責四到五張桌位。在勞烏小館工作的大多數晚上，你都會忙得不可開交，一桌客人走了，另一桌馬上就會坐下來。

大多數預訂得到桌位的都是常客、名人和不需要翻譯就知道自己要什麼的本地人——朝鮮薊佐油醋醬、胡椒牛排、甜點泡芙，就這樣，結帳後離開，其他客人不是被用餐空間和法語菜單嚇到，就是羞於承認自己不知道菜單上大部分的品項是什麼，最後就會選擇名稱最接近英語的餐點，這也是為什麼朝鮮薊和胡椒牛排如此有名的原因。朝鮮薊（Artichoke）在法語中寫作 Artichaut，這個語言轉換很容易，而胡椒牛排（Steak Au Poivre）——每個人都知道什麼是牛排（Steak），不想點這道菜就會問我們推薦什麼，當時，胡椒牛排的名聲已經響亮到客人進來都會自動點這道菜，朝鮮薊、牛排、甜點泡芙、結帳，這是我們服務的口訣，配上一大瓶波爾多紅酒，錢就這樣入袋，我們告訴客人點什麼，他們就點什麼，小費也源源不絕。

晚餐時段的工作節奏讓女孩難以負荷，服務區域每晚都會被客人擠爆，客人越多，他的怒氣就越高，我們經常等待他爆發那一刻。客人入座後，你開始聽到菜單黑板被重重地摔在桌上，你就知道他要爆發了，他會一語不發地走過去，把菜單摔在桌上後離開。某天晚上，我看見他又這麼做，當他走開時，一名客人大喊：「嘿！服務生，我們要點飲料！」女孩轉過身死盯著客人，宛如經典角色骯髒哈利，說了一聲「不要」，瞬間一片靜默，他走向酒吧去拿別桌的卡布奇諾。

勞烏小館的獨特之處在於，酒保會幫外場員工沖咖啡，吉米是那天晚上當班的酒保，老天保佑，他真的是個傳奇，但調製飲料或咖啡的技術非常糟糕。吉米的酒吧總是擠滿常客，他工作時總會被所有人圍住。他的傳奇始於曾擔任滾石合唱團的巡演經理，經常幫他們取得毒品，人脈遍布全球。他開始在城裡交易毒品，也很就染上海洛因毒癮，最終也戒掉了。他已經戒毒幾十年，現在是一位著名的畫家，他家門上還有一個因為毒品交易出錯而留下的彈孔，他幾乎認識城裡所有人，有無數故事可以講，據說他曾和路．瑞德（Lou Reed）坐在浴缸裡，把毒郵票放在眼睛上而產生幻覺。他一邊說著故事，一邊調著飲料，徒手抓起冰塊，隨著故事發展，冰塊也慢慢融化，最終將手裡融化的冰放進杯子裡，然後將飲料端給客人，我認為客人肯定從來沒從他手中接過一杯適當冰鎮的雞尾酒，但這都沒關係，因為大家都喜歡他。

除了女孩以外，至少在工作時是這樣。當服務區域擠滿客人，你就是需要那杯飲料，情況就會變得相當糟糕。那天晚上，女孩看見吉米正在說故事，知道自己拿不到那杯卡布奇諾，於是他重重捶了吧台一拳，跑去拿了四個咖啡杯和碟子，把空杯和碟子重摔在等待卡布奇諾的客人桌上後說道：「拿去，你們自己去找吉米要那該死的咖啡！」女孩接著轉向正在等著點飲料的別桌客人，客人站起來再次對他大吼：「我們要點飲料！」女孩走過去，拿起菜單摔在桌上：「不行，給我滾出去！」

女孩走開後，我趕緊衝到桌邊說，我們今晚無法服務他們了，他們最後也離開了。

Celebrity

名人

艾爾．帕西諾、勞勃．狄尼洛、米克．傑格、大衛．鮑伊（David Bowie）、羅伯．普蘭特（Robert Plant）、茱莉安娜．瑪格里斯以及其他超級名模都曾造訪過勞烏小館，茱莉亞．羅勃茲（Julia Roberts）在這裡遇見班傑明．布萊特（Benjamin Bratt），由任職已久的總領班艾迪．哈德遜（Eddie Hudson）介紹他們認識，住在對面的布魯克．雪德絲會和當時紅極一時的百老匯明星凱文．安德森（Kevin Anderson）共進浪漫晚餐，躲在後方用餐區，慶幸自己沒有被其他人看到，對那裡糟糕的陳設毫不在意。葛妮絲．派特洛（Gwyneth Paltrow）有一陣子也住在對街，那時她還不出名，可以安靜地獨自坐在吧台，只會被我開玩笑地搭訕。某天晚上，她帶著年輕的李奧納多．狄卡皮歐和魏斯．安德森（Wes Anderson）來吃晚餐，狄卡皮歐當時還未成年，因為我們彼此認識，所以派特洛偷偷問我能否給他一杯啤酒，我答應了，他喝了幾杯後，行為開始脫序，嚴重到我威脅要趕他出去。多年後，我在布穀見到他並提起這件事，他完全沒有印象，他說他一點也不驚訝，還說我應該把他趕出去。

李察・吉爾和辛蒂・克勞馥（Cindy Crawford）交往時，兩位都是我們很棒的常客。凱特・摩絲（Kate Moss）曾和強尼・戴普（Johnny Depp）一起來訪，他們會坐在卡座區裡，上樓去廁所，回到樓下時已經茫到不省人事，必須把晚餐打包帶走。鄔瑪・舒曼曾帶著丈夫伊森・霍克（Ethan Hawke）一同前來，後來也和飯店大亨安德烈・巴拉茲（André Balazs）一起來，他們在大庭廣眾下的親熱行為直逼限制級。麥特・狄倫（Matt Dillon）時常來訪，也常常與餐廳員工一起喝酒。娜歐蜜・坎貝兒（Naomi Campbell）也來過，態度十分糟糕，幾乎每次都會抱怨她的餐點。親切的茱兒・芭莉摩（Drew Barrymore）會和卡麥蓉・狄亞（Cameron Diaz）一起出現，狄亞當時在和賈斯汀・提姆布萊克（Justin Timberlake）交往，他們三個人都非常友善。

安娜・溫圖（Anna Wintour）的態度極度惡劣，她就住在附近，經常沒訂位就大搖大擺走進來要桌位，她總是點一份牛排，堅持要非常生，而且要立刻上桌，如果你膽敢讓她的牛排稍微煮過頭，她就會死瞪著服務生，彷彿剛上桌的是老鼠一般，將餐點退回廚房要求重做一份，你會認為她相較於眼前的生肉比較沒那麼血腥，她會在還沒吃完眼前這塊肉之前就要求結帳，一旦吃完後就直接離開。

凱特和安迪・絲蓓（Kate And Andy Spade）也是常客，邁可・寇斯（Michael Kors）、馬克・賈伯（Marc Jacobs）、馬修・柏德利（Matthew Broderick）以及一直都很親切的莎拉・潔西

卡·帕克（Sarah Jessica Parker）也經常光顧——莎拉·潔西卡還特別牽線，讓《欲望城市》來這裡拍一場戲。

在這段時間裡，羅伯叔叔突然又出現了，他打電話告訴我，他現在工作得很痛苦，需要找其他工作。身為一個忠誠的朋友，我幫他安排和總經理女士面試，他們一拍即合，總經理雇用了他，但他依然是個喝得爛醉的酒鬼。他只受訓一晚，就在他受訓的這晚，布萊德·彼特走進餐廳，他看見羅伯叔叔，馬上走過去給他一個大大的擁抱，看起來就像老朋友一樣，羅伯叔叔過去在加州時，曾在洛杉磯熱門餐廳橄欖擔任總領班，彼特認出了他。這件事不僅讓叔叔通過試用期，還直接被安排擔任總領班，因為皇太后要離職去開自己的餐廳。

我不想再擔任門口接待，我還沒在走出河邊咖啡廳工作的陰影。能力差的人只有在餐飲業裡有機會爬上高位，羅伯叔叔的能力不算差，但他正處於酒精和毒品依賴的最後階段，狀況不太樂觀。皇太后離開後，羅伯叔叔一週工作六個班次，每個班次的工作時間通常是十至十二個小時，他只能依賴大量酒精和毒品撐過去，他撐了大約六個月。

他的最後一晚，餐廳裡忙到昏天暗地，貴賓一位接著一位走進來，很多人都沒有訂位，但所有人都想要桌位，隨著夜晚開展，壓力持續累積，羅伯叔叔也越喝越多。終於，在大約十點時，他崩潰了，他已經喝掉至少一瓶龍舌蘭，他看著人群，又灌下一杯龍舌蘭，看著我咆哮道：「夠了！我他媽受夠了！」他大聲叫吉米給他一枚二十五美分硬幣，那喊叫聲之大，吉米真的放掉手上那一把融化的冰塊，走到收銀台，給他一枚二十五美分硬幣。

叔叔重摔酒杯後朝著螺旋樓梯走去，他已經爛醉如泥，我跟著他上樓，擔心他爬不上去，他好不容易到了樓上，搖搖晃晃地走向公共電話，投下硬幣、撥號，我還以為他要打給他的毒品供應商，但他對著話筒大喊：「你這可悲的婊子！我恨你，我恨這份該死的工作，我要辭職了！」他其實是打電話給樓下的辦公室，留言給總經理女士。

一位高挑迷人的金髮美女走進餐廳，想要外帶一份羊排，我們很少接外帶點單，因為我們通常都忙到不行，廚師也不想要額外的外帶點單，我認出她是之前來用餐過的顧客，也記得她非常喜歡我們的羊排，她全身散發著性感，我也被她吸引。

「你又來了。」

「我非常喜歡你們的羊排，我的女生朋友生病躺在家，我告訴她這道菜有多美味，我想要外帶回去給她吃。」她的口音肯定是來自某個充滿金髮美女的國家。

「很抱歉，我們不提供外帶服務。」

「拜託，你一定要幫我！我會好好感謝你的！」

接著她傾身靠近我，給我一個大大的微笑，親吻一下我的臉頰，這位女性真他媽太迷人了，我怎麼能拒絕呢？

「我問問看主廚。」

聽到這句話，她帶著口音尖叫了一聲，我馬上就勃起了。廚師還欠我一分人情，我説服他做了這份羊排，我倒了一杯酒讓她邊喝邊等，她付了錢後給我一百美元的小費。隔一週，她帶著她的女性朋友回訪，身材和她一樣高挑，一頭棕髮，和她一樣迷人，我讓她們坐在我服務區域裡的卡座，她們倆都很愛打情罵俏，當我幫她們送上酒水時，她們要我陪她們喝一杯，我欣然同意了。她們很快就變成常客，每次我都會坐下來陪她們聊聊、喝一杯，聊天的話題總會轉向性愛，她們問起我的性生活、約會對象、性偏好，金髮美女總會主導對話，邊說話邊握著我的手，她的女性朋友毫不在意，也積極地參與對話。某天晚上，她們又來用餐，一切又按照慣例進行，我在服務其他桌客人時若得空，就坐下來陪她們喝一杯。

她們剛用完主菜，我走過去關心她們，金髮美女問道：「你的雞雞有多大？」

我楞了一下，羞紅了臉不知道怎麼回答。

金髮美女將我拉近她，在我耳邊低語：「快點，幫我們都弄杯馬丁尼，然後回來讓我們看看你的雞雞。」

我以前也面對過這樣的要求，但這次不太一樣，她們都喝了一些酒，我以為她在開玩笑，我端來三杯馬丁尼，啜飲了一小口後就必須跑去幫客人點餐，我回到桌邊時，我們聊了幾句，她又問道：「所以呢？」

「你是認真的嗎？」

她大笑著說道：「沒錯，我們想看你的雞雞。」

我看著她們倆，她們絕對是認真的，那時已經過了十點，當時的餐廳經理是保羅．卡拉馬里（Paolo Calamari），我很愛他，我們關係也很好，總經理女士當時已經是準離職狀態，要去開自己的餐廳，雖然她還在遠端管理這裡。保羅和幾個朋友在幾桌之外吃飯，我認識那幾位朋友，他們都是男同志，也都在餐飲業工作，我走過去告訴他們即將發生的事，這幾位皇后幾乎是尖叫著說道：「寶貝，快去給她們看，再回來讓我們看看！」

我走向女孩，請他幫我注意一下我的服務區域，又回到兩位女士的桌邊，彎腰靠近她們，掀開圍裙露出雞雞，我還沒來得及說話，金髮模特兒站了起來，把我推倒在她旁邊的座位上，遞給我馬丁尼，拿一片奶油在手裡，開始幫我打手槍。棕髮女性友人彎腰靠近我，手肘抵在桌上，雙手托著臉，迷人的綠色眼睛盯著我，用一臉性感的神情說道：「感覺好嗎？她讓你射了嗎？」幾桌外的朋友邊看邊笑，棕髮女性友人的眼睛穿透了我，金髮模特兒繼續上下動作，我馬上就射了。

Drag 變裝

大約在總經理女士準離職，準備去開自己的餐廳前六個月，我們聚在一起吃員工餐，她當時心情不錯，親切地和員工談笑風生，隨口提到自己可能有天會離開餐廳。大家的反應都是驚訝地說：「不會吧！」她已經在這裡工作這麼多年，擁有整個城市最輕鬆的總經理職位，我們都以為她賺了很多錢，怎麼會有人要離開這麼好的職位？她發出那個虛偽、瘋狂的大笑，說道：「如果我走了，你們怎麼辦？」

我第一個發聲：「如果你離開了，我們都會變裝。」

六個月後，她真的離開了，好啦，算是離開了，她依然從遠端管理餐廳、監督帳目、管理班表以及領薪水，我們於是決定舉辦一個變裝夜，這也變成我們往後幾年許多表演的開端。女孩負責策劃並監督我們的服裝和妝髮，建立音樂播放清單，一切都準備就緒。那天晚上非常喧鬧，如同餐廳經歷過的許多狂野夜晚，最後一定會有人在吧台上脫衣服，在無數個夜晚裡，吧台上都會掛著一排內褲和胸罩，這天晚上很多人都變裝了——男性打扮成女性，女性裝扮成男性，任何人都能共襄盛舉。我們的貨運司機稍晚走進餐廳，喝個爛醉，不久後就和一位男助理服務生在吧台上跳舞，那位助理服務生穿起裙子簡直性感得要死。後來我們便不定期舉辦這些活動，並提前告知客人，這樣他們也可以一起變裝。大家在吧台上跳舞、脫衣，衣服被扔得到處都是，去廁所做愛和吸毒成了固定行程，有幾位「直男」在樓上的廁所裡第一次被男人口交，顯然因為幫他們口交的人穿著女裝，一切都合情合理。

Harvard 哈佛

為了推動我的演藝事業，我極力爭取在勞烏小館工作，我曾在幾個地方劇院工作過，也在城裡幾個糟糕的劇目中獲得角色，那些演出糟糕到只有參與其中的朋友才會去看，勉強坐著看完整齣戲，從此因為這件事恨你。我還設法得到英國國家劇院的暑期獎學金，那次經歷改變了我的人生。在那裡，我在那裡參與了一齣在倫敦排練的戲劇，準備在愛丁堡國際藝術節上演，經歷過那個不可思議的夏天，回國後我決心在國內找到類似的培訓課程。耶魯定目劇院和美國定目劇團創辦人羅伯特．布魯斯坦（Robert Brustein），當時在哈佛大學主持美國定目劇團的計劃，這是一個國際性的計劃，完全符合我的需求，我申請、錄取也完成了這個計劃，最終獲得哈佛大學和莫斯科藝術劇院共同頒發的藝術碩士學位。

剛畢業回到城裡，我找了一個經紀人，再次回到勞烏小館工作，我才回來一個月，總領班艾迪．哈德遜介紹我認識一些新常客，他總是介紹我為剛從哈佛畢業的服務生，常客們聽到時當然都很驚訝——其中一名男性特別驚訝，我後來才知道他是華爾街的傳奇人物。他經常到我們餐廳用餐，我也因此與他變得熟識，某一次用餐時，他問我是否也會拍電影，請我如果參與任何電影，務必要告訴他。當時，我在哈佛的其中一位同學正在撰寫一部短片劇本，我可能之後也會參與演出，我告訴華爾街先生，我正在籌備一個電影計劃，並會持續向他更新近況。

我們完成短片《超越》（*Exceed*）並入選紐約影展，這成了我們進入電影圈的名片，我讓華爾街先生知道我們獲得的成功，並告訴他我們正在籌備一部長片。三個月後，我們完成了劇本，拿去讓他過目，他說他很有興趣。幾週後，他來電告訴我，他要前來用餐，想要和我聊聊。他和往常一樣帶著一名美麗的女伴出現，請我幫他挑酒，我照做了，我們舉杯，他接著引導我走到用餐區中間的魚缸，從口袋裡拿出一本皺皺的支票簿，開了一張十萬美元的支票給我。

十萬美元的支票很快就變成一百二十五萬美元的預算，我們完成了電影《布魯克林劫案》（*The Brooklyn Heist*），還報名了幾個影展。雖然沒有入選日舞影展，但我們還是奪得幾個獎項，電影成功發行，在好萊塢的中國戲院放映，也在曼哈頓的八十號劇院放映兩週，還有發行 DVD，送了好幾百份到百事達和好萊塢影視等 DVD 出租店，當時一切還算順利，我以為就要成功了。沒想到，二〇〇八年次級房貸風暴來襲，百事達和好萊塢影視在幾個月內相繼破產，數位串流接著興起，DVD 步上八軌帶、卡帶和錄影帶的後塵，我們的夢碎了，我們失去了一切。

我在擔任門口接待時，三名客人向我要求桌位，其中一名男士又高又壯，另一名男士的身高和身形看起來有點像艾爾・帕西諾，與他們同行的還有一名三十幾歲的迷人女性，當時我們供餐時間接近尾聲，餐廳裡還有一個空的卡座可以給他們。大約十五分鐘後，女孩前來叫我看那張桌位，身材較矮的男性已經脫掉上衣，顯然是在騷擾坐在他後方的女同志情侶，我走過去告訴他，如果他還想在這裡用餐，就把衣服穿回去坐好，他已經喝得爛醉，我向女士們道歉，招待她們喝一輪酒，就又回到吧台。

幾分鐘後，那位男士又脫了他的上衣，這次我直接走到他們桌邊，請他們離開，他的朋友們起身告訴他該走了，他們開始試圖推擠過我，我告訴三人中的高大男士，點了飲料就要付錢，絕對不可能讓他們沒付錢就離開，他看著我，彷彿我瘋了一樣，說道：「他媽的不可能。」又試著將我推開，我舉起雙臂，輕輕地放在他胸上，他馬上失去理智，告訴我他是律師，要告我傷害。

「先生，」我回覆道：「如果您認為這樣已經構成傷害，那就等著看不付錢是什麼下場。」他試著硬闖，我擋住他的去路，那位較矮的男性突襲我，我被打得飛越前方用餐區，摔在五名女客人正在用餐的桌上，盤子和玻璃杯都被摔得粉碎。

這三人組準備離開時，酒保跳過吧台，手裡拿著一根小警棍，這根警棍平時藏在吧台後面，專門為了對付這種客人而準備，幾位坐在吧台的常客衝上去爆打那位男士，其中一名常客大學時是橄欖球員，三人組的另外兩人夾著尾巴逃到外面，我們抓著那個傢伙，把他丟到街上。大約一小時後，那名女性回來道歉並付了錢。

9/11/2001

二〇一一年九月十一日

如果每天從下午四點開始上班，必須一路工作到清晨三點才下班，你通常會比較晚起床，然而，這天早上約九點時，我被吵醒了，抬起頭，我看見答錄機像賭城的吃角子老虎機一樣在閃爍，是一位倫敦親近的朋友打來的電話，他告訴我一架飛機剛撞上世貿中心其中一棟大樓，我打開電視正好看到另一棟大樓被撞。

我最好的朋友當時在世界金融中心工作，正好在世貿大樓對面，她時常會通過其中一棟大樓去工作，我打她的手機，但沒辦法接通——完全沒有訊號。我穿上衣服、跳上腳踏車，心想這應該是唯一能到那裡的方法，我往市區騎去，心急如焚，不知道她是否能安全脫險。騎乘途中，我看見幾百人往上城區走，許多人身上都覆蓋著塵土，臉上帶著震驚、目瞪口呆、難以置信的表情，我花了好幾個小時，驚慌失措地試圖找到我朋友，幸好她們那棟辦公大樓有即時撤離。

那天稍晚，我出門遛狗，我們經過聖文森醫院時，外面搭起急救帳棚，街道兩邊停滿救護車，那個景象非常超現實，醫生和護士幾乎完全靜默地在大樓外面徘徊，沒有任何救護車進出，我繼續往前走，跨過哈德遜河、經過雀兒喜碼頭——一座五個街區長的運動中心，外面停滿救護車，很多都不是來自紐約市，鄰近州的志工都前來支援，但這裡也沒有動靜，一切都安靜到有些詭異，那時我才意識到沒有很多倖存者。

成功的餐廳——至少是那些與城市和鄰里產生共鳴的餐廳——是稀少且美好的，這就是「乾杯」效應，在這裡，你會被歡迎、被認識，可以和員工、常客交談，也能認識朋友，勞烏小館一直是這樣的餐廳。雖然恐怖攻擊後幾週內，許多地方都停業了，但勞烏小館照常開門營業，十四街以下禁止車輛通行，但每天晚上我們的常客都會步行到餐廳，照常營業似乎不僅為我們的客人，甚至是為我們所有人的生活，都帶來一點安慰和某種常態。

遺憾的是，我們也在那天失去許多常客，我們和金融服務公司建達的許多員工關係良好，他們的辦公室位於一百〇一層至一百〇五層，就在被撞擊區的上方，那天早上上班的六百五十八名員工無一倖免。每天晚上，餐廳裡的氣氛都很低迷，我們誰也不知道還有什麼厄運會降臨紐約市，但對許多來勞烏小館用餐的客人而言，這裡是一個安全、熟悉的地方，可以分享我們共同經歷的傷痛和恐懼，我們是幸運的。

The Mob Redux

黑道歸來

我當時在哈佛用網路做研究時，偶然看見一個「快速找人」的廣告，這個廣告保證不論生死，幾乎任何人都找得到。「活人」搜尋收費三十五美元，死人搜尋收費二十五美元，這是我人生中一個不經思考就做決定的時刻之一。我從未見過我的父親，想看看能找到些什麼線索，我決定省下十美元選擇死人搜尋，據我所知，他可能已經不在了，二十四小時後，我得到了結果，他顯然還沒死。

兩年後，我回到紐約，打算再試一次，那時的價格已經漲到五十美元。我決定試一試，他們也找到他了，還附上了地址和電話。他住在皇后區，這就是所謂謹慎許願的意思嗎？我決定打電話給他，電話響了，有人接起來。

「喂！」一名男子以粗啞的紐約口音說道。

我不知道該說什麼，只知道他叫弗雷，所以我很機智地回覆道：「弗雷在嗎？」

「我就是弗雷。」

幹，我想掛電話了。「嗨！弗雷，我是麥可，方便問你幾個問題嗎？」

沒想到他竟然回覆：「可以。」

到底哪個紐約市人會接了電話，不僅願意和陌生人通話，還同意回答問題？想到這裡，我停頓了一下，這不可能是我聽說過的那個流氓，如果他還活著，我覺得他一定有參與證人保護計劃。

我繼續問道：「你認識康妮．亞佐立納嗎？」（我母親）

「認識，認識，我記得她，她還好嗎？好久沒見到她了。」

我說她很好，他回覆道：「代我向她問好。」

我進一步詢問，提了一些我認為他可能會認識的親戚名字，結果他都認識，然後，我問了一個很重要的問題：「你和她有小孩嗎？」

他停頓了一下，大約沉默了三、四秒。「有的，有的。」

我的眼淚開始奪眶而出，「你應該是我的父親。」

「你說你叫什麼名字？」

「麥可。」

「沒錯，我手臂上刺著你的名字。」

他說完這句話，我們都開始啜泣。他說他結婚了，希望我不會介意，因為他娶了一名黑人女性，我強忍住不笑出聲，我才剛找到父親，一個來自下東城、與黑道關係匪淺的人，他還告訴我他娶了黑人女性，據我所知，這可能他這一生中唯一可取的事。他接著告訴我，我有兩個同父異母的妹妹，這已經超乎我的預期太多了。

我們約好星期日見面喝杯咖啡，掛掉電話後一分鐘，他回撥給我，告訴我星期日是父親節，他太太邀請我和他們一起慶祝。我在四十年後終於找到我父親——和他見面已經夠奇怪了，我不確定是否準備好要見他整個家庭，但我還是答應了。

星期日，我們約在他最喜歡的餐廳見面，一間哈林區的牛排館，情況馬上要如俗爛劇本般發展。我走進擁擠的餐廳，立刻認出他來，如同鬥牛犬的蛋蛋，他在人群裡非常顯眼——個子矮小的義大利白人，身旁圍繞著三名美麗的黑人女性，我走向他們的座位，他起身擁抱我，我們都哭了。他身高約五呎五吋，頂著灰白的平頭、帶著眼鏡，身材普通，長著一副蒜頭鼻，但最引人注目的是他的聲音，他說話時帶著喉音明顯的紐約口音，非常典型的黑道口音，他向我介紹他的家人：她的妻子——美麗、高挑、優雅、談吐得宜——以及我兩位同父異母的妹妹，她們都非常親切可愛，這些人到底為什麼會和他這種人在一起？

我坐在他旁邊，接下來一個多小時，他一直緊緊抓著我，彷彿害怕我會跑掉，他先讓我看他手臂上的「麥可」刺青，我心中很多問題一股腦兒湧上來，他也很樂意回答我。

第一個問題是關於我出生那一天，我母親曾告訴我，他在她懷孕期間就消失了，接著又出現在醫院並告訴她，如果她讓我跟他姓，他們就結婚，我母親照做了，但我們卻再也沒有見過他。說著這些事時，他看起來很震驚，他說我母親懷孕時，他中了「頭獎」，我聽不懂他在說什麼，他解釋道，頭獎就是某人身陷大麻煩，需要出城避風頭一陣子。

「你聽過中國佬查理嗎？」我根本不知道中國佬查理是誰，「他是一個大人物，有自己的幫派，某天我接到電話，他們告訴我，查理想在十四街的聯合愛迪生電廠和我見面，所以我就去了。當我靠近那裡，我看見地上有東西，走近一看，發現是我朋友的頭，我就他媽的趕快跑路，我不想成為下一個，所以不得不躲在賓州好幾個月。」

我父親繼續說道：「醫院？什麼醫院？我根本不知道你出生了！娶她？我他媽怎麼可能娶她？她當時還沒和另外一個人離婚。」

這不是他媽的晴天霹靂嗎？他看起來非常真誠，從他說的語氣看來，我沒有理由不相信他，我知道我有一名同母異父的爸爸，也知道我母親結過婚，我從來沒想過要問她是否離婚了，答案是她沒有，她後來甚至和我繼父結婚了，我剛剛才知道我母親重婚。

「那你現在在做什麼？」我問道。

「差不多要退休了，我在街頭賺錢。」在街頭賺錢的意思是他在放高利貸，也許還是個組頭，我問他為什麼從來沒有試著聯絡我們，至少也要聯絡我，他說他試過很多次，但我母親總是阻止他。整個用餐過程大概都像這樣，我持續試圖讓他太太和我妹妹參與談話，但太困難了，他只想緊緊抓著我、和我談話，用完餐後，我們計劃一兩週後再共進晚餐。

我勉強在接下來的一年和我父親維持某種關係，每一次見面，他都會告訴我多一點關於他的事，我聽得越多，就越不喜歡我聽到的事。他說的話哪些是真的？我不知道，但我無法想像這一切是虛構的，他顯然是盧切斯犯罪家族的正式成員。某天，我坐在他家客廳裡，他問我：「你知道我怎麼成為正式成員的嗎？」他說：「我們站在俱樂部會所外，城裡那一間，我和湯米〔盧切斯〕站在外面，看見一輛車慢慢駛過，車裡坐著四個人，我心想：『完蛋了。』我等了一會兒，眼睛一直緊盯著街上，接下來，我又看到同一輛車開過來，我警告一下湯米，他們越來越靠近，便開始朝我們開槍，我掏出槍，把湯米推倒在地上，開始回擊，那些混蛋後來逃走了，這就是我成為正式成員的過程。」

我每次見到他，他都會告訴我更多他的黑道生活，「如果某個垃圾不給錢，你知道怎麼讓他吐出錢嗎？」他不等我回答就說道：「你告訴那個垃圾，如果你不還錢，我就把你的舌頭割下來塞進你屁眼裡，再把你的雞雞割下來塞進你嘴裡。」顯然他每次都能收到錢。

他在下東城的皮特街長大，黑幫老大拉奇．盧西安諾（Lucky Luciano）是他的鄰居也是他的老大，他小時候擦過鞋——當地的撞球間前是個能賺錢的熱點。某天，他幫一名打撞球的人擦鞋，那個人拒絕付錢，我父親哭著離開，他走回家時碰到了拉奇，拉奇問他為什麼在哭，他告訴拉奇事情的經過，拉奇帶他回到撞球間，我父親指認出那個人，盧西安諾拿起撞球桿打那個人，似乎打斷了他的雙腿，從此，我父親再也沒遇過收不到錢的狀況，我想那是因為他師承自最凶狠的老大。

隨著我和他見面的次數變多，他說的故事越來越暴力，他說的話讓我越聽越難受。某個星期天，他帶著全家來看我在劇院區的演出，離開劇院時，我們走到轉角處，他停下來抬頭望向一棟大樓，他想了一下，突然想到一個故事，「媽的，我就知道這個地方我很熟悉，那個欠錢又沒錢的猶太垃圾就住在這裡，他從來不還錢，我們每次都得親自去收錢，某次他欠了一大筆錢。我和另外一個人上樓去到他家，他讓我們進去，說他沒錢，我心想：『我們來嚇嚇這個垃圾。』我抓住他，把他拖到窗邊，用他的外套把他吊在窗外，這個垃圾也太窮了吧，外套撕裂開來，他也掉下去了，你能怎麼辦？」

我的女兒當時已出生一年多，在她兩歲生日那天，我父親原本答應來參加她的生日派對，但沒有出現，他編了一個很糟糕的藉口，說他準備了禮物會盡快送來，卻從未出現。最後，我撥了電話給他，「爸，你從來沒有參與過我的人生，現在我有小孩了，你的孫女，如果發生什麼事，讓她母親試圖將她從我身邊帶走，我會想盡辦法與她見面，如果沒辦法，我也會支持她，你從未這樣對我，但她是你的孫女，你可以選擇要不要來看她，你自己決定，你知道怎麼聯絡我。」從此，我再也沒聽過他的消息。

Crushed

被現實擊潰

從哈佛畢業到《布魯克林劫案》的失敗，我竭盡全力在演藝圈打拚，我導戲、演出、榮獲外外百老匯獎，開始教書，還開了自己的工作室，希望有天這些收入可以讓我永遠離開餐飲業。《布魯克林劫案》失敗以後，我對演藝事業的追求也超過三十年，我受夠了。電影的失敗讓我痛苦不堪，甚至往後幾年我都無法再看任何電影，我關閉了為了拍電影而開設的表演工作室，也不可能再回去教書。

與此同時，我也該離開勞烏小館了，總經理女士的餐廳以失敗告終，她回到勞烏小館，但她很快又開了另外一間餐廳，同時也還在經營勞烏小館。在此期間，餐廳內部似乎發生了一些醜聞，勞烏兄弟希望我能接任餐廳的總經理，我等了至少六個月，深知這件事已經無望，便決定離開。

PART V

第五部分

Unwanted 沒人要

從餐飲業是我唯一做過能養活自己的工作，以我的經驗，以為找工作會很容易，但我錯了，寄出很多履歷，去了很多場面試，很多時候，連第一輪面試都過不了，面試官都是都是一些二十幾歲的年輕人。我去了一些很可怕的公開招募，與眾多失業人士一起等待數小時，只為了見一個會將我履歷丟進垃圾桶的人。

我打電話給朋友，看看他們身邊是否有一些工作機會，但完全沒有，我不再是那個精力充沛的年輕演員，只需要一份服務生工作來付房租，我現在需要養家，但無論我去哪裡應徵工作都無功而返。

走投無路下，我想到巴茲。河邊咖啡廳生意還是不錯，我以為我能回去工作，我打到水上俱樂部找巴茲，他接了的電話，我們小聊一下，幾小時後，我接到咖啡廳總經理的電話，他是我幾年前曾經共事過的酒保，還在那裡工作，我被雇用為領班，但必須先見習服務生工作兩個禮拜，我當時窮到就算去受訓當泊車員也願意。

回到這裡的感覺很奇怪，這裡有很多過去的回憶，巴茲還翻新了不少地方，比以前更漂亮了，令人驚訝的是，過去和我共事的老員工還留下不少，他們熱情歡迎我，新員工也對我很好，在我受訓期間也很幫忙，我不確定他們聽過我哪些事，但我認為，他們還是聽過我過去某些傳聞，或許也讓我顯得比較不具威脅性。

我短暫的回歸只撐了兩週，唯一的問題是總領班，我覺得這個穿著燕尾服的混蛋非常討人厭、無禮又刻薄，我不知道他聽到的故事是否和他的職業操守相抵觸，但自我從碼頭走下來的那刻，他明確地讓我知道他是負責管理的人，我們有過一次簡短的會面，他告訴我「那種日子」已經結束了，他顯然還告訴過員工，我從來沒在那裡當過總領班，我在說謊，這混蛋肯定感受到了威脅。

僅僅在我受訓的第四天，我就決定辭職，原因有二：第一，我在星期天被安排了連續兩個班次，早午餐和晚餐，我早上九點抵達，一直到午夜才離開，除了匆匆坐下吃了一口難吃的員工餐，中間沒有任何休息時間。這樣長時間工作不僅違法，還是在虐待員工，難怪巴茲會被告。

下班後，全身上下每一吋肌肉都在痛，我坐下看著助理服務生數完每一件銀器，再把它們全部鎖起來，我叫住其中一位助理服務生問道：「你知道為什麼每晚都要這麼做嗎？」

「為了防止被偷吧？」

「不，因為多年前有一位領班受不了巴茲給的壓力，他走進銀器室，把所有銀器通通扔進東河裡。」

第二個導火線發生在我接受傳菜訓練，協助我的傳菜員讓我做一些桌邊服務，而不只是站在旁邊觀看，但這違反規定，當時是要裝飾韃靼牛肉，這是餐廳裡典型價格過高的菜色，因為上菜時的戲劇效果，這道菜被設計成一場表演——客人喜愛它，願意為這些戲劇效果付出高價，傳菜員讓我裝飾餐點，但卻顯露出我經驗不足。按照規定，酸豆、洋蔥等裝飾必須如軍事方陣般排列，整齊排列時真的非常美麗，但我的手藝看起來更像小學生的美勞作品。

總領班看到這一切，跟著我們進廚房，當著整個廚房的面，將傳菜員狠狠斥責一頓，即便我見識過餐廳裡幾乎所有不當行為，這個情景還是讓我目瞪口呆。這名彪形大漢似乎從羞辱人的過程中獲得快感，下班時，我們走進辦公室，我當著他的面告訴他，他就是個混蛋，然後提出辭呈，我完成這週工作後就離開。大約四年後，我收到一封信，通知我是河邊咖啡廳集體訴訟的其中一名原告，員工們聲稱他們的小費被盜用，他們沒有獲得所有應得的工資，奧基夫顯然花了兩百萬美元達成和解，因為我在訴訟所及時間內受雇於此，我得到幾百美元，補償我那兩週的工資。我又再次失業了。

我想過回去教書，我大學畢業後曾在社區大學教過一年寫作，但如果更新執照只為了從事工資不到服務生一半的職業，好像也沒必要，所以又開始瀏覽分類廣告裡的招聘廣告，此時我接到老朋友尼爾．克萊因伯格（Neil Kleinberg）的電話，那位和傑基．葛里森交手過的廚師，他說基斯．麥克納利的密尼塔酒館再找一名經理，尼爾與總經理的關係不錯——他讓總經理知道我在找工作，並叫我打電話去約面試時間。

Minetta Tavern

密尼塔酒館

密尼塔酒館座落於密尼塔巷和麥克杜格爾街，曾經歷過一段光輝歲月，一九三七年開幕的酒館，接待過不少名人，例如：康明斯（E. E. Cummings）、龐德（Ezra Pound）以及海明威（Ernest Hemingway），牆上掛滿職業拳擊手的照片，這些拳擊手取代了五〇、六〇年代的文人雅士，以及抽象表現主義畫家弗朗茨．克萊恩（Franz Kline）為任何提供報酬的客人畫的漫畫肖像。我八〇年代被帶去用餐時，這裡已淪為紅醬地獄，如果我母親當時在場，看見其供應的美式義大利餐點，她一定會直接走出餐廳，並在每個同行的人肩膀上吐口水，驅趕似乎寄居在廚房裡的惡靈，不想這些惡靈跟她回家、毀了她的料理。

基斯．麥克納利於二〇〇八年接手，重新裝潢了內部，留下照片和畫作，從旗下非常成功的餐廳巴爾薩澤邀請兩名主廚瑞雅德．納斯特（Riad Nast）和李．漢森（Lee Hanson）一起加入，他們三人從時任《紐約時報》美食評論家的法蘭克．布魯尼（Frank Bruni）手中，為餐廳奪下三星好評，他將這裡譽為紐約市最好的牛排館，其評論更震驚了整個餐飲界，不僅是因為麥克納利的餐廳從未以出色的餐點聞名，更因為他和布魯尼曾有過公開的恩怨，當時布魯尼只給麥克納利的莫蘭迪餐廳一星評價，導致麥克納利指控布魯尼性別歧視，因為莫蘭迪餐廳的廚師是女性。布魯尼在一次簽書會上，回應這場恩怨相關問題時說道：「我不會再走進麥克納利的餐廳，我非常想給密尼塔酒館糟糕的評價，因為麥克納利是個糟糕的人。」麥克納利在一封給《食客》（Eater）雜誌的一封信裡回應道：「我不確定被特別寫一本書讚頌小布希（《步入歷史》（*Ambling Into History*，暫譯））的人稱為『糟糕的人』是否真的是一件壞事，然而，儘管我可能會被稱為『糟糕的餐廳老闆』（我也不會反駁這點），我也完全無法理解法蘭克．布魯尼——一個才智有限但公認優秀的人——可以在從未和某人相處過的情況下稱他為『糟糕的人』，這就像在尚未品嘗過餐點的狀況下評論某間餐廳。」餐飲業人士真是太有趣了。

我坐在密尼塔酒館的紅色皮沙發上，與那位精明幹練、攝取過多咖啡因的總經理面談了一個多小時，我話說得很少，又被眼前這位極度有魅力的男人吸引，他在沙發上坐不住，不斷起身迎接一位又一位進門的客人，跑到吧台去接電話，指揮送貨員到廚房，和一名服務生打招呼，一刻都閒不下來。他頭頂整齊的灰白色平頭，保持微笑和愉悅的態度，穿著俐落的黑西裝，以及用吊帶緊緊固定在胸前的潔白襯衫，我感覺自己好像被喬伊．格雷（Joel Grey）面試，等著他隨時在下一位客人進門時，突然唱出音樂劇《酒店》裡的〈歡迎光臨〉。

他們要不是急需人手，就是因為我是一位好聽眾，我很不幸地得到這份工作，幾乎可以說是天作之合，這是一間非常忙碌、知名度高且非常昂貴的餐廳，和勞烏小館差不多，兩間餐廳的客群重疊率也很高，再加上我認識麥克納利，他常常來勞烏小館，而且總說那是他最喜歡的餐廳。我第一次在密尼塔酒館見到他，他又再次提到勞烏小館是他最喜歡的餐廳，如果他們想要賣掉，一定要讓他知道——他會毫不猶豫地接手，他可能忘記我現在在他手下工作。

吊帶先生是我截至目前共事過最棒的總經理，他是個工作狂，總是在餐廳裡，對完美相當執著，近乎誇張地有條理，很有魅力（雖然也很容易失去魅力），全心全意監督他負責的所有面向，他將餐廳管理得井井有條，我學習到很多管理餐廳的方法。在我所有工作過的其他餐廳，包含河邊咖啡廳和勞烏小館，他們幾乎不關心基本的勞資相關法律，外場員工也從未抱怨過，因為大多數領小費的員工都會為了避稅而謊報收入。此外，如果你真的抱怨餐廳沒有按照工時給付工資，或者沒有帶薪病假或休假，你的工作班次會被減少到幾乎賺不到錢或被開除，你唯一的選擇就是找另外一間餐廳，但同樣情況還是會再次發生。

老派餐廳經常忽略這些基本規定，規避所有違法行為，但餐廳剝削員工的日子很快就要結束了，在一連串的訴訟後，餐廳經營者現在必須公平對待員工，按照工時給付工資，給予合理的休息時間、加班費、病假等員工在真實世界該享有的權益，密尼塔酒館的經營管理合乎法規，經理會確保一切按照規定。

這裡甚至還有人資部門，我不能再叫主廚去死，或叫服務生趕快滾去上工，因為某人做了蠢事就將他停職，或者開除某個整天只會偷打電話給女朋友或毒販的無能混蛋，我們必須對員工友善，如果我們必須訓斥某位服務生，就得找另一位經理當見證人，以防我們被指控在工作場所騷擾員工，員工則可以自由投訴任何事和任何人，他們確實也這麼做了，在這個愛打官司的新工作氛圍裡，律師們積極地鼓吹餐廳員工提出工資盜竊、小費盜用、性騷擾、未給薪工時等相關訴訟，你必須隨時掌握這一切，這對我而言完全是嶄新的概念。

除此之外，外場工作對我來說簡直易如反掌，我瞭解顧客群：一樣都是極少數的富人、鄰居，以及演藝圈、出版圈、時尚圈和廣告圈的菁英，我再一次置身於紐約市的上流社會，美中不足的是，我必須與員工爭論，一群自以為是的傢伙，其中許多人還是第一次在三星餐廳工作，餐廳得到的第三顆星讓他們覺得自己什麼都懂，認為他們是幫助餐廳贏得星星的人，根本不在乎新來的人，我因此成了敵人，必須小心謹慎，以免被投訴到人資部。

身為食物鏈最底層的人，我被要求做打烊班，意味著我有時必須工作到凌晨三點，打烊班經理永遠都是最後一個離開餐廳的人，我們手裡有鑰匙，必須鎖門。餐廳裡最後休息的地方都是酒吧，酒保結算收銀機的現金並對帳，經理檢查並填寫完所需的文件，將現金放進保險箱，最後再檢查一次餐廳後鎖門，都是一些簡單到可能有點無聊的工作，問題是除了一位酒保以外，其他都是徹頭徹尾的酒鬼，晚班結束前，酒保幾乎都會醉到站不穩，連話都說不清楚，更別談數錢了，如果他們沒有醉到倒地，還可能會大吵大鬧，安撫他們好像在馴服貓或喝醉的青少年。

打烊班經理最重要的工作就是確認帳目是否正確，酒吧都有個起始現金——開門時的現金金額——分成不同的面額，以便找零給客人，到了下班時，酒保會將起始現金從總收入裡分開，剩下的金額就是當晚的銷售額，如果現金短缺，表示不是有人搞砸就是有人偷錢，如果帳目不對，彼此會互相懷疑，大家都有可能被開除，上級也會開始密切注意整體營運狀況。

我想應該沒有一天晚上的帳目是正確的，那些蠢蛋通常都喝到太醉，無法好好數錢，重複數個兩、三、四次，數到中間還起身去上廁所，回來也忘記自己數到哪裡，只能重頭再數一次，他們會把錢掉在地上或留在收銀機裡，或者不小心在他們口袋裡找到錢——完全就是一團亂。我有時候會和他們一起數過每一張鈔票以確保數目正確，我的工作時間很長，這麼做會讓我有時必須比預期多留至少一小時。

我問其他經理該怎麼辦，他們只是大笑，這已經不再是他們的問題，我接了這個爛攤子，基於各種原因，酒保都沒事，其他人建議我默默處理，我是新人，只能吞下去。

我的另一個問題是廚房，主廚們很棒，他們在場時，廚房運作得非常好，問題是他們經常不在，兩位主廚通常白天都會出現，準備好特餐、下訂單、監督所有準備工作，其中一人會在晚餐時多留一會兒後便離開，剩下的工作就交給廚房裡的其他人。這群人是我見過最仇女、無理且充滿怨恨的內場員工，他們厭惡並禁止服務生進入廚房，除非特別被叫進去，任何衍生的問題都必須交由經理處理。

那位經常接手管理廚房的男士非常糟糕，他缺乏基本社交技巧，從來不會面帶微笑，陰陽怪氣，基本上就是個討人厭的人，他完全看不起外場員工，也不把客人放在眼裡，如果遇到投訴——因為不熟、過熟、太鹹、太冷或任何客人想得到的理由，餐點被退回廚房——情況就會一發不可收拾，客人會被視為無知的笨蛋，分辨不出三分熟和五分熟，不知道餐點應有的鹹度或溫度——基本上就是什麼都不懂、只為了投訴而來的人。如果一道餐點因為太冷被退回，主廚就會將其加熱到滾燙且過熟，再放在一個燙得要命的盤子上，服務生空手摸到盤子，皮膚直接會被燙傷的程度；如果一道餐點因為太鹹被退回，主廚就會回敬一盤完全沒調味的餐點，客人永遠都是錯的，只能由我們經理負責調停，每次我們進廚房都感受到士氣無比低落。

密尼塔酒館是一間華麗卻狹小的餐廳，座落於麥克杜格爾街上，那一帶的廉價酒吧或快餐店最常見到大學生在裡面用餐、買醉，因此，我們餐廳的百葉窗和窗簾總會緊閉，店前面會部署保全，以確保客人不會看到或遇到街上的下等人，我們不希望我們富裕的客人，在餐廳裡享用一客一百五十美元的餐點時，還會接觸到這類社會底層人士。整個晚上都待在這個沒有窗戶的空間，你會感覺自己像被關在籠子裡的老鼠，試圖熟悉整個空間，卻一而再、再而三地在裡面打轉，想去地下室拿酒，就得穿過狹小的酒窖，如果你轉錯方向，你要不是會撞倒低矮的天花板、撕裂制服，就是身體露在酒窖外面的部分會撞到任何擋路的東西。

我厭惡在這裡工作的每一天，雖然酒保經常喝醉，但整間餐廳有很嚴格的禁酒規定，你得像魔術師一樣，才能弄到一杯酒來緩解每天不斷重複相同工作的壓力和無趣，監視器無所不在，已經違反規定喝起酒來的酒保，也會猶豫是否要冒著被抓到的風險，提供其他人他們所需的麻醉劑，你只能想辦法到出酒口，確保沒人在附近，倒給自己一杯酒，一口喝下後再繼續上工。

某天晚上，我喝了幾杯酒準備麻痺自己後，我回到主用餐區，站在當作貴賓桌的卡座前，喬許・布洛林（Josh Brolin）、他美麗的妻子黛安・蓮恩（Diane Lane）以及其他客人坐在一桌，另一桌坐著魯柏・梅鐸（Rupert Murdoch）的兒子詹姆斯和一名客人，在這些卡座前是一張四人桌，坐了兩對年紀稍長的夫婦，他們是來自上東城的老派紐約人——女士身上戴滿鑽石，男士穿著布克兄弟的西裝，顯然是銀行家或證券經紀人，年紀較大的那位男士神似邱吉爾。

當我站在那裡，一位服務生走到我身後低聲說道：「麥可，有人拉屎在地板上。」我轉身再次向她確認，「有人拉屎在地板上，你慢慢轉身往地上看。」我照做了，就在四人桌和我們貴賓坐的卡座區之間，確實有看似人類排泄物的東西，我偷偷看了兩三眼，才確認地上真的有一坨屎。

密尼塔酒館的地板是一系列黑白相間的方形地磚，這坨屎就拉在白色地磚的正中間，真的有人拉屎在地板上，我還沒從震驚中反應過來，一名助理服務生看見屎後，像特種部隊一樣迅速出動，示意我留在原地，手拿紙巾快速清理乾淨。

現在我需要找出這坨屎從哪裡來的，我看向四人桌，看見邱吉爾早已起身，我突然想起不知道在哪裡讀到，或曾經聽別人說過，心臟病發作有時會伴隨排便失禁，雖然我不確定是否為真，但我們剛清掉的會是邱吉爾的排泄物嗎？他真的排便失禁了嗎？那坨屎穿過他布克兄弟藍色條紋褲管掉到地板上嗎？

他離開座位的時間已經比清理內褲所需的時間還長，我直接走向男廁，走進去後彎腰低頭，從底下看了兩個隔間中的其中一個，還真的看到藍色條紋褲子拉低在腳踝周圍，堆在棕色牛津鞋上，我看到他還有動靜，所以知道他還活著。

我回到桌邊後先打了聲招呼，彎腰靠近一位女士耳邊低聲說道:「女士，很抱歉打擾您，但您的先生可能排便失禁了，我們剛剛才從地板上清理掉排泄物，他現在在廁所裡，也許您會想去看看他的狀況。」我希望這位貴婦不會成為邱吉爾的遺孀，她毫不猶豫轉向同桌的一名男士說道：「詹姆斯，麻煩去廁所看看亨利。」女士們繼續她們的談話，完全不受影響，詹姆斯起身去查看，沒多久就帶著邱吉爾回來，他顯然已經清理乾淨，坐下後毫不遲疑地點了甜點和白蘭地，啊！這就是有錢人的生活。

另外一天晚上，我總算等到了我的救贖，兩位我最喜歡的勞烏小館老顧客來用餐，自從我進入這間黑洞餐廳工作以來，我們已經兩年沒見過面，當我們開始敘舊，他們說他們正在籌備一間新餐廳，問我有沒有興趣去看看呢？，此時，一定有天使在麥克杜格爾街上徘徊，我當然說我會去看看。

商業界有一個古老教條，那就是客人永遠是對的，才怪，許多年以來，大多數餐廳和絕大部分的店家都遵循這個極其不合理的原則，結果培養出一整個自以為是、予取予求、吵鬧無禮、暴躁易怒的世代，有些人真的認為自己可以恣意對待服務生和經理，還不用承擔任何後果，他們的確可以，因為很少店家有膽反抗他們，他們不僅不用承擔後果，通常還會得到免費飲料、甜點，有時店家甚至會直接招待整頓晚餐。態度良好的顧客，那些親切又善良的人才更值得店家招待，而不是那些混蛋，該是時候停止這種行為，當這些白痴開始不可理喻，餐廳老闆和經理應該要硬起來，將他們趕出去，如果你無法管好自己，以善心和尊重對待他人，那就滾出去。

Hope 希望

卡洛斯·蘇亞雷斯（Carlos Suarez）和我約在一間咖啡店見面，隔壁是即將開幕的蘿絲瑪莉小館（Rosemary's），他還算帥氣，年近四十，身型高大，棕色頭髮剪了一個精緻的髮型，稍嫌過短的下巴破壞了他友善的微笑，身為伊頓公學和華頓商學院畢業生，他帶著英國人那種溫暖、友善卻又略顯疏離的氣質，你能夠親近他，但不能太過親近，除非你們爛醉如泥。他沒打領帶，身穿一件昂貴的輕薄米色西裝，散發出一種即將開餐廳卻又非常冷靜的氣息，他雖然友善卻有點心不在焉，我坐在那裡等待面試開始，他還不斷查看手機，我顯然不是他當天早上的優先事項。

這個風光明媚的初春早晨，我們先喝了咖啡，接著去看尚未完工的蘿絲瑪莉小館，儘管外面還包著施工棚，但我已經看到這間餐廳的潛力，座落於西村中心的黃金地段，對面就是美麗的傑佛遜市場花園，那裡過去曾是女子監獄——啊！過去真美好！因為當地社區委員會不願意發放烈酒牌，餐飲經營者布萊恩．麥克納利只好放棄這個地點，卡洛斯抓住了這個機會，他顯然覺得啤酒和葡萄酒就足以應付客人，所以就決定是這個地方了，這個美麗的空間位置絕佳，我覺得如果他可以搞定餐點和服務，他就有機會成功，雖然平價義大利料理、廣大用餐區、等待時間短還喝不到烈酒的餐廳對我個人完全沒有吸引力，我比較老派，我想要全面的用餐體驗，給我一杯雞尾酒、美食，一個舒適的地方可以啜飲馬丁尼、品嘗葡萄酒，不會被人催促，我想要認識並瞭解我的客人，但這裡不會發生這種事，至少沒辦法達到我喜歡的程度。隔天，我告訴他我不能接受這個職位，我說了我的理由，他卻告訴我，他有另一間餐廳——波波——在兩個街區以外，也需要一位餐廳經理，他覺得這個職位很適合我。

波波位於西村第七大道和第十街的轉角，這棟建築物建於一八六三年，曾經是一棟四層樓的私人住宅，現在被改造成三層樓的餐廳，街道上有一個小階梯通向溫馨的酒吧區，後方有幾張桌子和廚房，再上一層是主用餐區和花園，中間由一座性感的小吧台隔開，第三層是小型私人用餐區，一個帶有精美設計的區域。

隔天，我和蘇亞雷斯在波波見面，在場的還有新主廚兼合夥人塞德里克．托瓦（Cedric Tovar），以及即將管理蘿絲瑪莉小館和波波的新營運總監，托瓦經驗豐富——他曾與傳奇主廚喬爾．侯布雄（Joël Robuchon）共事，也曾為餐廳小鎮贏得《紐約時報》的三星評價，我喜歡這些人，餐廳漂亮又性感，也位於一個我熟悉的社區，我確實能想像自己管理這裡，我們說好讓我來餐廳試吃晚餐，看看餐點和服務的水準如何。

如果你和我一樣在餐廳工作多年，只要走進一間餐廳，你大概就可以知道這裡的用餐體驗會是什麼樣子，裝飾、燈光、接待你的方式、員工的樣子、顧客群，所有一切都會讓你知道可以預期什麼樣的用餐體驗，波波完全是一團亂，也是一間餐廳會失敗的典型範例。

我提早抵達餐廳，等待和我一起用餐的密尼塔酒館經理，我向一名態度冷淡的領檯員報上我的名字，接著到半空著的酒吧坐下喝一杯等待入座，酒保彎腰靠在吧台另一端，隨性地和客人聊天，完全不想招呼我，幾分鐘後，他終於看到我，向我走來，不是要問我想喝什麼，而是站在我面前向我點了點頭，顯然是示意我先開口，如果我不是因為工作必須在那裡用餐，我一定會直接離開，我本來想當個混蛋，但我深呼吸詢問他們是否有蘇托力伏特加，他搖搖頭表示沒有，並繼續緊盯著我，似乎是在等我的下一步，那位沒禮貌的混蛋只是站在那裡，逼著我看他背後擺著什麼伏特加，當天晚上的狀況很糟糕，我選了一支伏特加，那個豬頭的馬丁尼其實調得還不錯，調完我的酒後，他又回去繼續靠在酒吧上，外場看不到經理，我無須酒後便得知，這裡只有一名餐廳經理，這位經理已經連續工作十四天，當天剛好休假。

同行的客人抵達後，我們被帶上樓到幾乎空蕩蕩的主用餐區入座，我們的服務生還算親切，雖然花了三次才送來正確的酒，第一瓶送來的不是我點的酒，他道歉後十分鐘又回來告訴我，我想點的酒已經沒了，在餐廳的尖峰時段，花十分鐘等一杯酒已經夠久了，我曾讓客人在十分鐘以內喝到酒還是被罵，當客人表示需要飲料，那就表示他們真他媽需要飲料，飲料點單通常是你和客人首次互動，你會盡可能想讓一切順利又迅速，我選了另一瓶酒後，他這次帶著我一開始點的那瓶酒回來，最可悲的是，他完全不知道那是我最初點的酒，看起來這會是個漫長的夜晚。

我們最後點了餐點，味道還不錯，用完晚餐後，我們都認為這間餐廳沒有任何一點能吸引我們回訪，而且從用餐區客人的表情看來，大概也不會有太多人願意回訪，服務平淡無奇，用餐區完全沒有個性，根據我的體驗，這間餐廳注定要失敗。隔天，我透過電話禮貌性回絕了這個職位，要不是我讓他們印象深刻，就是他們非常迫切需要人手，營運總監請我多考慮一下，再回來和他以及主廚談談，討論一下我看到的問題，也許可以制定一個適合我的計劃。好啊！先看看他們能夠端出什麼條件，那次會面相談甚歡，他們知道問題所在，並認為可以和我一起改變一切，有了主廚的支持，我決定加入他們，他們開出的薪水也滿足我的需求，算是好事一樁。

"Failure Is Simply the Opportunity to Begin Again, This Time More Intelligently"——Henry Ford

「失敗只是讓你有機會重新開始，但這次要更有智慧。」——亨利・福特

八成到九成的餐廳會在前五年內倒閉，這個統計數字不甚樂觀，為什麼他們會失敗？啊！「讓我算算有多少……」每年都有一群口袋夠深但沒有任何餐飲業知識的笨蛋決定開餐廳，賭贏二十一點的機率還比較高一點。大多數的新餐廳會失敗都是因為一些特定的原因：地點爛、逃稅、缺乏初始資金等，本來就已經營運不善、計劃不周的餐廳，加上這些原因，失敗原因的清單又更長了。糟糕的管理、不及格的服務和餐點品質、缺乏宣傳（雖然這點在紐約不完全適用）、不在意數字（食材成本和工資是最大的困難）以及不管事的老闆，這些原因都導致了八成到九成的失敗率。

波波是一間失敗的餐廳，星期天和星期一晚上，總顧客數平均只有六到十位，星期二可以達到二十位左右，星期三和星期四會稍微多一點，星期五和星期六的酒吧非常熱鬧，幾乎整個晚上都人擠人，這讓餐廳勉強能撐下去。如果用密尼塔酒館和勞烏小館舉例，這兩間餐廳的座位數差不多，星

期日和星期一晚上大概都可以服務一百五十位客人，星期二和星期三大約一百七十五人，週末則可以超過兩百人。如果這是一間位於一樓，只提供輕食、點心、員工沒幾個人的酒吧，這樣就算成功，但餐廳每週收入約為三萬六千美元，還需要額外的一萬至一萬五美元才能勉強打平收支，這還只是人事相當精簡的預算而已。如果要聘僱足夠員工，精心設計酒單，聘僱厲害的廚師，我們每週至少還需要額外的兩萬至三萬美元，再加上尚未放款的初始投資人，情況看起來十分慘澹。波波開幕六個月後，法蘭克・布魯尼在《紐約時報》的〈食客日〉誌寫下一篇看似首次警告的文章——

我一開始以為波波就像啦啦隊的金髮美女或救生員，因為外表出眾，不需要太努力就可以得到關注和愛慕，在我用餐期間，身邊的客人在晚餐開始時都會感受到一種深刻且真誠的滿足感，以致於他們並不在乎餐點最後是什麼樣子，他們沉醉其中，這種感覺不會改變；他們無法自拔，這種感覺不會消退，可是用餐結束後，他們又不太確定了，他們也許會回訪，也許不會，他們有疑慮，也有一些問題。

卡洛斯認識很多人，他們初期還會蜂擁而至，這裡當時很熱門，餐廳外並沒有招牌告訴你這裡是波波，這裡好像小型祕密俱樂部，只有知道的人才能進來用餐，讓人感覺自己像是萬中選一，這場派對充滿外型亮麗的人們，這群人通常不在乎食物，對餐廳也不太忠誠，只要新的熱門餐廳一開幕，他們就會離開，除非你開發出一群顧客，足以取代這些萬中選一之人，而且他們還是真的喜歡這裡的餐點，不然你還是失敗了。

波波是一間華麗優美的餐廳，好客又溫馨，一旦走進這裡，就會知道這是你想來的地方，這裡有一種轉變的能量，類似密尼塔酒館和勞烏小館，不同的是，你一走出密尼塔酒館和勞烏小館，就知道一定會回訪，不滿足的客人幾乎不會回訪餐廳。蘇亞雷斯知道必須解決廚房的問題，他在不到一年的時間內開除兩位主廚後，成功找來了派翠克．康諾利（Patrick Connolly），這位主廚不僅為波士頓的餐廳半徑贏得《波士頓環球報》（*The Boston Globe*）四星好評，還榮獲詹姆斯．比爾德獎東北部最佳主廚，卡洛斯這一步看起來像是成功之舉，他的座右銘似乎是「如果一開始不成功，就不斷開除主廚，直到找到一名會煮菜的為止。」只要餐廳可以持續營運就好，餐廳確實持續營運，他也繼續這麼做了，但卻一點用也沒用，布魯尼三個月後寫了一篇正式的評論，顯然沒人注意到他的首次警告——

波波就像新來的轉學生，第一天上學就穿著完美的破洞牛仔褲，有著完美的翹臀和自信，相信擺出合適的姿態和亮麗的外表就能擺平所有事。波波冷淡……自溺的氛圍……餐點品質又忽上忽下。

餐廳並沒有在布魯尼心中留下好印象，他只給出一星評論，對餐點和服務都不滿意，連酒單也不滿意，他和我五年後點酒時遇到了幾乎一樣的問題。對大多數餐廳而言，一星評論是非常致命的，誰會想試吃一間剛被評論家說餐點和服務都很糟糕的餐廳？紐約市有太多餐廳，為什麼要浪費錢？

此刻，五年後，波波即將成為餐飲業五年退場宿命的受害者，我一定是瘋了才會加入他們，但我太討厭、太需要離開密尼塔酒館了，至少這樣可以幫我多爭取一點時間計劃下一步，我喜歡卡洛斯，好愛托瓦主廚，我認為如果可以為這間亮麗又性感的餐廳整頓好外場，托瓦可以搞定廚房，我就能爭取到多一點時間，甚至可能完成一項幾乎不可能的任務——讓一間瀕臨倒閉的餐廳起死回生。我離開了密尼塔酒館，希望能讓這個地方成功，我曾是一邊等待演藝工作，一邊在餐廳賺快錢和享受派對的演員，現在我已經深陷餐飲界了。

紐約市衛生局，也被視為紐約市餐飲界的蓋世太保，能夠嚴重影響餐廳營運的機構之一。雖然衛生局的初衷是要保護大眾，以免無知、不知情、有時甚至沒良心的餐廳老闆，可能會在紐約上千間餐廳裡散播疾病，但實際上，這似乎是他們最不關心的事，他們擅長的是徵收罰款，自從二〇一一年使用字母評級以來，餐廳前窗上掛著的評分如果低於A，基本上就等同於搬遷到西伯利亞的偏遠地區。此外，沒人想成為本世紀的傷寒瑪莉，我們都想拿到A，而字母評級是根據違規點數而定。

每一項違規都會被扣一定的點數——輕微違規點數較少，重大違規點數較多，違規點數越多，評級越低：零至十三點可以得到A，超過十三點，你就完蛋了，這個系統逼著餐廳要拿出史無前例的最佳表現，我們每年都花上百萬繳罰款，從威士忌上的果蠅到地下室的老鼠屎，這個評級系統讓餐飲業表現出前所未見的自律。

徵收罰款的責任落在上百位稽查人員身上，他們每天分散在城裡搜查違規行為，這套監督整個產業的複雜規範，由稽查員負責執行，但所有員工也都早已牢記所有規範，從助理服務生、洗碗工到餐廳老闆，我們每天廚房開火時，都很清楚餐廳犯了什麼錯。

為了應付稽查員走進前門、亮出識別證（如果他們有這麼做）的可怕時刻，大多數餐廳都有一套應變流程，從稽查員抵達時開始傳暗號，因為你永遠不會知道他們什麼時候會來，我曾在兩家餐廳使用「海嘯」當暗號，因為海嘯完全反映出我們為了避免罰款，在最後一刻緊張忙亂所做的準備。

海嘯應變流程的第一個目標就是盡可能在門邊拖延稽查員，盡可能爭取時間在員工間傳暗號，解決供餐時間無法避免的違規行為。然而，我曾看過稽查員突然走進餐廳，直接往廚房去、亮出識別證並直接開罰，更糟的是，稽查員通常會在晚間八點來到餐廳，這是餐廳最忙碌、最可能出現違規行為的時刻。

一旦看到稽查員，我們會立刻採取行動，我制訂了「兩分鐘演習」指導服務生和酒保，清除任何可能的違規項目，從將酒吧所有切開的水果丟到垃圾桶，清掉所有麵包站的麵包屑，打掃廁所，拿手電筒檢查每個角落和細縫裡是否有老鼠屎，到丟掉所有乳製品，每個人只有兩分鐘能完成他的任務，我們還會定期模擬演習，確保所有人都能隨時行動。

所有餐廳都必須遵守食物溫度的規定：冷藏食物必須保持在攝氏五度以下，非冷藏食物需保持在攝氏六十度以上，但在供餐過程中幾乎不可能做到，整個晚餐期間會用到的乳製品都需要冷藏，但因為很常用這些乳製品，冰箱門會不斷開關，幾乎不可能維持在規定的溫度，肉或魚從冰箱拿出在室溫裡等待下鍋時，溫度也不可能符合規定。在稽查員抵達之前，所有可疑的食物都要丟掉，因為稽查員一旦將溫度計插入這些食物，就會發現違規並要求你丟掉食物，酒保也會扔掉裝飾食材和沒有包裝的吸管——全部都是違規，地下室和廚房天花板管線的冷凝水必須擦乾，通風口也必須擦乾和清潔，有人去檢查洗手間，確保地上沒有垃圾和衛生紙，牆上貼著「員工必須洗手」的告示牌，經理們跑去拿所有許可證，準備出示給稽查員看，主廚清掉冷凍庫所有可疑食物等等。

稽查員在餐廳檢查期間，所有服務都會停止，烹煮任何餐點都會太冒險，我們最後只能招待大多數客人飲料和甜點，彌補不可避免的延誤。從一百二十五項可能的違規項目，稽查員總是能在餐廳找到一些問題，罰款從二百至一千美元不等，即便你最後得到 A，稽查員離開後，通常還是得支付一筆不小的罰款，每次衛生局一走進餐廳，我們就會損失大約兩千五百美元。

The Resurrection

起死回生

你一旦以客人的身分走進餐廳，如果餐廳員工沒有即刻以溫暖的笑容迎接你，讓你覺得他們真的很開心見到你，那麼這間餐廳就完蛋了。在門口接待的員工必須散發好客、溫暖、優雅的氣質，當然，還要面帶微笑。

我很快就雇用一名領檯員來緩解燃眉之急，解決了第一個問題，下一個就是傲慢至極的酒保，解雇員工很困難，已經不能像以前一樣，直接走到那個人面前開除他，現在由人資部門掌管這一切，你需要明確的文件紀錄才能開除不適任的員工，普遍來說，三次登記在案的違規行為可以讓你免於昂貴的訴訟，這裡的檔案文件根本是一團亂，文件紀錄不完全或幾乎不存在，我無法依循前任主管留下來的東西。當我來到餐廳時，這裡只有一位經理，過勞、沒有後援且筋疲力盡，卡洛斯自己也下來幫忙，但據我所知，還不如讓我六歲的女兒管理，那位陰沉、無能又冷漠的資深酒保必須離開，幸運的是，他對現在這個新任主管毫不在意，繼續維持他懶散的工作模式。幾週後，我蒐集到開除他所需的文件，感覺非常好，另一位酒保的工作表現非常出色，所以至少還有一個人可以信任。

服務生大多是年輕人、學生，雖然都很貼心又熱情，並不具備達到我想要的服務水準所需的技巧，也不想認真對待這個職務，一看到餐廳正在改變，某些人就認為這裡不適合他們，選擇自行離開。我短暫回歸河邊咖啡廳的經歷至少還有一個好結果，我當時馬上和那裡兩位服務生變熟，我知道他們工作得很不開心、想要離職，所以當我認為餐廳狀況有所改善，馬上聯絡他們，兩人最終也加入我們的團隊。

我還需要一名總領班來接待客人，大約十年前，我們在勞烏小館雇用了一名領檯員珍妮佛，雖然她當時很年輕漂亮，但敏銳又聰明，而且有辦法和任何人對話，她很適合在這裡工作，我聯絡她來負責接待客人，她同意了，看看我現在成為用餐區的首領了。

外場集結了我的專業團隊，托瓦這個合夥人相當稱職，除了是優秀的主廚以外，也很會維修各種東西，可以處理餐廳裡所有需要的小型修繕，幸運的是，他還有一名二廚艾德溫．克拉夫林（Edwin Claflin），可以代替主廚管理廚房，也可以跳下來協助一些修繕。

這個建於一八三六年的空間，不太符合二十一世紀餐廳的需求，這種老地方有很多問題，水管系統完全是災難，廁所常常外溢，倒流進酒吧，有時噴出的水流太過猛烈，不得不用桌布築成臨時水壩來擋水，直到我們自己修好或請水電工來處理，網路和電話也經常會斷線，我們從地下室拉上來的電話、電腦和銷售系統的線路太多，看起來好像北美防空司令部。

廚房裡的截油槽需要定期維護，如果沒有好好維護——這是廚房常見的問題——截油槽會賭塞，散發出陳年食物和油脂的腐爛氣味，令人作嘔，你的第一個反應會是想吐，並想要盡可能遠離這種味道，我曾看過廚師站在他們的工作站，腳下的排水溝堵塞，他們站在充滿腐臭味的食物和油脂中，用餐巾當作臨時面罩遮住口鼻，繼續完成手邊的牛肋排以及鱒魚排，每位廚師都得穩住心情，一邊將大蒜丟進橄欖油中翻炒，一邊煸炒菠菜以完成餐點，完成後再衝出去透氣，你能做的真的不多，只能拿著風扇將臭味吹回廚房，避免臭味傳到用餐區，我們會持續供餐到找來水電工，花一大筆錢幫我們疏通管線，讓一切回歸正常。

經營不善的餐廳無法負擔這些必要的維護費用，我們也因此陷入了困境。某天晚上，地下室漏水，艾德溫和我下樓檢查，看見汙水管在滴水，當碰觸水管，銜接處突然爆裂，汙水淋了我們一身。汙水管一年至少需要清洗兩次，否則所有客人往馬桶丟的垃圾——擦手紙、女性用品、大量的衛生紙——都會堵塞管線並倒流，我們想辦法堵住漏水，把自己擦乾淨後回去繼續工作。

如果我必須投胎轉世，下輩子一定要成為水電工。某天，我和水電工聊天，他不知道已經幫我們修理幾次管路了，他說正在計劃女兒的十六歲生日派對，我以為他是在暗示我，希望能幫他打折，我問他派對日期，想知道他是否考慮在這裡舉辦，他回覆不是——他花了五萬美元在家附近的河邊舉辦派對，而我孩子的十六歲生日只和朋友在餐廳吃一頓飯。

隨著建築物崩塌和淹水的危機暫時解除，我們現在需要確保前來用餐的客人度過美好的時光，並願意再次光臨，我們花了六個月讓餐廳達到一定水準，有自信能讓客人願意再次光臨。我認識很多人，最初的六個月，每次我從用餐區下樓，看見我認識的人在酒吧或用餐，我都會跑去躲起來，不想讓任何認識的人走進來看到我，客人只會給你一、兩次機會，以我的名聲，如果沒有在第一次就讓客人滿意，他們就不會再出現了，我希望我認識的客人變成常客，我們必須做好準備。托瓦的餐點非常出色，簡單而美味，他明白小廚房的限制，創造了一份可以在這些限制下完成的菜單，我則是持續在外場監督服務。六個月後，我們開始收支平衡，九個月後開始賺錢，一年後，我們迎來餐廳開幕以來最成功的一年，我們成功起死回生，現在的目標是維持下去。

餐飲業很無情，需要持續專注，一旦分心或轉身就會出狀況，唯一的應對方式就是時刻在場，優秀的餐廳老闆都會最早抵達、最晚離開餐廳，至少在餐廳開幕初期是如此。他們必須監督並參與大小事，許多新開業的老闆或餐飲新手都不會這麼做，這是他們犯下的最大錯誤之一，客人想要看見老闆在場，如果老闆不在，也希望看到表現或行為像老闆一樣在乎餐廳利益的人在場，勞烏小館的成功在於員工賺很多錢，每個人都將餐廳看作自己的店，即便主管不在場，但我們還在賺錢，才不想冒險失去這個機會。如果餐廳老闆認為他能以六萬美元的年薪聘請一名經理，讓他將餐廳當作自己的店來經營，那麼這名老闆肯定是他媽的瘋了，餐廳一年內一定倒閉。

我經常處理服務相關事務，我早上就會進餐廳，處理各式需要注意的事項——訂購酒水、桌巾，確認垃圾被清運走、花朵新鮮美麗，餐廳外部清掃乾淨、餐廳內部一塵不染、安排工作表——所有營運餐廳需要做的事。晚上我會在外場監督服務，最重要的是，「照顧」每一位客人。

「照顧客人」意指餐廳管理層——經理、老闆或主廚——到每一張桌位關心客人，詢問客人的用餐體驗，看看他們對服務、餐點和氛圍的看法，認識客人，瞭解他們是否住在附近，他們怎麼會前來用餐，希望能鼓勵他們再次光臨，基本上就是瞭解你的顧客，如果客人受到恭敬且良好的待遇，享用到美味的餐點，他們就會再次光臨，非常簡單卻十分有效。

盧泰西亞（Lutèce）曾是美國最偉大的餐廳之一，從一九六一年起開業了四十一年，連續六年被查氏餐館指南評為美國第一名的餐廳，老闆是傳奇主廚安德烈．索特納（André Soltner），我曾在那裡用餐過幾次，每一次用餐結束時，索特納主廚都會身穿硬挺潔白的廚師服、頭帶廚師帽走出廚房，在用餐區裡逐桌巡視，關心每一桌的客人，感覺好像是教宗在賜福給你，這是在那裡用餐最棒的一環——美國最偉大的主廚來到你的桌邊，關心你的用餐體驗。

許多餐廳——特別是餐飲企業——都已經失去這種簡單、親切且有意義的舉動，這個現象已經到了一個程度，讓大多數的客人將冷淡、敷衍的服務視為理所當然，大多數客人都完全不清楚餐廳的主廚是誰，可能也不在乎，我不會想在這種餐廳用餐甚至是工作。再次強調，重點還是用餐體驗，最好的餐廳會給你完整的體驗，這是挺簡單的一件事，就是出現在你自己的餐廳裡，如果你想要成功，你就必須在場，至少在規模小一點的餐廳是如此。在工廠般的大型餐廳，大多數人只想在用餐後離開，餐廳也鼓勵這種態度，拚翻桌率是唯一目標。在那些更好的餐廳，那些偉大的餐廳，一切都著重在完整的用餐體驗，被認識和良好待遇也許是最重要的部分。

偉大的餐飲業經營者——丹尼．梅爾、史蒂芬．斯塔爾、基斯．麥克納利以及其他許多人——他們都知道這一點，也知道怎麼做到這點，並雇用優秀的人來管理餐廳，而如果你不祭出高薪，就只能留下那些隨時會為了多賺一點錢而離開的庸才，無法建立傳統。對我而言，我喜歡走進餐廳可以看到餐廳老闆，還能認識酒保和服務生，這是一種熟悉感和傳統帶來的安全感，因為你完全知道能期待什麼，麥克納利和斯塔爾會成功是因為他們的員工都很優秀，接待客人的員工很有魅力、態度和善又精明，外場員工由有才華又獲得合理待遇的經理親自培訓，廚房由優秀的廚師管理。

托瓦端出許多美味的法式料理，錢開始源源不絕，隨著收入增加，我也能打造比較像樣的酒單，我聯手總領班珍妮佛，以及短暫回歸河邊咖啡廳時挖角過來的兩位服務生，一起讓生意起死回生。此刻，營運良好又美麗的餐廳充滿常客與新客，還有客人的滿意推薦，一切都達到最佳狀態，直到某件事情發生，讓一切又變得複雜起來。

Bobo 波波

我喜歡掌控一切，我相信自己知道讓用餐區順利運作最好的方法，我在波波有很大的自由可以實踐我的想法。一年半後，我被賦予總經理的頭銜，入職三年後，變成了管理合夥人，現在投資人已經回收成本，生意也越來越好，有更多資金可以周轉。

原本就是計劃讓托瓦管理蘿絲瑪莉小館的廚房，自從那邊開幕後，我就越來越少在波波看到他，當卡洛斯開了他的第三間餐廳克勞黛，托瓦大部分時間又都在那裡，迫使我們必須找一位新主廚，試了幾位主廚，還是找不到像托瓦這麼有才華、熱情又在乎波波的主廚，雖然我們設法讓餐點維持在一定的品質，但還是達不到他的水準。托瓦離開後，大部分的工作都落在我的肩上。

波波有三層樓外加一個花園，空間狹小、擁擠、難以管理，維持現狀一直都是挑戰，餐廳外還有大型施工影響我們的營運，餐廳左邊有另一間餐廳要被拆除，改建成豪華公寓大樓（蓋在曼哈頓的公寓大樓有不豪華的嗎？），前面的街道因為水管更換工程而在挖路，豪華公寓的工地帶來的噪音影響了我們的早午餐生意，隨著隔壁大樓越蓋越高，工程碎片會掉落並摧毀我們的頂樓花園，我們花了一年才修復花園。與此同時，街道上施工的工人忘記封住連通到餐廳的老舊煤槽，導致幾百隻甚至幾千隻老鼠跑進餐廳，處理鼠患又花了好幾個月。

卡洛斯試圖建立一個餐飲帝國，我們很少看到他，他大部分時間都花在蘿絲瑪莉小館，試圖為了下一個計劃籌錢，同時，他太執著於將餐廳打造成集團，建立一個餐飲品牌，雖然之後確實成功了，將其命名為卡薩那拉（Casa Nela），這也讓我開始準備結束這一段旅程。

卡薩那拉是負責監督各個餐廳特定部門營運的集團，這個想法如果妥善執行，對於擁有三間餐廳的老闆，這是順利推動、統一餐飲業務的必要措施，特別是如果你計劃拓展事業版圖。集團裡的部門包含人資、活動企劃和公關，這些部門都需要足夠的人力和辦公室，還需要時間籌組、運作，許多有能力的人都可以勝任這些工作，問題是出色的人才薪水也不低，通常也受雇於優秀的公司，要讓他們離開安逸的工作，你也得祭出更好的誘因。

薪資通常是首要條件，問題是分配給這項改變的資金非常少，新團隊只能以微薄的預算籌組，最初雇用的一批員工都缺乏經驗，似乎只是因為工資便宜就雇用他們，如果要從零開始，最好找那些知道自己在做什麼的員工，而不是邊學邊做的人，但我們雇用的大多是這種人，這樣集結而成的團隊很難成功。

一開始就出問題了，新團隊的辦公室是開放空間，無線網路不穩定，人資、活動企劃、公關和訂位部門共用一個空間，包含訂位員在內的四個人同時在這個小空間工作，可能會帶來災難。電話整天響不停，只有一個人負責訂位業務，其他人不得不放下手邊工作來幫忙接電話，訂位電話響個不停，其他部門也需要打電話，很多人擠在一個空間同時通話，無線網路時好時壞，簡直一團亂。

搬進新辦公室當天就看得出麻煩將至，團隊完全沒有安排任何運輸工具或資金來將設備從餐廳搬到新空間，負責搬運業務的人還沒有鑰匙，在努力前進、拓展或創立餐飲集團，卻忽略了基本的營運工作，他們沒有給優秀的在職員工加薪，也沒有創造出正面的工作環境，員工過勞、工資過低，還得應付許多比在職員工更無能的人。

面對這個我熱愛的地方，要維持我對它的承諾越來越困難，在嘗試創立餐飲集團的同時，我們辛苦取得的成果似乎正逐漸被摧毀，我再次覺得是離開的時候了。

PART VI
第六部分

斯塔爾創立布穀

Starr Ship Coucou

史蒂芬・斯塔爾的餐飲業生涯始於費城，他來自費城的街頭，小時候曾經在阿斯伯里帕克的木板路上兜售小飾品，又涉足喜劇俱樂部和音樂產業，他請過的許多表演者後來都成為大明星，從傑瑞・史菲德到瑪丹娜。他創造了一個小型的餐飲帝國，從費城到邁阿密，並在紐約市以巨大的看佛和森本震撼餐飲界，隨後開幕的餐廳高地（Upland）也獲得極大成就。

我過去從未聽過他的名字或餐廳，我一直窩在市區餐廳小圈圈裡，對於十四街以北的事不太關注也沒有興趣，我很討厭那種巨大、流行主題樂園式的餐廳，人滿為患、人聲嘈雜，餐點價格過高又難吃，那些道集團（Tao Group）的餐廳擠滿了二十幾歲的年輕人——成群的女士穿著過高的高跟鞋和緊身裙，走路都走不穩，一邊尖叫一邊咯咯笑著，幫那個剛訂婚的「婊子」慶祝——男士們則在酒吧裡伺機而動，他們身穿緊身褲、閃亮的鞋子、同一款不紮進褲子裡的襯衫，最上方的三顆扣子不扣，身上散發著某種難聞的古龍水，希望這些「婊子」喝得夠醉能跟他們回家，我對這些事都敬而遠之。

蘿絲瑪莉小館前總經理特洛伊．魏斯曼（Troy Weissmann）來電時，我正坐在波波的辦公室裡認真思考未來，此時，魏斯曼已經離開蘿絲瑪莉小館一兩年——因為他受夠卡洛斯了，他很快就被斯塔爾找去開高地，餐廳獲得了很高的評價以及極大的成功。我超過一年沒聽到魏斯曼的消息，他正在為斯塔爾籌備新餐廳，所以來電詢問一個曾和我共事過的人。

通話快結束時，我告訴他自己正在考慮換工作，想要離開管理職，也許可以嘗試一些不一樣的事，他說他在籌備的新餐廳正在招聘員工，認為我可能很適合，他會幫我安排面試。

我決定試一試，面試在看佛舉行，由負責新餐廳開幕的主管進行。我抵達斯塔爾那座過於華麗的餃子宮殿時，其中一名經理馬上過來招呼我，「午安，徹奇先生。」太好了，這群人非常專業，當時正值中午，餐廳還沒開始營業，但餐廳裡已經擠滿斯塔爾的員工，努力做著他們該做的工作，但這一天似乎都在忙著面試大批候選人，以填補餐廳許多空缺的職位。

主管十分專業並懂得傾聽我的需求，事後回想起來，我覺得我聽起來肯定像二十年前，勞烏小館總經理女士眼中的過勞服務生，後來得知我的感覺是對的，主管本來堅決不想雇用我，但她還是不情願地帶上笑容告訴我，我得見見主廚丹尼爾．羅斯，羅斯即將掌管這間新餐廳，她很顯然是為了還魏斯曼一個人情才這樣安排，她為了擺脫我，所以做出這個肯定會被拒絕的安排。

Le Chef 法國主廚

布穀設立於剛成立不久的霍華德十一號飯店，在蘇活區和唐人街的邊緣，距離堅尼街只有幾步之遙，以壅塞、惡臭、以及銷售奇特電子零件的昏暗商店聞名，而不是精品飯店和高級餐廳。這間飯店的老闆是有點惡名昭彰的開發商阿比．羅森（Aby Rosen），羅森此時在餐飲業已經聲名狼籍，因為他買下西格拉姆大廈後，就將頗具代表性的四季餐廳踢出去，而四季餐廳從一九五九年就進駐那裡了，這個由菲力普．強生（Philip Johnson）設計給前百分之一富人的聖地已經失去吸引力，也變得十分陳舊，羅森認為是時候注入新血了，但或許也是因為自己訂不到好位子而生氣，他不僅把餐廳踢出去，還拆除了掛在惡名昭彰「畢卡索小巷」的巨幅畢卡索幕布。

我到霍華德十一號飯店與丹尼爾．羅斯見面，走進即將成為布穀的施工現場，這個地方即將成為世上最美的餐廳之一，此刻還是完全一團亂，我花了很長一段時間穿越那片狼藉，在飯店的圖書館裡找到羅斯。他個頭不高，頭頂深色捲髮，眼睛不斷打量四周發生的一切，奇怪的是，我並沒有因此覺得不安，他也似乎完全投入我們的談話。羅斯出身芝加哥，正如他喜歡掛在嘴邊的，他曾為了加入法國外籍兵團前往法國，未能如願後，他在里昂的保羅・博古斯廚藝學院學習烹飪，接下來十年在法國各地磨練廚藝，後來才開了春天，這間只有十六個座位的餐廳讓他初嘗成功滋味，當他將春天搬到大一點的場地後，餐廳獲得巨大的成功，讓他躋身世界頂尖新廚師之列。斯塔爾發現了他，將他帶回美國，布穀也就此誕生。

丹尼爾很討人喜歡，他幽默風趣、態度親切又聰明，我們一拍即合，分享了各自的業內經歷，討論美食和待客之道，發現我們志同道合。我告訴他，我覺得顧客的用餐體驗有多重要，並分享我在盧泰西亞用餐的經驗，索特納主廚如何在每桌客人用餐結束時關心他們，以及這經驗如何深遠地影響我對整個產業的看法。羅斯見過索特納，他馬上讓我知道，他雖然沒在那間華麗的餐廳裡用餐過，但完全理解這個理念，並試圖在市中心重現這個理念，他希望這間餐廳成為盧泰西亞的翻版，當我告訴他酒保吉米和路・瑞德的故事，我們兩個馬上意識到布穀會是盧泰西亞和路・瑞德的綜合體。憑藉著羅斯在經典法式料理的烹飪知識和經驗，他不僅即將改變紐約市的餐飲業，甚至還影響了整個國家。

他帶我參觀了整個工地。走進尚未完工的廚房，正中間一座部分尚未拆封的爐子占了大部分空間，這個爐子最近剛從法國海運過來，他拉下塑膠膜，底下是一座我見過最美麗的爐子，爐子巨大無比，由法國公司鍊金爐為羅斯精心打造，優美的曲線、綠色的外觀和黃銅把手，這座美麗的藝術品不僅將烹煮羅斯的美食，還是廚房中央重要的設計元素，斯塔爾在這個部分投入鉅資，我所見過唯一能與之匹敵的靜態功能性設計作品是，米開朗基羅為佛羅倫斯羅倫佐圖書館設計的樓梯，這座爐子帶給我同樣的感受。我告訴羅斯我想躺在上面（我忍住沒說我其實想在上面做愛），他則回應道，他前一天晚上待到很晚，直接在上面睡覺。

那時我就知道我會喜歡他，會面結束時，我們十分確定想和彼此共事，此刻我非常興奮，這次會面喚醒了我對餐廳和同事的熱愛，以及曾被波波扼殺的那分熱情。我告訴他我有多興奮，多想要在此工作，但下一個關卡是要與餐飲大亨史蒂芬．斯塔爾本人見面。

斯塔爾本人

Starr Man

回到看佛，再次獲得親切、專業的接待，被安排坐下等待和斯塔爾見面，從我坐的地方可以看到斯塔爾正在面試，據說每一個通過層層關卡到他餐廳工作的人，他都會親自見過並做出最後決定。有鑑於他擁有超過四十間餐廳，這件事令人印象深刻，我看著他迎接面試者，小聊幾句後再送他們離開。整個過程裡，所有在職員工都會緊盯著斯塔爾，他每次用手勢示意需要什麼東西，立刻就會有兩三個人準備好遞給他。

輪到我時，我走向他時，他起身親切地招呼我，史蒂芬身材魁梧，身高約五呎十吋，留著黑短髮、性格豪爽，他穿著黑色T恤、牛仔褲、藍色外套，眼鏡戴在頭頂，自信、迷人、個性直接，不浪費時間，不喜歡閒聊，期望對方盡快說出重點，否則你就會直接被請走，我馬上就喜歡上他。我們坐下，他向我要了簡歷，我笑著告訴他，我已經二十年沒寫過簡歷，他也笑著說道：「很好。」我們聊了一會，我告訴他我曾經在哪裡工作，大約五分鐘後，他告訴我，我被錄取了，我們只需要弄清楚我想做什麼，以及什麼最適合我。我告訴他，我想和他以及羅斯一起在即將開幕的布穀工作，他說他會和團隊討論一下，我們握了握手，我在離開前說道：「史蒂芬，請不要認為我只是在捧你的卵蛋，你的公司真的很棒，每個人都很出色，我很想為你工作。」當我走出餐廳，他開玩笑地說道：「別告訴別人你剛說了什麼。」我笑著說，我指的是宗教層次的象徵。

不久後，魏斯曼告訴我，史蒂芬在面試結束後走到他身邊說道：「這傢伙很棒，他即將成為總領班。」聽完這番話後，我隨即向波波提出辭呈。

Le Coucou 布穀

我在布穀工作的第一天，完全是一片混亂，整個場景讓我想起過去在水上俱樂部工作的日子，此刻感覺起來像一百年以前的事。承包商聚在一起看藍圖，工人們大聲吆喝著要這個、要那個，開放式廚房裡，我看見一群廚師圍著羅斯，每個人都負責某個環節，等待他的指示，斯塔爾的團隊分散在餐廳各個角落，敲著電腦鍵盤，做著那些不在餐廳工作的人會做的事。在某個角落裡，斯塔爾本人和經常跟著他的一群人——承包商、設計師、工程師和主廚們——圍成一圈，全都焦慮地討論著餐廳每個細節，我是最後一個加入的管理層成員，還不認識任何人，只能呆站在一旁，他們已經一起計畫好幾個月，全心投入這個企劃中，完全沒時間搭理新人，我即將負責掌管門面，但我們還要好幾週以後才會有大門。

廚房裡的廚師軍團穿著全白制服，正在切菜、攪拌、試菜、翻閱筆記本，討論菜色和食材採購事宜，羅斯從未在紐約工作過，他必須認識食材供應商、試吃食材、瞭解市場，與此同時，他還必須管理巴黎春天餐廳五倍大的廚房團隊，斯塔爾聚集了一支全明星團隊協助他，包含他餐飲總監艾力克斯．李（Alex Lee），他因為曾在丹尼爾．巴魯（Daniel Boulud）當時的四星餐廳丹尼爾（Daniel）擔任行政主廚聞名，還有尚—喬治的（Jean-Georges）前行政主廚艾瑞克．貝茲（Erik Battes），丹尼爾．羅斯的巴黎餐廳春天的行政主廚吉爾斯．切斯瑙（Gilles Chesneau）也在這裡，這比我想像中的還認真許多。

在這個 T 型餐廳前方坐著約三十名新聘的外場員工，等著主管告訴他們未來的工作該做什麼，我對這裡的人才感到驚訝，大多數的主管都曾在厲害的餐廳擔任總經理，有些人則是為赫赫有名的大餐廳工作過，例如：丹尼．梅爾旗下的餐廳、尚—喬治等，這個團隊陣容堅強，更令我驚訝的是，魏斯曼告訴我，斯塔爾旗下四十多家餐廳內從未設過總領班，我將會是第一位。

團隊裡的人似乎不太知道要給我安排什麼工作，我也花了一個星期才感覺自己似乎瞭解了一點狀況。隨著餐廳逐漸成形，這裡顯然將會美得令人屏息，大門外擺著種滿樹木和爬藤類植物的花盆，一進門，右手邊就是餐廳最具代表性的酒吧，被許多人譽為紐約最美麗的酒吧，左邊是一整排桌位，白天的陽光會穿透餐廳正前方一整面壯麗的玻璃窗灑在這整排桌位上，晚間則由受到土耳其聖索菲亞大教堂啟發的吊燈打亮，沿著走道往下走，右邊是通往主用餐區的入口，整個空間的焦點是奢華的安哥拉山羊毛卡座，走到盡頭就是開放式廚房，看起來就像是電影布景，壯麗的爐子位於正中央，四周掛著黃銅鍋具，牆壁上鋪著綠色磁磚，斯塔爾似乎已經準備好讓紐約市為之驚艷，資金和人才都已經到位，準備實現這個目標，餐廳內部的設計由羅曼和威廉斯工作室操刀，這個曾經是電影布景設計師的團隊，運用過去的經驗打造出他們口中所謂一系列「電影場景」般的設計，餐廳裡的每個部分幾乎都彷彿擁有自己的身分，集結成一個完美的整體。

餐廳開幕約六個月後，我站在前廳等待員工抵達，傍晚的餘暉灑滿整間餐廳，此刻正值服務時段之間的空檔，所以沒有客人。幾位服務生坐在桌邊安靜地折著餐巾，幾位廚師在廚房裡，慢慢為晚餐做最後的準備，我站著欣賞這華麗的場景在我眼前展開，光線非常完美，廚房燈光恰到好處、設計又精緻，我感覺自己宛如真的置身在片場，等著導演大喊一聲「開拍！」，那是這個華麗的餐廳光輝的一刻。

隨著我們越來越接近開幕，羅斯還在修改菜單，他已經品嘗過二十隻雞，卻還是找不到符合他口中法國雞肉的味道和肉質，他對於許多食材選項都感到失望，不論是肉品和農產品都一樣，我當時心想，他可能就像典型喜怒無常的主廚，直到我和他去了巴黎以後才改觀。布穀開業一年後，羅斯和我異想天開地想拍攝一個電視節目，還向人很好的瑞秋．雷提案，瑞秋花了一點時間聆聽我們的計畫，接著說我們瘋了，她說得對。即便如此，我們還是花了幾天在巴黎拍攝，我們到市場採買肉品和農產品，羅斯完全是對的，水果和蔬菜的味道比我們在美國買到的都更為濃郁、豐富，肉品更是如此，我們去了一間他熟識的肉舖，屠夫帶我們到櫃台後試吃幾片他切下的生牛肉，這裡的環境完全不同：沒有人戴手套，處理肉品的屠夫也不會害怕試吃，沒有人因此得病，一切都很真實、自然，他們所做的一切帶著某種美感，這些人和動物與他們販賣的食材緊密連結，如同呈獻禮物給我們一般。

在布穀，丹尼爾整天會不斷送菜給斯塔爾品嘗，每一道菜上到他面前時，我都會偷看他的反應，他先嘗一口，接著將菜色推給他的小圈圈品嘗，聽聽他們的意見，試吃菜色時，設計師常常打斷他們，展示各種家具或擺飾，他一開始總能從容應對這些干擾，直到某次讓他開始不耐煩，你會聽到他的聲音在餐廳裡迴蕩：「你在做什麼！你毀了我的餐廳！」他最常發洩的對象是設備總監麥可，斯塔爾經常對著他大吼，我們忙著做某件事時聽到一聲「麥可！」斯塔爾一遍又一遍大喊到他出現，試著解決眼前的問題。

我很快就知道空調是斯塔爾最苦惱的問題之一，就算有人垂死倒在領位台前面的地板上，如果餐廳不是處於完美的溫度，不論是太熱或太冷，斯塔爾就會開始大叫某人來處理，他甚至不會注意倒在地上的人，「誰負責的！他媽的大家都在做什麼！你們沒人知道怎麼控制這該死的東西，叫麥可來！特洛伊⋯⋯！」我敢說百分之九十五的時間，空調系統都是沒問題的，但這不重要。斯塔爾讓某間空調公司隨時待命，他付給這個人一大筆錢，確保自己的餐廳永遠都在合適的溫度，必要時，這一隊技術人員會在一個小時內抵達餐廳，不論外面是否下著暴風雪或傾盆大雨，星期六、星期天，清晨四點或下午五點，路上交通壅塞不堪⋯⋯技術人員會像特種部隊一樣確保機器正常運轉，大多數時候機器都是正常運轉。在其他餐廳，可能需要等上好幾天才會有人來修理空調或暖氣，特別是在週末和假日，你和客人可能會熱死或凍死，多半時間連要找到人來接電話都很困難，但史蒂芬不一樣，他有專人服務。

我們此刻距離開幕還有兩週，但菜單依然還沒確定，不僅如此，餐廳的定位也懸而未決，史蒂芬告訴我，他想融合高調和低調的設計元素，結合已經極為少見的上東區法式餐廳高雅格調以及堅尼街的隨性市中心風格，這就是丹尼爾和我心中所謂盧泰西亞和路．瑞德的綜合體。

史蒂芬以天花板為例，天花板尚未完工，外露的空調管線與用餐區的優雅陳設同時呈現，安哥拉山羊毛卡座以及讓人聯想起一九二五年、覆蓋著綠色絲絨的古董椅子。領班穿著成套西裝以及厚重的黑靴，其他服務生則穿著牛仔褲和靴子，與大多數高級餐廳穿著燕尾服的服務生截然不同，目的是讓餐廳展現出比上城區的尚—喬治和伯納丁更放鬆、更親民的氛圍，桌子是由染白的橡木手工製作，製作成本所費不貲，我們不斷爭論該露出桌面還是鋪上精緻的桌巾，桌上將會擺上細長的白色蠟燭，這些蠟燭會放在桌上一整晚，要讓蠟油直接滴在木頭桌面上？還是滴在桌巾上呢？有多少人會被明火燒傷？萬一有人打翻蠟燭怎麼辦？整間餐廳會因此燒起來嗎？

魏斯曼和羅斯為了桌巾和蠟燭爭執不休，羅斯會說：「我想辦一場派對，而且派對上要有桌巾和蠟燭。」史蒂芬也覺得我們需要桌巾，但也願意嘗試不鋪桌巾，我在這兩件事的意見都錯了。親友日期間的某個晚上，我們露出木頭桌面，結果是一場災難，用餐區看起來糟糕透了，任何東西碰到桌面的聲音聽起來都令人膽戰心驚，白色桌布和細長蠟燭的極致美感不復存在，因為桌巾為用餐區帶來了高雅與隨性的完美對比。

丹尼爾和我似乎是這種二元對立的完美範例，丹尼爾熟悉經典法式料理烹飪技巧，他非常在行，可以煮出米其林三星等級的料理，他沿用經典食譜，拋開其中的死板規定，以自己的風格改良這些菜餚，大多數時間都能創造出新的傑作。他捨棄許多主廚穿著巡視用餐區的硬挺白色廚師外套，而是穿上黑色破牛仔褲以及黑 T 恤，看起來更像洗碗工，而不是主廚。他經常從廚房衝出來，手上拿著銅製鍋具，裡面裝滿他剛完成的某道美味料理，走向某張桌位，將剛煮好的美食舀到客人的盤子上。

不論是在高級餐廳、法式餐廳或其他餐廳，我都不是典型的總領班，當你走進任何高級餐廳，站在門口迎接客人的幾乎都是身型高大、溫文儒雅、英俊瀟灑的男性，身旁圍繞著相同類型的員工，在湯瑪斯．凱勒的四星餐廳本質（Per Se），整個領班團隊宛如複製人一般，每個人都年輕、高大、英俊、苗條，穿著合身的黑色西裝，腳步一致走向餐桌，手上只拿一個盤子，精準地同時上菜，如果這些人站成一排，你可能會認錯他們，長得太相似了。

我則像是外場版的羅斯，但身型矮小的我比較像伍迪．艾倫，而不是楊波．貝蒙，我當然沒有法國電影明星帥氣的外表，也沒有法式高級餐廳的用餐經驗，我極度討厭高級餐廳相關的一切和神聖感，以及宛如在高級餐飲神殿膜拜料理般的崇敬，如果不是斯塔爾想要這種高雅與隨性風格的綜合體，我可能也不會被錄用。

然而，我瞭解紐約和紐約人，我知道他們想要什麼，他們希望如何被對待，不開玩笑，過去在市中心工作三十年的經驗，讓我熟悉這裡的用餐場景，我經常和客人坐在一起喝酒、聊天、大笑，我打破了高級餐廳的規則，就像劇場所說的打破第四面牆，拋棄所有的偽裝和神聖感，我想這就是斯塔爾在我身上看到的特質，應該不會有太多法國餐廳總領班告訴老闆，他們不是在捧他的卵蛋，我認為這是為什麼他不顧主管的反對雇用我，那些主管想像的是本質或丹尼爾的經營模式，而不是由我這個矮小的義大利人管理這個華麗新餐廳的門面。

史蒂芬當然也不是來自上流社會，如果他出身本森赫斯特，他可能會變成黑道，他是餐飲業的東尼・索波諾（Tony Soprano），但他的司機看起來不像是會載著一名旗下有四十幾間餐廳的人，反而比較像《教父》裡路卡・布拉西（Luca Brasi）的司機，我們只要看見一台全新的邁巴赫停在餐廳前，就知道斯塔爾來了，隱藏在深色車窗後，坐在後座，總是在講電話，我們會等著看是他要進餐廳，還是要請我們叫誰去車上，我從來不知道我被叫到車上是因為史蒂芬需要什麼，還是我會被載到紐澤西行刑。

距離餐廳開幕還有一週，菜單還是沒完成，我看見許多菜色在餐廳和史蒂芬的餐桌上來回，但只有他和他的顧問團能夠嘗上一口，別人都不行。羅斯一直在嘗試新的菜色，你可能會看見他在廚房裡，彎腰靠近一個銅鍋，攪拌著某個即將送給斯塔爾審查的料理。

用餐區此刻已經幾乎完工，某天晚上，我們測試了蠟燭和燈光，看看整體效果如何，燈光被調校無數次後，終於點燃了蠟燭，桌子也擺設好，美麗得令人屏息。酒吧是餐廳的焦點，四層高的酒櫃直達拱型天花板，周圍襯著手繪風景壁畫，濃厚的陰影打在酒吧，包圍了整個吧台區域，營造出一種戲劇效果，為整個用餐區定下基調，關燈後的景象讓所有員工都驚嘆不已，就是這樣，我們準備好了。

史蒂芬的怒氣噴發得越來越頻繁，除此之外，餐廳還算安靜，接著史蒂芬爆發了，菜單還沒準備好的挫敗感，菜色不斷被試吃、退回、再試吃，在廚房和史蒂芬的桌位間來回，這一切讓人越來越疲憊。某天下午，距離親友日只剩三天，企業主廚艾力克斯·李大吼：「夠了！所有人都得專心，別鬧了，大家專心！」餐廳因此為之震盪，接著一片死寂。我的肩膀因為壓力一直緊繃著，此刻終於放鬆下來，我深吸一口氣，露出微笑，這是老派行事風格，感覺對了，我們會在這三天內準備好。

Iron Bottoms

鐵膀胱

在無所不在的斯塔爾企業團隊支持下，這是我見過最順利的親友日，當然還是有一點小插曲，我們的食物推車嘎吱作響，飲料和餐點送錯桌等等，但並沒有束手無策的問題，我們正在適應一個新的系統和場地，訓練有素、準備就緒的員工從容應對。

我們開幕第一天起就每天滿座，這是當年度最受期待的餐廳之一，一開放訂位，隨即就訂滿，羅斯有一群驚人的追隨者，餐廳開幕前三個月，近八成的客人曾經在春天用餐過，我完全沒想過有這麼多紐約人經常去巴黎用餐，他們各自帶著和春天或丹尼爾有關的故事前來：餐點有多麼美味，丹尼爾如何為他們額外做了一些事；雖然他們遲到，廚房也已經休息了，但他仍然為他們重新開火烹煮晚餐；他們在餐廳外等待座位，丹尼爾出來陪他們喝啤酒。他受人愛戴和尊敬，每個人都想見他、和他打招呼、品嘗他的料理，消息傳得很快，餐廳甚至還沒獲得任何評論，部落客開始討論他打算端出什麼料理，懷疑他在紐約是否開心，他是否會回巴黎，他的妻子和家人是否會搬到紐約。我從未意識到對美食的狂熱可以上升到這種程度。

美食愛好者都是瘋子，他們會關注所愛主廚或餐廳的一舉一動，他們也會關注我們，我們的桌位是紐約市最炙手可熱的，所有餐飲大亨都想來用餐，還有廚師、主廚、服務生、我習慣接待的優雅賓客，以及其他我沒見過的人，我們打進了超級富人圈，住在上東城那個狹小區域的百萬富翁和億萬富翁，後來也都成為常客，他們會成群結隊前來用餐，加長型禮車以及豪華轎車在餐廳前面搶占位子，以便車上衣冠楚楚、珠光寶氣的客人下車，這個夜晚他們終於可以像六〇年代一樣精心打扮來享受晚餐，舊時代的美食和魅力帶著現代元素回歸了，我收過最大的投訴是，他們從多遠的地方來這裡用餐，你可能會以為東六十八街是在科威特，我們花在餐點、服務和裝飾的心力總算有了回報，我們非常受歡迎。

此刻的我身為新進的總領班，準備好面對客人帶來的一輪猛攻，但餐廳還沒有門，我過去接待客人、管理用餐區時，這裡是我的領域，我負責管理一切，做自己擅長的事，但在布穀完全不是這樣，至少前五個月都是如此，沒有人清楚告訴我，但我很快被教會這件事。斯塔爾設了一位大門營運總監——我們姑且稱她為「鐵膀胱」——她負責為其他餐廳建立訂位系統，範圍擴及整個紐約市，還跨足了費城、華盛頓特區和佛州，這是很必要的職位，在各個餐廳之間建立統一標準，透過相似的訂位系統設定，讓所有斯塔爾旗下餐廳之間的訂位變得比較容易。在親友日以前，我們曾見過幾次面，討論該如何建立訂位系統，雖然她聽取了我的意見，但這系統顯然是她的心血結晶，我只是在浪費時間，還可能威脅到她的工作，我那些無關緊要的想法對她來說都是干擾。

親友日開始後，她每天下午四點抵達，駐紮在領位台的電腦前，整晚都不會離開，只有極少數去廁所的時候。她一週七天都在那裡，從餐廳開門營業到廚房休息，每天都是這樣。因為她在那裡，我完全無法控制訂位或安排座位，一切由她掌控，我最好不要提出任何意見，她脾氣有時很暴躁，很少微笑，也不優雅，還會無禮地對待餐廳員工和客人。然而，她卻在這裡掌管門面，這間斯塔爾旗下最優雅的餐廳，當年度最受期待的餐廳開幕活動，儘管她的名聲不佳，她卻手握著整間公司最強的王牌——她從未漏掉任何美食評論家，一個都沒有。

那麼，規則到底是什麼？你應該給總領班小費嗎？第一，絕對不是必要的；第二，如果總領班堅持不給你桌位或以任何方式試圖向你「兜售」桌位，可以的話請趕快離開。這種偷竊行為讓總領班多年來名聲不佳，客人在門邊給的小費應該是一種感謝——感謝他們每次看到你，都以同樣親切的態度迎接、招待你，或者感謝他們好不容易幫你找到桌位，或著處理好很難得到的訂位，或者你需要比較多服務，因為當天可能是你丈夫的生日，所以她為你在甜點上插上蠟燭，或者特別招待了一輪香檳，因為她知道你們今天慶祝結婚週年。

如果你沒訂位但非得在特定某間客滿的餐廳用餐，一百美元肯定可以讓你得到桌位，少於這個金額可能會被認為是羞辱。聽著，如果總領班要重新安排訂位表，讓某些客人延遲入座，加快某些客人的用餐時間，只為了幫你騰出桌位，或者使用只有最厲害的總領班才知道的任何方式給你桌位，你最好支付相對應的酬金。如果不這麼做，下次可能就得不到桌位了。一百美元是黃金標準，幾乎可以讓你得到任何想要的東西，好好感謝服務生給予的特別服務是五十美元，二十美元只是象徵性的表示，雖然我們也樂於接受，但沒辦法讓你晉升好客人之列。我有一名億萬富翁的客人，過去三十五年來幾乎都只給我二十美元的小費，我很愛這個人，但二十美元真的完全沒必要，拜託，他都沒意識到自己的銀行帳戶這些年來改變了多少嗎？總之，如果你每次去某間餐廳吃飯，招呼你的人總是都很慷慨、有禮、熱情，而且真心開心見到你，或者記得你都喝什麼，送你一份甜點，那就請展現一點感謝之意。

Soufflé 舒芙蕾

大多數餐廳都有一套應對餐廳評論家的流程，員工在餐廳裡看到評論家就要遵循這套流程，因為涉及到的風險太大了，某些評論家有能力讓新餐廳倒閉，他們如果真的來用餐，你會想要確保自己維持最佳狀態，絕對不能搞砸，整套應對流程始於一個暗號，讓暗號盡可能快速傳給餐廳每一位員工是很重要的事，同時不能讓評論家知道我們已經發現了，你不會想看到一群服務生和經理在用餐區裡大喊「評論家」，姑且稱我們的暗號為「舒芙蕾」。

一旦發現評論家，某人就會盡可能快速且低調地走遍整間餐廳，讓每個員工知道用餐區有個舒芙蕾，你會希望所有人都拿出最佳表現，頂級餐廳的員工偶爾會粗心又懶散，我曾經有一位侍酒師吸著一瓶依雲礦泉水走進滿座的用餐區，要不是因為人資那些狗屁規定，我一定當場開除他。

布穀的評論家應對流程雖然和其他餐廳非常相似，但卻是我經歷過最緊繃的。我們每天晚上都會保留餐廳裡最好的桌位作為「評論家桌」，直到確定當晚不會有評論家前來用餐，才會安排客人入座那張桌位，還要等到廚房休息前三十分鐘才會釋出座位，入座這桌的客人通常都是貴賓，我們也都有備案，以防某位評論家在最後一刻出現，除了失去這桌每晚本該帶來的營收，還有另一個顯而易見的問題，當我們滿座時——每天晚上都是這樣——只要客人等待桌位的時間超過三十分鐘，他們每一秒鐘都會緊盯著你，眼睜睜看著用餐區中間空著的好桌位，讓他們氣得想殺了我們。鐵膀胱接待客人的態度非常差，所以只剩我安撫客人，禮貌性地讓他們知道那個桌位已經被預訂了，他們不能坐那裡。除了保留桌位以外，我們還準備了一份全新的菜單和酒單，只給這些知名的客人使用，上面沒有任何汙漬和折痕——嶄新、乾淨、沒人碰過。

當天晚上最優秀的團隊會負責那個桌位所在的區域，只有首席侍酒師會為這張桌位服務，除了服務那個桌位的核心成員外，其他人被指示離那張桌子越遠越好，不要盯著看、不要討好、不要偷瞄——什麼都不要，你絕對、絕對不能表現出知道評論家在場，也絕對不能讓評論家知道你認出他們，他們想要看到餐廳的真實樣貌，不想受到特別待遇，他們想要和用餐區其他客人受到一樣的服務，如果當晚主廚不在廚房，他最好趕快回到餐廳，你會希望由他親自掌廚，而不是別人代勞，在所有評論家都來用餐過之前，羅斯無法休假。

評論家的點單一旦送入廚房，點單上每道料理主廚都會準備兩份，他們會試吃其中一份以確保味道完美無誤後送出另一份，評論家用完每一道餐點，盤子送回廚房後必須先讓主廚檢查，才能進到洗碗機裡，主廚想知道他們吃了什麼、剩下什麼，如果有東西留在盤子裡，那就是個警示，他不喜歡這道菜嗎？這是客人的盤子還是評論家的盤子？她是品嘗過後才放回盤子上嗎？還是評論家吃得太飽了？

雖然你不該緊盯或討好評論家，但還是會被要求觀察他們每個小動作或暗示，好讓主廚瞭解狀況，我們承受極大的壓力，因為劣評足以讓餐廳倒閉，一位評論家就能掌握一間餐廳的生死，這種權力十分強大。史蒂芬（如同其他餐廳老闆）對劣評非常敏感，他的團隊竭盡所能確保自己認出每一位走進餐廳的評論家。萊恩・薩頓（Ryan Sutton）在《食客》雜誌上對看佛的評論肯定為他帶來巨大的恐懼，薩頓數落了看佛一番——

如果你沒有帶著《孤獨星球旅遊指南》來到看佛，這間餐廳占據了斯塔爾位於紐約雀兒喜市場龐大餐廳腹地的大部分空間，讓我簡單為你介紹這個中國風食堂大廳裡的一切：四位女性領檯員，只有一位會幫你拿外套，機場免稅店可能會聽到的那種不討人厭的舞曲，一間紅色花瓶房（西伯利亞般的邊陲地帶）、一間藍色佛陀房（像貨機一樣吸引人）以及一間吊燈房，我房地產的朋友打點了對的人，在吊燈房得到一個絕佳位置，還有一間擺著假書的圖書貴賓室，陡峭到讓你必須謹慎飲酒的樓梯，雞尾酒普通到足以讓你永遠不再喝十六美元的酒精飲料。距離俠客・歐尼爾一般大的入口幾英寸，擺著臭氣衝天的菸灰缸，還有一幅文藝復興風的裸體男子畫作掛在男廁外面，如果你和我一樣擁有「湯姆・克魯斯般的身高」，那顯而易見的陰莖就會剛好在臉的高度……

麻婆豆腐本該是展現川菜麻辣特性的菜色，卻帶著一股意想不到的甜味，讓這道菜嘗起來像是由美國罐裝義大利麵品牌——波亞爾迪大廚所準備的。擔擔麵——雞蛋麵搭配豬肉香腸、辣油和蔥的經典組合，嘗起來像是苦澀的洗手乳，廣告宣傳的軟殼蟹刈包卻只是沒有蒸熟的小漢堡。黑胡椒牛肉，來自廣東的暖胃菜色，只是沾著燒烤醬的過熟肋眼牛排，牛肉擺在鳥巢般老舊的容器，味道和口感宛如防油墊紙，如果你能閉眼成功辨識出這四道菜的中文名，我請你到梅都伍德（Meadowood）用餐。

史蒂芬絕對不允許這種事發生在這裡，所以餐廳需要鐵膀胱，隔著一條街她都能感應到評論家的存在，她知道他們所有人的模樣，甚至從巨人球場的看台都能看到他們，我們有一本評論家筆記本，裡面有他們的照片，任何可能會撰寫餐廳相關文章的每位美食作家、編輯、部落客和評論家的照片也都會在牆上，數量還真不少。我們每天要求員工看這些照片，以利認出評論家，鐵膀胱的辨認成功率百分百，斯塔爾絕對不會讓她離開門口一秒。

她還真他媽厲害，所以我怎麼做呢？我不打算呆站在那裡看，我在用餐區裡走動，關心每一桌，認識每一位客人，知道他們去春天用餐過幾次，來自哪裡，孩子讀哪間學校，工作是什麼。我關心他們的用餐體驗，盡力成為連結外場和廚房之間的橋樑。我用心記下每個人的喜好，逐漸建立一份厲害的常客清單，他們每個月至少會來用餐一次，但大多數時間還是在等待評論家的到來。

我最常被問的問題是，我外出用餐時會去哪裡？我不知道該怎麼回答，我花很多時間在餐廳工作，休假時還比較喜歡靜靜待在家人身邊，應付上百位客人、外場和廚房員工、廠商等人一整週以後，我最不想做的事就是坐在擁擠的餐廳裡。此外，我太太也討厭和我外出用餐，我總會認識某些餐廳員工，或者常常遇到認識多年的客人，最後，用餐時間裡我必須不斷起身打招呼，對我太太而言，我好像又在工作了。

我們很少去新餐廳，因為我總會對他們非常失望——我很難控制我餐飲從業人員的職業病——我會一直評斷營運狀況，不管好或不好，仔細分析員工和餐點，好像我又在工作了，我通常會對餐點失望，常常付出高價卻換得品質普通的餐點。如果外出用餐，只會去住家附近的兩、三間餐廳，我們認識這幾間餐廳的員工，他們會好好招待我們，不會來打擾，我也很少在這裡遇到認識的客人。在餐飲業工作這麼久，你會培養出一種敏銳度，讓你一走進餐廳就能立刻判斷出好壞。出外旅遊時，我通常會走進一間餐廳又馬上走出來，直到找到一間我認為能好好享用一頓餐點的地方。

The Arrival

評論家駕到

漫長的等待沒完沒了，日復一日，週復一週，評論家都沒有出現，三十四號桌每晚都空著，終於，第一位評論家——《紐約郵報》的史蒂夫．庫奧佐（Steve Cuozzo）——來訂位了。庫奧佐是《紐約郵報》的資深評論家，職涯始於送稿生，最後在多個不同部門裡擔任編輯，頭髮灰白的他是紐約人，從小在布魯克林長大，對整座城市瞭若指掌。他從不廢話，也不會讓人敷衍他，他是新聞工作者且直言不諱，《紐約郵報》不再定期刊登餐廳評論，但庫奧佐偶爾會破例，這次就是如此。

庫奧佐親自打電話訂位，他在斯塔爾的集團內很有名，他非常直接，知道自己要什麼，他不知道時也會直接提出問題，他不會閒聊，吃完飯就結束，結完帳就直接離開，離開前也不會說再見，就是不喜歡閒聊和廢話。他來用餐的那天晚上，我安排他入座，整晚幾乎沒有打擾他，只有在主菜上桌後簡單關心他一下，就這樣，你完全看不出他在想什麼，匆匆離開餐廳時，我們完全不知道他對我們的看法。

評論在一週後刊出，標題寫著「這間紐約餐酒館是本世紀最好的餐廳之一」，我們十分驚訝又無比震撼，根據庫奧佐的評論，我們也是本世紀最好的四、五間餐廳其中之一，這是一則不可思議的首篇評論，我很為斯塔爾和羅斯開心，史蒂芬勇於承擔風險、投入大量資金，丹尼爾返鄉後極為成功，所有員工都欣喜若狂，每個人為了這間餐廳付出的努力第一次獲得肯定，本來已經很難得到的訂位，變得更不可能了。我們已經有了一篇評論，還差三個大評論家。

接下來到訪的是亞當・普拉特（Adam Platt），他很容易就被認出來，超過六呎高的禿頭男士很難被忽略，鐵膀胱馬上看到他，直接被帶到三十四號桌，隨行的是他年輕的女兒，也是美食愛好者，她對餐廳領班聲稱，丹尼爾的春天是她世上最喜歡的餐廳，希望這對我們來說是好兆頭。普拉特的態度十分友善，寫過很多餐廳評論，或許有點太多了，也許這是為什麼他只來我們餐廳用餐過一次，第二次回訪只是來找幾個在餐廳裡用餐的朋友，嘗了幾口他們點的食物，如果你正在為紐約市最熱門的餐廳撰寫評論，這種行為不太尋常。他給我們的評論普普通通，他喜歡我們餐廳，但不特別熱愛，滿分五顆星，他只給三星評價。

我們對這樣的結果有些失望，特別是我，幾乎每個和我聊過的客人都對我們的餐點、服務和氛圍讚不絕口，雖然結果有些令人失望，卻沒有澆熄客人想來用餐的欲望。我們又得到一篇評論，還差兩篇，我們又等了一陣子，此時我們已經開幕三個月了，薩頓和彼特・威爾斯（Pete Wells）都跑去哪裡了？我可能比其他人更希望他們趕快來，這樣我就可以趕快擺脫掉鐵膀胱，儘管她很厲害，不論史蒂芬付給她多少薪水都很值得，她能認出每一個比較不出名的評論家，以及所有美食編輯和他們的跟班。

某個星期四晚上，她認出截至目前最大的目標——令人害怕的《食客》雜誌評論家萊恩．薩頓，他試著在某個滿座的晚上偷偷溜進來，門口擠滿了客人，鐵膀胱正在幫他們登記，領檯員四處奔波，嘗試安排客人入座，鐵膀胱的雷達偵測到了，在他試圖混入人群走向吧台時，她一抬頭就認出他來，她早就準備好了，她總是提醒我們他喜歡在吧台用餐，此刻可能也這麼打算，但是布穀的酒吧和金龜車差不多大，寬約八呎，沒有座位也幾乎沒有地方可以站，我們絕對不會讓客人在吧台用餐。我從沒見過薩頓，但大多數員工都見過，沒有人對他抱持正面評價，他是出了名的對服務生和酒保無禮又沒耐心，他的評論可以非常無情，例如：看佛餐廳的評論。

他是我們的首要目標，斯塔爾想要我們認出他，鐵膀胱也沒讓他失望，酒保也認出他了，跑來告訴我們他來了——還對我們不讓客人在吧台用餐感到不滿，接著鐵膀胱做了一件意料之外的事。她安排了一張臨時擠出來的桌位，因為已經完全滿座，不能安排他入座三十四號桌，那是四人桌，他們只有兩個人，看起來太可疑了，所以她調整一下桌位後安排他入座，他一坐下，我們馬上啟動了舒芙蕾應對流程，他的態度漸漸軟化，服務過程也非常順利，他每次回訪都被認出來，我們每次的表現也都可圈可點，《食客》雜誌刊登的評論很不錯：滿分四顆星，我們獲得三顆星，他喜歡我們多數的菜色，除了煙燻鮭魚蛋以外——

讓我們好好聊聊這個先於鬥牛犬餐廳的球型作品：煙燻鮭魚蛋，半熟蛋裹上細香蔥奶油、朝鮮薊，最外面再裹上煙燻鮭魚，姑且可以稱為一球早午餐，算是為海鮮素食者設計的蘇格蘭蛋，好讓《美好家園》雜誌七〇年代的編輯神魂顛倒，讓我用四個字描述其味道：千萬別點。

這道菜即刻從菜單上移除，一個人就擁有這麼大的力量，雖然他不是我們最想見到的人。隨著開幕數週一直到開幕數月，威爾斯還是沒有動靜，我們開始猜測為什麼他還沒來訪，訂位表每天都是滿的，如果有空位，通常是在五點半或十一點，所以他可能無法在合適的時間訂到位子，或者還在等待機會，或者在等其他評論刊登出來——如同國王在等待他的隨從。隨著時間越拖越久，我也不得不繼續忍受鐵膀胱的指導，但她還是非常值得敬佩，她每天都準時上班，在每位評論家都來訪前不曾休過假。

一直到了十一月，威爾斯終於他媽的現身了，等了長達五個月。某個星期一晚上，系統突然跳出一個訂位通知，鐵膀胱大約於晚間九點看見訂位，覺得有些可疑，先不論她怎麼知道的，我們都相信她，並馬上進入高度警戒，訂位時間是晚上十點半，我們差不多服務完第二輪客人，用餐區還有八成滿，我們知道到了十點半，一半的客人都已經離開。斯塔爾的團隊開始迅速行動，鐵膀胱散播出消息，員工到處打電話，盡可能請多一點人來填滿用餐區，對一般人而言，肯定是件難事，但斯塔爾團隊使命必達，到了十點，用餐區已經差不多滿了，我們也準備好了。

經過一番折騰，如果進來的不是威爾斯，一切都白費了。鐵膀胱要守護她的名聲，餐飲業都知道威爾斯有個習慣，他從來不會比隨行的人早到或一起抵達餐廳，他的客人會先抵達入座，他晚點才會偷偷現身，盡量不被餐廳員工發現，他已經為《紐約時報》撰寫餐廳評論多年，他的照片在餐廳之間廣為流傳，認不出他的人肯定是傻了，所以才會選擇偷偷溜進來。果不其然，一組尚未到齊的客人走了出來，報上威爾斯常用的化名，我們安排他們入座，大約十分鐘後，他低著頭出現在門口，逕自走向領位台，不和任何人有眼神接觸，報上了化名，磅！鐵膀胱又成功了，我們最大的舒芙蕾終於出現了。

幸運的是，有兩位來自巴黎的美麗女士，丹尼爾在春天的前員工以及她的朋友，我們安排她們坐在威爾斯可能會坐的桌位旁邊，希望法國美女能夠為用餐體驗增添一點風情，我帶著威爾斯到他的座位，我們最嚴謹的舒芙蕾應對流程正式啟動。他的同伴很有趣，氣氛十分輕鬆愉快，他出去抽菸時，我趁機走到他們桌邊，詢問用餐狀況，這一群客人很健談，我們很開心地聊著餐廳以及勞烏小館，其中一位客人認出我曾在那裡工作過，威爾斯回到桌邊，他顯然和那兩位法國美女在外面一起抽了菸，等下一道菜上桌時，兩桌的客人竟然開始分享餐點，當我看見威爾斯舔著盛裝內臟的鍋底殘留的醬汁，我就知道一切應該挺順利的，整個用餐區因為來自其他餐廳的朋友和員工而熱鬧起來，這是個好的開始，我們感覺順利度過他的第一次來訪。

他後來又回訪兩次，每次都被認出來，我們再次陷入等待。當《紐約時報》的人打電話來查核相關事實，我們就知道評論即將刊登了，所有員工對來電者問的每一道菜都仔細分析，他是在問哪一道菜？還遺漏了哪一道菜？事實查核員問了很多道菜嗎？如同任何等待評論刊出的餐廳，我們一直徒勞無功地尋找任何一點跡象。

終於，評論在十一月一日刊出，結果非常成功，滿分四顆星，我們得到三星評價，完全是我們想要的，四星評價太難維持了，兩星評價會被視為失敗，這篇優美的評論幾乎誇獎了餐廳的一切，甚至提到我們特別請來的兩位女客人——

某天晚上，我坐在兩位來自巴黎的女士旁邊，她們自稱是春天的常客，一名說著法語的服務生出現在桌旁，細心地和她們討論著起司拼盤，她們分享了起司，我們分享了甜點。接著我和她們一起出去外面抽菸，「這裡和春天完全不一樣，」其中一人說道：「但在紐約卻很合理。」

說得真好！

Gone at Last

總算走了

她總算走了，五個月漫長的等待終於結束了，此刻我終於能按照我想要的方式管理門面，評論都出來了——我們非常成功，成為紐約市一位難求的餐廳，來自全球的客人都想上門用餐，但是只有二十六張桌位和三小時的供餐時間，大多數人都進不來。某天晚上，我不得不拒絕丹尼．梅爾的訂位，讓我覺得相當扼腕，但我們已經超額訂位，至少得讓他等一個小時，我不想這樣對待他。

電話不間斷地一直響，多到我連一通都接不了，或者我得整天都在講電話，所有訂位需求都會透過電子郵件傳送，這是唯一能處理大量訂位需求的方式，我們會提前一個月開放訂位，系統在午夜釋出空位，所有位子會在兩分鐘內被訂滿，媒體報導也持續不間斷——不止美食雜誌，連《建築文摘》（*Architectural Digest*）、《W》雜誌和《浮華世界》（*Vanity Fair*）都有相關報導，所有人都在大力讚頌布穀的美好，連脾氣暴躁的格雷登．卡特（Graydon Carter）大人，以及她美麗又優雅的太太安娜都是我們的常客。

卡特如同紐約市餐飲界的大老，不僅是《浮華世界》的編輯，本身也是餐廳老闆，不只在紐約市，甚至可以說是全國最有影響力的人之一。斯塔爾很愛他，交代我無論如何都要確保他一定有位子，史蒂芬很少這樣對待任何人，很少客人能讓我倍感壓力，卡特是其中之一。

某天晚上，他預計八點抵達餐廳，餐廳一如往常地滿座，他顯然一定得坐在四個貴賓卡座其中之一，要在規定時間內騰出空位需要精密計畫、一點技巧、迅速又有效率的服務和一點運氣，有時我必須督促團隊讓服務順利進行，以便即時空出桌位；有時得賭一把，看看即將上門的客人是誰，如果得等個十到十五分鐘，我會招待客人在酒吧一杯，他們入座時通常也毫無怨言。

但這招不是每個人都適用，在布穀裡候位的問題在於，餐廳沒有適合的酒吧讓人候位，酒吧區只能容納五到六人，幾乎沒有座位，吧台也沒有高腳椅，讓這個區域變得不適合候位，一向堅持以客為尊的斯塔爾卻疏忽了這一點。當餐廳擠得水洩不通，酒吧區的客人會不斷被服務生、助理服務生、其他客人和領檯員推擠——完全是一片混亂，大多數的客人都無法擠到吧台點酒，這也讓他們更加煩躁，如果有名人來訪，我絕不能讓他們等，酒吧區總會有些白痴等著騷擾他們。

我總是盡量留一張有把握可以騰出空位的桌位，以及另一張可能有機會的作為備用，但這天晚上完全是一場災難，儘管一直叮嚀領班讓他們加快速度，但這兩張桌位的客人都沒有任何動作。卡特預計八點抵達，七點半時我開始催促團隊把桌位整理好，更慘的是，斯塔爾當時也在餐廳裡，打算留下來和卡特打招呼，如果無法在八點整安排卡特入座最好的桌位，我肯定會被斯塔爾狠狠訓斥一頓。

隨著卡特的用餐時間越來越近，斯塔爾來到門邊，問我要讓卡特坐哪一桌，我給了他一個答案，他繃著臉說道：「那桌不可能會在八點離開。」

「史蒂芬，沒問題的。」

「你最好讓他準時入座。」老闆嚴厲警告我。斯塔爾總是在接電話、傳簡訊，或者餐廳裡總有某人想找他，此刻也不例外，他又分心繼續去別的事。七點四十五分，我在用餐區來回踱步，意識到要讓卡特準時入座只能等奇蹟發生，接著直接進入「我完蛋了」的模式，這個模式分成三部分——

1. 馬上喝一杯伏特加麻痺痛苦
2. 請領班將帳單遞到那桌，在旁邊等到看到客人亮出信用卡
3. 每位世上最偉大的總領班在這種時刻都會使出的絕技——躲起來

可憐的是，酒吧擠滿客人，我無法在不被候位客人攔下來談話的情況下得到一杯酒，我直接走向電腦，印出我需要的桌位帳單交給領班，告訴他馬上遞給客人，我就跑去躲在餐廳另一邊，廚房旁邊的一道牆後面，從那裡我還是看得到用餐區，但客人看不到我，我讓首席領檯員維多利亞主導，她很會在我不在場時迴避客人，也知道我躲在哪裡。

我躲起來後，召喚出心中的祭壇侍童並開始祈禱，祈求

那桌客人趕快起身，祈求塞車，我們位處市中心，靠近連接隧道和橋樑的要道，客人總會因為塞車而晚到，特別是餐廳尖峰時期，「老天爺，拜託，讓格雷登卡在車陣中吧！」

我一邊祈禱，一邊看見斯塔爾在用餐區踱步，緊盯著我想要給卡特坐的那桌，知道這些該死的客人還是不打算起身，從我站的地方可以看見大門，我看著卡特在七點五十五分時走進餐廳，我完蛋了。

我盯著放著帳單的那桌，突然間……奇蹟出現了，他們拿出信用卡準備買單，我從躲藏處衝到桌邊，抓住信用卡交給領班，告誡他如果他不馬上幫客人買單，我會閹了他。接著叫一位助理服務生清掉桌上所有沒用到的東西，雖然這違背了我們的服務標準，但我不得不催促他這麼做。

我深吸一口氣，走向大門，卡特擠在人群之中，候位客人多到讓他動彈不得，當他一看見我就舉起手臂，拉起袖子露出手錶，指著時間並給我一個死亡凝視，像是在說「我他媽坐哪裡？」與此同時，斯塔爾轉過轉角看見卡特，再狠瞪著我，給了相同的死亡凝視，我完蛋了。

我衝向卡特告訴他，他能提早抵達真好，以及我多開心看見他沒有塞在車陣中，在我說這句話的同時，斯塔爾朝我們飛奔過來，他正後方是我需要騰出來的那張桌位，客人已經起身了，斯塔爾向卡特打招呼，他們親了親臉頰，剛好幫我拖了一點時間，我衝回用餐區，監督整張桌位的復原，又衝回斯塔爾和卡特的隨行人員站的地方，當他們親完臉頰，我已經在那裡準備好展開微笑說道：「你的桌位準備好了。」

我們的貴賓清單從聯合國祕書長安東尼歐．古特瑞斯（António Guterres）到肯伊．威斯特（Kenye West）、喬治和艾瑪．克魯尼、大法官索尼婭．索托瑪約（Sonia Sotomayor）、布萊德．彼特、勞勃．狄尼洛等，族繁不及備載，所有偉大的主廚都來看羅斯——艾瑞克．里貝特（Éric Ripert）、麥克．懷特（Michael White）、湯瑪斯．凱勒、丹尼爾．巴魯，喬爾．侯布雄在他去世前也有來過，親切的尚—喬治是常客，他們全都溫暖且親切地歡迎羅斯加入他們之列。偉大的雅克．貝潘（Jacques Pépin）某天晚上來訪，一到餐廳就馬上走進廚房，在所有客人的注視下，向每一位廚師和主廚打招呼。

傳奇主廚兼盧泰西亞的老闆安德烈．索特納某天下午無預警出現，訂位名稱是他的隨行客人，這是一件大事，安排他們入座時，他的客人說著訂位有多困難，我有點困惑地回答：「主廚，你只需要打一通電話，馬上能得到桌位。」索特納坐在那裡，上下打量我後皺眉說道：「麥可，我不想搶了別人的訂位，有座位就有座位，就這麼簡單，我不期待特殊待遇。」這些話出自世上最偉大的主廚之一，他看著我臉上不可置信的眼神說道：「讓我告訴你一個故事。」

某天下午在盧泰西亞，負責訂位事宜的索特納太太，彷彿接到教宗的訂位電話一般，她說道：「安德烈，是大使打來的電話，他想要今晚的桌位，我告訴他沒辦法，但他堅持一定要和你談話。」她指的是法國駐美大使。

「我拿起電話，」索特納說道：「大使繼續說道：『安德烈，我今晚需要一張桌位，為了一位很特殊的貴賓。』他還沒來得及說出下一句話，我就說我們已經訂滿了，沒有位子，就掛掉電話。」

大使再次打來，索特納太太再次接起電話，轉向安德烈說道：「安德烈，又是大使。」索特納接過電話，「他告訴我那位貴賓是法國前總統季斯卡（Valéry Giscard d'Estaing）！我告訴他，『我不在乎他是誰，我沒有桌位！』」

太多客人想要前來用餐，所以我必須精心安排座位，史蒂芬總會有一、兩位客人需要桌位，但在公司裡所有需要桌位的人之中，史蒂芬幾乎是唯一不會強迫我接受訂位的人，當然也有例外，卡特是其中之一，伍迪．艾倫是另外一位。某天晚上，艾倫在我休假時來訪，史蒂芬非常希望我能在那裡接待他，他從上東城過來，肯定會晚到，如同我們大多數從那個最高級地段過來的客人一樣，他是同行人中最晚抵達的，他一進餐廳，我就帶他到他的座位，我們小聊了一會兒，安排他入座，接著便跑去通知廚房。

我走進廚房，看見所有廚師一臉難以置信地盯著我，他們大多數都很年輕，顯然不認識艾倫，因為他們對著我大喊的第一句話是「那是你爸嗎？」在我的職業生涯裡，當我走近一桌客人時，很常被問我知不知道自己長得像誰，我一律回應「我母親」，他客人幾乎都會說：「伍迪．艾倫。」對此，我總是回覆道：「幸好女人還覺得他性感，不然我可能還會是個處男。」

某天下午，我們的首席訂位員請我過去，告訴我有一位女人打電話來，堅持要預訂兩人的私人桌位，我們沒有私人桌位，但她的態度十分強硬，聲稱要帶一位皇室成員來餐廳，一定要有私人桌位，這位皇室隨從對訂位員既憤怒又無禮，訂位員請我來接電話。

有趣的是，當憤怒的客人被轉接到主管，特別是男性主管，他們的態度總會一百八十度大轉變，至少一開始是這樣。她盡可能保持良好態度，直到我堅決告訴她沒有私人桌位，也沒有私人包廂，這是個開放式餐廳，每一桌都和其他桌相鄰，她接著要求我將相鄰的兩張桌位空出來，真的假的？我告訴她，我最多只能給她一張角落的桌位，旁邊只會有一張桌位，她最後不情願地同意了，我還是不知道這位「皇室成員」是誰，我一點也不在乎。

到了訂位當晚，他們提早二十分鐘抵達，我告訴她們訂位時間到了，座位才會空出來，他們可以先在酒吧喝一杯，皇室隨從馬上大發雷霆，「你知道我的客人正在和哈利王子約會嗎？她馬上就要變成公爵夫人，你沒有一個私人區域讓我們等嗎？我們顯然不能擠在一大群人之中。」我有一股想大笑的衝動，我他媽一點都不在乎哈利王子的約會對象是誰，而且以隨從在酒吧引起的注意來看，其他人也不在乎，「非常抱歉，如同我和訂位員告訴您的，這是一間開放式的餐廳，沒有私人區域，如果您願意，可以在外面稍等，或者飯店二樓有一間不錯的圖書館。」

皇室隨從看著我，彷彿在後悔皇室為什麼要賦予平民權力，但她轉身走向吧台。到了八點整，我引導他們到座位上，隨從看見她們要的位子，停下來說道：「你要讓我們坐這裡？」

「沒錯，我說過，我會給您一張旁邊只有一張桌子的桌位，很抱歉，但我特別保留這張桌子給您和您的客人，我沒有其他桌位了。」她掃視了用餐區，看見每一張桌位都是滿的，怒氣沖沖地坐下來，這位準公爵夫人從頭到尾沒說半句話。

我只有唯一一次因為客人而倍感壓力。當時鐵膀胱還在負責接待，那位客人是飯店老闆阿比．羅森介紹來的，他應該要坐在其中一個貴賓卡座，但鐵膀胱搞砸了，安排他坐在唯一的空桌，剛好是餐廳最糟的桌位——大門旁邊、領位台正前方，這位宇宙的主宰者非常生氣地起身，走沒幾步就到了領位台，狠狠訓斥她一頓。

與此同時，領檯員安排另一位地位更高的貴賓入座剛空出來的卡座，他看到這一幕後暴跳如雷。他是身價幾十億的對沖基金大亨，很習慣太太以外的所有人捧他的卵蛋，這裡顯然不會發生這種事，鐵膀胱飽受震驚，最後只能讓我這個小伍迪．艾倫出面安撫他。

我必須說，通常我的成功率是百分之九十九，但我一走到他的桌邊，他馬上破口大罵，罵我是該死的騙子、一坨屎，我知不知道他是誰等等，他現在要馬上打電話叫阿比開除我，阿比是我們的房東，和餐廳一點關係也沒有，他可以打給史蒂芬叫他開除我，雖然可能性不大，但還是有機會。如果他們三個正在進行某種交易卻被我搞砸了，我可能就會被開除。

我現在陷入兩難，我已經準備好要對這個混蛋發怒，但年紀和經驗告訴我要深呼吸，我才在這裡工作沒多久，不值得因為他失去這份工作。和他一起用餐的是一名曾入選過全明星的退役美式足球員，場面看起來是在比誰的氣勢比較強，因為他不能在威猛足球員面前被安排一個爛桌位。

他對著我大罵的同時，廚房旁邊的桌位空了出來，客人對這個位置的桌位評價兩極，有些客人很喜歡，特別是美食愛好者，我們將其視為主廚桌，客人可以直接看到主廚在工作，我告訴他我們主用餐區的主廚桌空出來了，如果他想要，我很樂意將他們換到那桌，這番話引起他的注意，雖然我知道他可能不會比較喜歡這桌，但我猜我如果強調這是「主廚桌」，他會覺得自己贏了，也能在全明星足球員面前挽回顏面。

我走向他們時，看得見足球員先生有多高大，心想他們現在一定很恨我，足球員可能會壓死我。該死的對沖基金大亨也不喜歡這張桌位，但因為這桌位於主用餐區，他勉強接受了。坐下後，他仍然試著打電話叫阿比開除我，聯絡不到阿比讓他更為憤怒，我看見他的脖子爆出青筋，心想如果他沒有殺了我，他很可能會中風、原地倒下，可惜的是，他的約會對象和客人都沒有勇氣挺身而出，叫他冷靜一點，他一直表現得好像我剛殺了他的小孩一樣，看起來他的媽咪和爹地沒有滿足這個混蛋的需求，他只是個在鬧脾氣的小男孩，但他媽咪不給他喝奶又不是我的錯。

接下來整個晚上我都盡可能迴避這一桌，有一次不小心靠近了，他還在生氣，他看見我後起身大吼：「你這個該死的騙子。」他似乎聯絡上了阿比，因為幾分鐘後我接到斯塔爾的電話，問我到底出了什麼錯，我告訴他、我並沒有做錯事，這是鐵膀胱的問題，我只是被牽連。看起來這個混蛋和阿比正在進行某種交易，斯塔爾叫我去安撫他，招待他一些東西，我沒有這麼做，管他去死，他再也沒有回來過。

為什麼有時候你明明有訂位，卻還必須得等個十五、三十、甚至四十五分鐘呢？是因為負責處理訂位的人無能嗎？當天晚上超額訂位是因為老闆想盡辦法賺取每一分錢，才付得出這個月的鉅額房租嗎？總領班或領檯員忘記你了嗎？也許是，這的確有可能發生，但我要告訴你一個驚人的事實，客人最常做一件事，讓晚餐時間排程徹底被打亂，進而導致延誤十五、三十、甚至四十五分鐘，這件事就是——使用手機。

我們都盡可能準時安排客人入座，儘管晚餐時間排程可能還是會出錯——漏掉點單、客人晚到、餐點延誤上桌，這些事都會發生也都預期得到，我們可以盡量降低傷害，但我們對該死的手機完全沒輒。我無法告訴你，在多少個餐廳滿座的忙碌夜晚，客人抵達後在酒吧候位，我們做好該做的工作，準時安排訂位時間較早的客人入座，幫客人點餐並迅速上菜，端上咖啡和甜點，用餐結束後，我們遞上帳單，桌上現在已經空無一物，是時候該離開了，但總會有人在此時拿出手機，鬧劇就開始了，誰需要叫計程車？我們要一起付還是分開付？接著就會有人決定展示各種相片，孩子、假期或他們這週在另一間高級餐廳吃的餐點，開始沒完沒了地一直下去，整個過程可以持續十到十五分鐘，那我們怎麼辦呢？清理了桌上任何可被清理的東西，暗示你用餐結束了，或者叫一名服務生或領檯員盯著你，讓你感覺不舒服，最後終於意識到自己該離開了，我們試過所有方法，只差沒把人趕出去，但手機狀況沒有改善。拜託，該離開時，請意識到這件事並趕快離開，因為某天你一定也會成為站在酒吧候位，因為訂位時間到了卻還辦法入座而生氣的人。

The Shah 波斯沙王

很少客人可以同時被外場和內場的人討厭，波斯沙王就是其中之一，他首次來訪是在一個極其寒冷的一月天晚上，某位客人向領班抱怨用餐區非常冷，

所以我走向那桌試圖降低傷害，入坐的是一對快三十歲的年輕情侶，以及一位溫文儒雅的禿頭男士，衣著品味無懈可擊，五十幾歲，我看得出來他們在生氣。

女士率先開口：「你是誰？為什麼室內這麼冷？發生什麼事？這裡也太冷了吧，你知道有多難訂位嗎？幾乎不可能！好不容易訂到位子，卻又被迫坐在溫度零下的位子，太誇張了，你得幫我們換到比較不冷的位子。」我確實知道訂位有多難，但餐廳裡也真的滿座，「很抱歉，我是餐廳的總領班，我剛剛已經調高溫度了，馬上就會比較暖一點。」

那位年輕人一語不發地皺了一下眉頭，波斯沙王給了我一個死亡凝視，我相信他已經對員工和太太們練習過好幾百

次這個凝視，他接著說道：「你們怎麼沒有雞肉料理？每一間厲害的餐廳都有雞肉料理，主廚不會料理雞肉嗎？」

廢話，他當然會料理雞肉，「您問得真好，事實上，丹尼爾剛回美國時，試過二十幾種禽類肉品，但找不到他喜歡又和法國品質一樣好的肉，所以決定不在菜單上放雞肉料理。」

「他不能從巴黎空運雞肉嗎？我兄弟都直接空運伊朗生魚子醬，他卻不能空運一隻雞。」

情況不太妙。

「這裡什麼好吃？」

我無法忍受這個問題，這裡什麼都不好吃，你他媽的白痴，所有廚師早上起床後，一心只想著到了餐廳要搞砸菜單上所有菜色。

「很多料理都很好吃，羊肉特別好吃。」

「我愛羊肉，我到世界各地最好的餐廳都換點羊肉，最好是完美調味而且剛好三分熟，你們主廚做得到嗎？他有能力嗎？」

此刻的我非常想揍他，「他很厲害，我相信您會喜歡的。」

我說完這句話後便離開，讓領班幫他點餐，我直接走向行政主廚賈斯汀．博格爾（Justin Bogle），丹尼爾當時在巴黎，由博格爾代管廚房，博格爾身高約五呎七吋，禿頭且身上帶有刺青，身型很像消防栓，你不會想要惹他。

「主廚，十四桌有一位該死的混蛋和他的混蛋朋友，他們已經在抱怨用餐區的溫度了，我們需要特別留意他們，他是世界級的食客，希望他的羊肉是完美的三分熟，請不要搞砸了。」

「管他去死，把他趕出去就好。」

「我相信史蒂芬肯定樂見這種事，請確保那桌所有餐點都很完美。」

博格爾是一位很棒的主廚，餐點一定會很完美。

大約半小時後，領班走向我說道：「十四桌想要找你，他們的態度非常、非常糟糕，他恨透他的羊肉。」

幹，媽的，「好，我來處理。」我直接走向酒吧，喝了一杯伏特加，再走向波斯沙王。

我用專門安撫客人的總領班迷人聲線以及關心的表情說道：「哎呀！有什麼問題嗎？」

「看看這個羊肉，這樣是三分熟嗎？我要的是三分熟，你們主廚會煮菜嗎？太糟糕了。」

波斯沙王將盤子推向我，這是完美的三分熟，「看起來似乎有點過熟，我真的、真的很抱歉！這種事從未發生過，我請他幫您重新煮一份。」

「你先是讓客人冷死，再為他們送上糟糕的肉品，全國最好的餐廳？太可笑了！」

「我很抱歉，請讓我幫您送上一份新的。」

死亡凝視。

我把羊肉送回去給博格爾，「主廚，他說過熟了。」

「媽的，徹奇，這個沒有過熟，叫他去死，這是完美的三分熟，把他趕出去。」

「他說這個過熟了，請重新為他煮一份，他真他媽糟糕。」

博格爾將餐點倒進垃圾桶，「叫他去死！」他對著一名廚師大喊：「給我一份羊肉，一分熟。」

情況不太妙，「煮好後叫助理服務生來叫我，我親自送過去。」

我打算為團隊擔下這個責任，約十分鐘後羊肉完成了，我拿起餐點，博格爾用眼神示意我去死，我走向波斯沙王，「來了，先生，主廚向您致歉，請享用。」

他又露出了死亡凝視，我待在旁邊，他拿起刀從正中間切下肉排，流出了血水，他看著我，丟下刀叉，「端走，這太生了，主廚不會煮菜嗎？他學過嗎？他不會煮肉嗎？」

讓我死了吧，我道歉道：「還是您想換成其他餐點嗎？魚肉呢？」

「不用了，結帳，我們要離開了。」

我找到領班，在電腦上調出他的點單，我招待他整頓晚餐，「把這個拿去給那個混帳。」

我走回領位台，等著他們離開，他們走向領位台時，我再次向他們道歉，遞給波斯沙王我的名片，「我真的很抱歉，如果您願意再次光臨本餐廳，請直接以電子郵件聯絡我，我一定會幫你保留桌位。」

他拿了我的名片，用眼神上下打量我後便離開。

過了剛好一個月以後，我收到了他的郵件，他住在倫敦，兩週後會來紐約，想要訂晚上八點的桌位，桌位早已被預訂一空，他是個徹頭徹尾的混蛋，我只需要道歉一下，說我們訂位已滿就可以打發他了。然而，出於某種愚蠢的原因，我接受了他的訂位。兩週後在餐前會議上，我重新確認訂位表時看到他的名字，「各位，我很遺憾地通知大家，波斯沙王今晚會來用餐。」

員工們齊聲嘆氣，接著聽見廚房傳來博格爾的大喊：「徹奇，搞什麼鬼！你竟然接受這個混蛋的訂位！」

「沒錯，先生，我接受了，我們大人有大量，我相信我們可以讓他心服口服。」

全部都是屁話。事實上，我不知道為什麼接受他的訂位，他的態度很糟糕，一定也不會給我小費，一個自以為是的混蛋，換作其他客人，我肯定不會接受。

波斯沙王帶著一名優雅的女性於八點抵達，我恭敬地迎接，彷彿他真的波斯沙王一般，我帶他們到不錯的桌位，我叫領班輸入點單前先讓我看過，領班照做了，不出所料，這個混蛋還是點了羊肉，我走向博格爾說道：「他又點了羊肉。」

「給我去死，徹奇！」

我走向波斯沙王，試著展現一點幽默，「看來您今晚應該感覺運氣不錯。」

他還真的笑了，「讓我們看看主廚是否有精進廚藝。」

我勉強擠出笑容，真他媽的混蛋，我請領班要上菜時通知我，五分鐘後，領班直奔向我，「他要見你，他討厭他的酒。」我們同時說了聲：「該死的混蛋」。

我走向他的座位，波斯沙王把他的酒杯推向我，「太難喝了，這瓶酒要兩百美元？」

那瓶酒是不錯的勃艮地白酒，我差點拿起整杯酒往他身上潑，就在此時，我彷彿聽見我在水上俱樂部遇到的第一位總領班——偉大的蓋伊．蘇西尼——起死回生，在我耳邊叮囑我：「吹喇叭吹到他們爽！」所以我向他道歉，把酒退回去，請我們的首席侍酒師來處理這個問題，我退回我的領班台準備面對第二回合的難題。我恨死這個混蛋了。

餐廳忙得不可開交，我很快就忘記他了，直到看見領班朝我走來，告訴我主菜已經端上桌，我靠近他的桌位，近到足以看到他的反應，但他看不到我，盤子放下，他拿起刀叉切下羊肉，表情看起來像是盤子上跳出一隻老鼠，他把盤子推到一邊，以感到極度噁心的表情掃視整個用餐區，顯然是在找我。

夠了，我要衝過去，拿著名牌牛排刀直接從他的心臟劃下去。我到了桌邊，他火冒三丈，幾乎說不出話，我看看他，再看看刀子，準備拿起刀子，接著我聽見「吹到他們爽！吹到他們爽！」最後，我沒有拿起刀子，而是在他來得及說話以前說道：「您喜歡多佛鰈魚嗎？」

這句話讓他愣住了，他點了點頭。

「給我兩分鐘，」我端起羊肉，走向博格爾，他看見我走進廚房，手上端著羊肉，在他來得及說出任何一句話以前，我舉起手，「什麼都別說！我需要一份多佛鰈魚。」

這次換我將羊肉倒進垃圾桶，再走回領位台。

不知道為什麼，這招奏效了，波斯沙王很喜歡魚排，開心地離開了，走出餐廳時還握了握我的手，他之後回訪了三、四次，再也沒有抱怨過。他某次寄郵件給我預定桌位，還問我喜不喜歡魚子醬，我熱愛魚子醬。他下次來用餐時，一進門就給了我六十盎司的伊朗生魚子醬，當天晚班結束，我和服務他的團隊分享了魚子醬。

儘管布穀的酒吧區很小，還是有不少客人想進到這華麗的空間，為了避過用餐尖峰時段，他們通常會晚一點抵達，在酒吧區的兩張沙發上找個位子坐下，啜飲幾口葡萄酒或雞尾酒，但沒人像這位金髮女士一樣幾乎每天晚上都會來訪。

安娜．狄維（Anna Delvey），也就是安娜．索羅金（Anna Sorokin），當時入住霍華德十一號飯店樓上的房間，她會悠閒步入酒吧，點了一杯酒後坐在沙發上，待上好幾個小時，啜飲著葡萄酒，某幾個晚上還會有一、兩名飯店員工陪她喝酒，她都有買單。

我感覺她有點太愛裝熟，我通常不會親近那些只見過一、兩次面，卻裝作好像認識了大半輩子的人，我盡可能與她保持距離，我們許多員工倒沒有這麼做，他們最後和她變得相當熟識，某些人甚至下班後還到她樓上的房間去。

她總是盡力表現得友善，她會邀請我和她以及她的名人健身教練一起在一大清早健身，或者邀請我坐下，看她分享幾個街區外、她即將購入的百萬豪宅，她也會提到飯店老闆阿比．羅森，以及他們打算一起購入諾利塔的一棟建築，她想打造出一個空間——為藝術和藝術家打造的環境，我沒有理由懷疑她，她住在樓上（費用不便宜），幫大家買單，還在我們餐廳用餐過不少次。

當她每一次要求訂位，都會告訴我這頓晚餐有多重要，接著就會有投資人、公關人員等陸續加入她。她某次問我喜歡喝什麼酒，幾天後，餐廳就收到一箱伏特加，她顯然問過其他員工一樣的問題，伴隨著伏特加而來的還有香檳王以及其他昂貴的威士忌和葡萄酒，全部都是給我們員工的，看起來我喜歡的酒可能太便宜了。雖然收到客人送的禮物不足為奇，但這感覺好像是硬塞給我的，她好像在收買我們，但她不會太煩人，而且相對無害。

某天晚上，她找上我，希望在下週預定桌位，再次強調這是什麼場合，她需要很特別的桌位，我成全她，沒有多想，直到我在她用餐隔天進餐廳上班，才被告知她許多張信用卡被拒刷，她未付清她五百美元的帳單就離開餐廳，她告訴我們的經理，她要上樓回房間釐清一下狀況，這是我們最後一次看到她。

隔天，我們才發現她早就因為無法付帳被趕出飯店，不久後，我們也得知她在其他餐廳也做了相同的事，大約一個月後，新聞報出她詐騙過的人數，她遭到逮捕並在獄中服刑四年，但我還是留了她送的伏特加。

Fashionistas

時尚人士

時裝週是餐飲界的恐怖煉獄，春秋兩季的某兩週，整個城市被來自世界各地的時尚人士入侵，這個群體的人普遍表現得居高臨下、無禮又不友善，有時甚至令人厭惡、噁心又可憎，他們通常會如葡萄和猴子一樣成群走進餐廳，如果預定兩人桌位，保證會有四人甚至更多人出現；如果預定四人座位，可以預期出現八至十人，他們通常會盛裝出席以彰顯自己的態度，可惜的是，大多數時候，他們的表現只是印證了王爾德的名言：「時尚只是一種醜陋的形式，醜到令人難以接受，必須每六個月就改變一次。」

他們很少吃東西又坐不住，不斷起身和另一群人假裝親臉頰，這些人剛好也出現在紐約最熱門的餐廳，他們會不斷忽略服務生，不管服務生走近桌邊幾次，直到他們意識到自己已經坐了三十分鐘，嘴唇因為頻繁起身打招呼產生的涼風以及虛偽的親吻而乾裂，卻還沒有受到一滴酒或礦泉水的滋潤，才開始抱怨餐廳的服務。他們從來不會一起抵達，總是會帶著模特兒四處走動，堅持要為可能會出現的人搬來椅子，以便讓他們向公關人員或當紅網紅獻殷勤，原本預訂的四人桌，現在已經擠了十個人，還擠到隔壁桌客人的身上。

「主持人」還會不斷要求為臨時加入的客人提供服務，堅持立刻送上桌，因為有人可能隨時要去走某場即將開始的時裝秀。很多時候，餐點送上桌時，本來點餐的人早就離開了，到了結帳時，剩下來的忠實追隨者就會被迫平分帳單，這件事通常會處理很久，一旦結完帳後，他們只會留下同等於他們在時尚界階級的小費，基本上和屎沒兩樣。

令人討厭的通常不是設計師本人，他們都是友善又親切，小費也給得很大方，是用餐區裡美好的存在，公關人員、顧問、網紅才是最討人厭的，這群人「一定」得在當紅餐廳被看到，也就是布穀，更慘的是，霍華德十一號飯店充斥者時尚人士，他們都想來布穀用餐，這是不可能的，但有些人確實透過阿比或常客的人脈成功搶到桌位。

在這個時裝週的週一，我一如往常騎腳踏車上班，懷著一股不祥的預感，觀察這些穿梭在蘇活區街上的上流人士。一走進餐廳，我的領檯員維多利亞已經站在領位台了，她馬上告訴我，餐廳的某位貴賓在線上，要求今天晚上的訂位，有幾位客人的電話我一到餐廳就會接起來（我喜歡先看過今天的訂位表，再開始塞人情訂位），而這個人就是其中之一，他晚上八點半需要一張四人桌，給某位在城裡的時尚名人，他是我們最大的客戶之一，所以我妥協了。

他給了我訂位客人的名字，我必須強忍住不抱怨，不管這個人是誰，她已經在上週嘗試訂位至少十次，請不同人幫她打電話訂位，每一次都被拒絕，我們太忙了，桌位只能保留給超級貴賓，她很顯然並不是，我接受了訂位，但也馬上意識到會有問題，我還沒見過這個人，就已經開始討厭她了。

七點三十分，兩位客人接近領位台告訴我，他們是來參加亞當斯的派對，沒錯，就是他們，我不得不接受的訂位客人，我很有禮貌的告訴他們，訂位時間是八點半。

「不，才不是，我訂七點半。」才怪。

「很抱歉，亞當斯小姐，但訂位是我親自處理的，是八點半。」

「我不是亞當斯小姐。」

「好的，那我們先等她來，我相信她可以幫我們釐清。」

「我們不能等到八點半才用餐，我們要趕一場秀。」

「抱歉，訂位時間就是八點半，您何不在酒吧喝杯酒，我們可以等她來了再討論。」

那個女人給了我一個眼神，像是在說你這個該死的餐廳員工還真他媽大膽，她與同行的人後退幾步到大門邊，站在那裡狠瞪著我。七點五十分，真正的亞當斯小姐到了，她和她的客人說了幾句話，大步走向我。

「我們訂了七點半的位子，我們想要入座。」

「抱歉，但您訂的是八點半。」

「喔，那你不能現在安排我們入座嗎？我們還要趕一場秀。」

對，你們他媽的還要趕一場秀，餐廳現在滿座，我知道我連八點半要安排他們入座都不可能，可能還必須拖到九點。

她的男性友人出聲了，「你知道她是誰嗎？」

「應該就是亞當斯小姐。」

「你知道她在社群媒體上有多少追蹤數嗎？」

「我還真的不知道。」

「她有幾十萬粉絲，我們想要位子。」

「這樣的話，我希望他們不會一起來用餐，非常抱歉。但如同我剛說的，是我親自處理訂位的，訂位時間是八點半，如果您沒辦法用餐，我很樂意幫您取消。」

他給了我一個眼神，像是在說你這個沒用的垃圾，他們討論了一下，亞當斯小姐本人說道：「我們去樓上酒吧喝一杯，我們是阿比的朋友，我們八點半會回來。」

他們離開了，這鐵定會演變成災難。八點十五分，出現兩個人要找亞當斯，我說他們去樓上喝酒，她只訂了四人桌，現在已經四個人了，他們還要和亞當斯一起用餐嗎？那個男人無禮地說道，他很確定訂了六人桌位，「也許你該上去和亞當斯小姐談一談。」他們離開後，在八點三十分，亞當斯和她的五名跟班一起到餐廳。

「我們回來了。」

「太好了，可惜的是，我們有點延誤，請稍等幾分鐘。另外，訂位是四人桌，你們似乎有六個人。」

「是的，我們有六個人，我訂了六個人的位子。」

「很抱歉，如同我說的，我親自接受Z先生的訂位，四個人、八點半。」

「現在八點半了，你要讓我們入座了嗎？」

「很抱歉，因為Z先生的關係，我才幫您擠出這個訂位，餐廳今天晚上非常滿，我會盡快給您一張四人桌。」此刻的我非常痛恨我的人生，我快要對她失去耐心。

「我說我們有六個人，不能擠一下嗎？」

「很抱歉，但是那一桌只能坐四個人，兩邊都會坐著別的客人。」

那位男士又說話了，「你知道她是誰嗎？她的訂閱數有幾十萬，如果你現在不讓我們六個人入座，她可以讓這間餐廳倒閉，沒有人會來。」

「先生，她想怎麼做都可以，您的訂位就是八點半、四位，我們延誤了，您可以選擇等待或離開。」

那對後到的情侶說沒關係，他們不餓，可以在樓上的酒吧等，他們全都看著我，好像我是殺人犯一樣，我們在九點安排他們入座，這些混帳。我走到他們桌邊，我確定那對後到的情侶偷溜回來自己入座，等到領班找到我，他已經幫他們上酒了，我他媽真的忙到只好讓他們留下來。

領班是一名黑人男性，他是最好的領班之一，他又再次找上我，告訴我只有兩個人在用餐，夠了，我真他媽受夠了，我請領班去印帳單，我拿著帳單走到桌邊遞給他們，請他們結帳並離開，所有怒氣都在此刻爆發，他們開始大吼著要讓我們倒店，這間餐廳爛透了，我們以為自己是誰等等。

「你們夠了，」我對亞當斯的男朋友低吼道：「付錢後快滾。」她男友拿出信用卡付錢的同時，她大叫她會讓我被開除，只要她一寫出關於我們的貼文，餐廳就會倒閉等屁話。他們離開前，轉身對著領班大吼：「黑人的命不重要。」

某天我在領位台時，首席領檯員依芙打電話給我，我接起電話，她告訴我范倫鐵諾的人在線上，他想要來用餐。

「訂位的是范倫鐵諾本人還是他公司的人？」

「他說是范倫鐵諾本人。」

我接過太多服裝設計師公司的電話，告訴我哪位重要人士想來用餐，但有時只是一些小跟班想要訂位，不是我們不讓這些小跟班來用餐，但是當你的等待名單上還有超過一百名客人，許多人還是貴賓，你也必須變得挑剔一點，我接起電話。

「麥可，范倫鐵諾非常想去用餐，你們能容納一桌六位客人嗎？」從他問問題的方式，我聽得出來是范倫鐵諾本人前來用餐，我們幾乎沒有接過一組六位客人，但我認為我能處理。

「當然，我們很歡迎您們來用餐。」

一個小時後，一輛黑色休旅車停在門前，五位衣冠楚楚的男士跟著體弱年邁的范倫鐵諾走下車，他們走進餐廳時，范倫鐵諾走向我，抓住我的手，我帶著他走到座位，我們小聊了幾句，到桌邊時，他看見我準備讓他坐卡座區，便靠在我耳邊輕聲說道：「麥可，請給我一個枕頭。」

「沒問題。」

我跑去拿我們特別為這類需求準備的枕頭，因為卡座是絨布沙發，有些客人需要枕頭墊在背後。我拿著枕頭回來，準備將枕頭放在他背後，他揮揮手阻止了我，微微起身說道：「給我的屁股。」

我笑了一下，當我將枕頭放在他屁股下，他馬上坐到我還放在枕頭上的手，他看著我，露出大大的微笑說道：「麥可，謝謝！」我們全都大笑了起來。

詹姆斯・比爾德先生

Mr. James Beard

新年的一開始，餐廳不斷獲得讚賞，威爾斯對我們的印象很好，他在紐約市優秀新餐廳年終排名將我們評為第一，我們完全趕不上訂位需求湧進的速度，如果沒有任何餐廳相關人脈，幾乎不可能預訂到桌位，我們還必須將訂位團隊的員工從一人擴編為三人，我每天早上幾乎都在回覆訂位請求，到了餐廳後也會繼續回覆到晚上八點，才能勉強趕上進度。

彷彿這一切都還不夠，我們還被提名詹姆斯・比爾德最佳新餐廳獎，史蒂芬・斯塔爾也獲得年度傑出餐廳負責人第七次提名，我們許多客人和比爾德獎都有關係，包含理事會成員、得獎者、提名者，每當主廚帶著團隊進城去比爾德基金會煮菜，我們是他們必定造訪的餐廳之一。比爾德獎如同餐飲界的奧斯卡獎，贏得這個獎項能鞏固我們在餐飲界的頂尖地位，我在餐廳工作這麼多年，如果能夠獲得這麼崇高的獎項認可，還真他媽的令人興奮。我問魏斯曼，誰會代表布穀參加頒獎典禮，他說只有他和主廚，我有點失望，我非常想去參加典禮，我希望我們贏得獎項，我不可能不去，丹尼爾和我是餐廳的門面，羅斯當然是我們的王牌，但我盡了責任，所以也想出席典禮，特別是如果又得獎就太棒了。

比爾德獎由美食作家和評論家組成的委員會評選，天知道其中多少人已經來我們餐廳用餐過，大多數人似乎都喜歡我們的一切，雖然他們就算不喜歡也不會多說什麼。我幾乎沒聽過其他提名者，除了布魯克林一間很有個性的小餐廳奧姆斯特德（Olmstead），其主廚曾在一些重量級的餐廳工作過，例如：行列、本質和石倉藍山，薩頓給他們三顆星，威爾斯給了兩顆，他們的菜單獨特又多樣，主菜價格低於二十美元，評論極佳，後院還有一個養殖種菜的農場，裡面養著小龍蝦、鵪鶉和蔬果，他們是流行的新潮流，我覺得他們可能會贏，也許有人會對我們的一切反感，餐廳的優雅、在巴黎成名後回到紐約的廚師，以及一直未獲得比爾德獎的斯塔爾為餐廳投入的數百萬美元。

我決定自費參加頒獎典禮，只是當看到門票價格是五百美元，便打消了這個念頭，我轉而開始說服史蒂芬，只要一有機會，我就會提起頒獎典禮，「史蒂芬，你今年需要人群助陣，布穀需要團隊在那裡，如果我們贏了，你需要我們之中某些人在那裡和你一起慶祝，你不會想獨自在那裡。」我繼續緩緩施加一點壓力，魏斯曼也努力說服史蒂芬，他告訴史蒂芬，有鑑於我對這間餐廳的重要性，我不能缺席，史蒂芬似乎同意了。隨著頒獎典禮的日子越來越近，他把我拉到一邊說，我可以去了，但絕對不能告訴任何人，他不想惹怒其他經理和廚師，拜託！我一個字都不會說，一定會很精彩。

Mr. James Beard

頒獎典禮

我們走到座位上坐著等待，這個晚上很漫長——四個多小時，看著似乎無止盡的頒獎流程，我們越來越緊張，我完全不知道什麼時候才會頒到我們的獎項，整個過程太冗長了，魏斯曼坐在我旁邊，我們已經醉到不行，分著喝掉我的最後一滴波本酒，就在我說要再去上一次廁所時，聽見大會宣布即將頒發最佳新餐廳，終於輪到我們了。

頒獎人是兩名冷凍設備公司員工，難道不能請餐廳負責人、主廚或至少是某個在餐廳工作過的人擔任嗎？竟然找了兩名推銷冷凍庫的冷凍設備公司員工，我內心一團亂，心跳加速，但他們一直在聊製冷業務，在典禮開始時就一直被警告，如果我們得獎，只有史蒂芬和丹尼爾能上台領獎，我只要能在台下幫我的兄弟們起立鼓掌就滿足了。

信封打開，冷凍公司員工結結巴巴地念出得獎者，一開始聽不太懂，接著就意識到他用很糟的發音說出布穀，我們得獎了，我真他媽開心到要死了，整個斯塔爾團隊的人都在尖叫，還有台下看似幾千名的支持者，全場沸騰，我立刻跳起來，為起身的史蒂芬和丹尼爾鼓掌。

斯塔爾穿越人群走上台，踩下第一步後大喊：「特洛伊！」招手示意他上台，當魏斯曼往台上走時，史蒂芬轉向他大喊：「帶上徹奇。」

雖然可能聽起來很多愁善感、愚蠢、平凡、單純和自大，但聽到這句話我還是熱淚盈眶，在這個產業裡奮鬥了三十五年，能受到這樣的認可讓我非常興奮，我和史蒂芬、羅斯、特洛伊一起站在台上，盡量不讓自己看起來像個可笑的蠢蛋，羅斯發表了精彩的得獎感言，史蒂芬接著發言，他是個很厲害的演說家，果然沒讓大家失望，在他的感言最後，他轉身感謝羅斯，接著感謝特洛伊，然後，感謝了我，稱我為紐約最好的餐廳總領班。

一切都值得了，這些年來的壓力、痛苦、侮辱、漫長工時、受損的膝蓋、積勞成疾的雙腳、虐待狂、尖叫者、經營者、經理、糟糕的客人——這一刻感覺非常非常好，我們成功了。

緊接著頒發斯塔爾的獎項，這是他七次被提名，布穀得獎會影響他獲獎的機會嗎？他們會把兩個獎項頒給同一間餐廳嗎？還是一個獎就夠了？史蒂芬的獎項至少是由一名餐飲界的人來頒發——班點豬的肯．傅利曼站在講台上，手上拿著信封，當他打開信封，斯塔爾的團隊沒有一絲動靜、一點聲音，許多人都低著頭，他們已經來了六次，每次念出來的名字都不是他們所期待的。

傅利曼打開信封，直接看著坐在觀眾席的斯塔爾說道：「史蒂芬．斯塔爾。」這一切真是太美好了

Epilogue 跋

我和十八歲的女兒奧莉維亞（Olivia）在東村一間餐廳裡用餐，疫情進入第兩年，這是自疫情開始以來我第一次進餐廳，這裡沒有人認識我，我已經離開餐飲業超過兩年了，很高興可以只是坐著看。這應該也是我們服務生的第一份工作，他顯然缺乏經驗，不懂菜單，我點蘇托力馬丁尼時，他一臉疑惑地看著我，不知道那是什麼，他似乎也忘記幫我們上第一道菜，我們已經等了二十分鐘，我看見助理服務生靠近桌位，手上端著的明顯是我們點的主菜，我很久以前也和他一樣，當時走進拉魯斯餐廳的我，初出茅廬、害怕、趾高氣昂，完全沒有經驗，只有剛好的膽量覺得自己做得到，對我而言，這一切變成精彩的人生經歷，我在紐約的第一個演出機會就是演服務生，我不知道的是，我會花大半輩子做這個工作。

年輕的服務生走近關心，我沒有提開胃菜的事，點了點頭，告訴他一切都很好，他顯然不是演員，其他服務生可能也不是，這裡不是他們的舞台，他和其他服務生看起來全都對這份工作不感興趣——只是大學生想賺點錢，但我和他們這樣的人或和他們想似的人共事過，那是很久以前的事，我們都想在找到下一步以前賺點快錢，對我們大多數人來說，下一步一直沒找到，這個為了生計而做的工作卻發展出職涯。

某些前同事已經離開了，有些人離開了城市，被想要出人頭地的壓力擊敗，有些人轉而從事「真」的工作，享有健保、特休和那些你不在餐廳端盤子後會視為理所當然的福利，他們離開從古至今都在壓榨勞工的產業後，夢想隨之幻滅；他們離開是因為每天晚上都必須上班的壓力，他們離開是因為口出惡言的客人、高工時，從來沒有休假；他們離開是因為不想連續站好幾個小時都沒有休息，等了八到十個小時才終於能吃飯，膝蓋和腳都逐漸耗損；他們離開是因為不想再應付瘋狂辱罵的老闆、看誰都不順眼的廚師、主廚和經理，一切都需要付出代價。有些人離開是因為他們過世了，因為一個現今相對容易治療的疾病，但當初剛出現時卻宛如駭人聽聞的死刑，雖然此刻在這裡的這些服務生、酒保、助理服務生，他們不知道這些事，至少還不知道，但我希望他們的目標可以實際一點，不要想著待在這個產業裡，而是找一個能被合理對待且以此為生的職業，甚至還可以支撐一個家庭。

馬丁尼很好喝，酒保知道自己在做什麼，我的女兒很健談，我一邊聽著她說話，一邊掃視用餐區，我看見領檯員無視站在她面前的人，因為她太專注在滑手機，我想再點一杯馬丁尼，卻找不到服務生，沒錯，我是留在這個產業裡，並開始習慣這種生活，以吸血鬼般的作息生活了好多年，到了晚上才會生龍活虎——工作到很晚，又出去玩到更晚——有時睡到下午兩三點，四點又接著繼續上工，這種生活只能持續一陣子，我長大了，長成還算像樣的大人，結婚生子。

但這個產業的需求從未改變，誘惑越來越難以抵擋，這種生活形態會破壞感情，很特別的人才有辦法成為餐旅從業人員的伴侶，你會盡力維持感情關係，但對很多人來說卻沒有辦法，一週五、六天無法回家吃晚餐，或者午夜後才回家，你的伴侶大多數時間都是獨自在家，或者獨自照顧小孩並哄他們入睡。許多人最後就是不斷換伴侶，落入永無止盡的循環，直到某天醒來，發現自己已經年老色衰又孤家寡人。

我的女兒關心了一下我的狀況，我告訴她：「我很好。」她知道我會不自覺打量這個地方，看看這間餐廳如何運作，在這裡工作的都是哪些人，他們如何營運餐廳，以及經理在哪裡，她花了大半輩子和從事餐飲業的父親相處，她笑了一下，看見服務生，向他招手，請他再為她的父親上一杯酒。

我想念許多和我共事過的人，我可以想像他們現在就站在這裡，好像我們還在這個產業裡工作一樣，前摩門教徒、酒保瑞克、喜劇演員，我不知道他們現在在哪裡或在做什麼，甚至不知道他們是否還活著。至於那些我還有聯絡的前同事：羅伯叔叔還在端盤子，密尼塔酒館偉大的總經理阿諾也還在餐廳工作，每天晚上都還是在外場接待客人，一邊髖關節已經開過刀，另一邊也即將要開刀。克萊兒在兩邊髖關節都開過刀以後，終於決定辭職，膝蓋似乎也等著開刀。主廚尼爾．克萊因伯格還在產業裡——他的柯林頓街烘焙坊和其他事業都取得極大的成功。艾爾很多年前就離開這個產業，歌手瑞克．邁凱過世了，博伊德過世了，體育迷過世了。三修女之中，有一人過世了，一個成為討人厭的管家，另一個則變成老師。皇太后成功轉職成地產經理人，女孩在幾年前終於離開了這個產業，幸好還沒有任何客人遭到殺害掉。

其他大多數的同事我都已經沒聯絡了，我有時會巧遇幾個老面孔，但這種情形也越來越少發生，每隔幾年，我會看著新的世代加入這個產業，當他們試圖邀我下班後和他們喝幾杯酒，我都會禮貌性地拒絕，並回家陪太太和小孩，我知道那會導致什麼後果，這副身體已經承受不了這樣的摧殘了。

年輕的服務生遞上甜點菜單，奧莉維亞喜歡甜點，我們點了他的最愛——義式奶凍，她看著我。

「爸爸你在想什麼？怎麼了？」

「只是想起一些事，我們很久沒來餐廳了。」她笑了笑。

離開布穀之後，我被挖角到標準飯店，和羅科．迪斯皮里托（Rocco Dispirito）一起重新開張標準燒烤，餐廳最終還是失敗了。我回到勞烏小館當總經理，他們在找人，我也需要工作，覺得回到「家」一般的地方工作也不錯，這是一個我仍然喜歡且熟悉的地方，但五個月後，餐廳因為新冠肺炎倒閉了，三十五年來每個上工的夜晚和假日，每週錯過五天的家庭晚餐，和絕大多數人完全相反的工作時程——一切就這樣停止了。我開始花時間陪太太和小孩，寫一本書反思這個產業，開始過著「正常」生活——早上六點起床，晚上十點就寢，我每天早上送女兒去學校，幫她準備午餐，接著煮晚餐，和太太一起看一整個晚上的電視，這一切都發生在這個帶走無數生命和企業，讓整個地球陷入動盪的疫情期間。

然而，疫情也讓這個產業裡的許多人看清現實——我們是誰，我們在做什麼，我們想做什麼，太多人不想回去那個糟糕、充滿壓力的工作崗位，導致餐廳迫切需要人手，那些留下的人現在可以要求更好的待遇：更好的薪水和福利，誰知道呢？餐飲業工作可能有機會變成一份「真正的」工作。

「爸爸，疫情終於結束了，你現在想做什麼？」

我環顧四周，雖然我永遠無法忘記那些不好的經歷，但我記得最清楚的還是我愛的一切，每天晚上與整個團隊投入戰鬥，等著看一切會如何發生，沒有什麼比得上這種同袍情誼，餐廳如同劇場，劇本很少更動，但每天晚上都是不同的演出，我會在傍晚時分穿上戲服——西裝和領帶——前往餐廳，確認訂位表看看哪些客人會來用餐，仔細安排座位，看看誰需要坐在他們的老座位，哪一位離婚的丈夫會前來用餐，我是否需要打電話給他的前任，告訴她今晚最好不要過來，我會接到各式重要貴賓的電話——聯合國祕書處想知道當晚我是否能為祕書長安排桌位，艾瑪和喬治．克魯尼想來，因為他們帶著索托瑪約大法官一起來用餐，饒舌歌手凡夫俗子非來不可，因為他只有當晚在城裡……這類的事不斷發生。

我想念這一切，我想念走進廚房和主廚一起確認訂位表，聞著當晚的餐點傳來美味的香氣；我想念看著、聽著服務生布置餐廳時相互鬥嘴；我想念服務生從工作站抽出餐具擺在桌上的聲音，以及擦亮並擺放玻璃杯的叮噹聲；我想念和員工一起坐下吃員工餐，聽著他們昨晚做了什麼事，今晚又要去哪裡，一起分享笑話和不雅的故事；我想念餐前會議，聽著主廚說著今晚的特餐，確認前來用餐的重要賓客名單，宣布前來慶祝生日和紀念日的客人，當我說出某位客人的名字時大家一致讚賞，或得知某位難纏的客人要來時大家唉聲嘆氣。我想念打開大門，迎接第一輪客人，安排他們入座，盡我所能為第二輪客人做準備，迎接常客，和他們敘舊、擁抱、親吻和微笑；我想念在用餐區裡和客人閒聊，在這張桌位坐一下，和另一桌位的客人喝一點酒，看看哪些客人坐在吧台邊，和認識的人聊天，和不認識的人交朋友。

就算是不好的經歷也會隨著時間變好，需要翻桌的壓力，在廚房休息前趕緊安排晚到的客人入座，催促服務生遞上帳單，因為桌位還沒準備好而被大罵，陷入困境、想要結束生命時躲起來，必須走到吧台快速喝一杯以麻痺痛苦，再迅速回到戰場上，這些一直是我的生活，我也因此成癮。

「我不知道，莉芙。」她看著我環顧用餐區，「爸爸，你只能做一件事，你該開一間『徹奇小館』了。」她是對的，當然。我已經把開一間自己的餐廳這件事掛在嘴邊好久了，但總會有原因讓我裹足不前，租金太高、潛在投資人另有打算、不確定我是否真的想做這件事——總是有讓我卻步的理由。然而，疫情帶來了機會，許多餐廳紛紛倒閉，因此空出了許多店面，我騎腳踏車經過這些店面，等著對的店面對我說：「就是這裡了，來吧！」然後某天我找到了，它在呼喚我，我也回應了，我決定跨越所謂的盧比孔河，我租了店面、簽了租約，聯絡那些還在餐飲業的人，我正在組織一個團隊，我自己的團隊，究竟我最後會成為九成失敗的餐廳，還是一成成功的餐廳，這次一切取決於我。

這是瘋狂的產業，但無法不愛它，是時候回歸，是時候滿足那份癮頭，是時候讓客人知道——他們的桌位準備好了。

Acknowledgments

致謝辭

首先，我必須感謝這些年來聆聽這些故事的所有客人、朋友、家人、同事和員工，以及那些沒有潑我冷水，反而說出類似「這很值得出書，你應該把這些事寫下來」的朋友，我真心感謝你們。

特別感謝艾倫・里奇曼（Alan Richman）首次閱讀本書後，為我上了一堂課，教我如何寫作。感謝布魯斯・吉布尼（Bruce Gibney），他的意見和支持以及對出版業的知識讓我不斷前進。感謝丹尼爾・羅斯，本書最早的讀者之一，他告訴我這本書應該如何開頭。感謝克里斯・帕特森（Chris Patterson）、喬和提姆・金恩（Joe And Tim King）以及特洛伊・魏斯曼幫助我想起許多事。感謝我的太太妮娜・亞佐立納（Nina Azzolina）協助編輯本書。感謝茱蒂和艾瑞克・瓦特納（Judy And Eric Vatne）在疫情期間的支持讓我得以持續寫作。感謝格里・葛特納（Galil Gertner）閱讀完整本書並給出很好的意見。感謝作家訓練營的傑夫・高登（Jeff Gordon）提供獎學金讓我得以再次寫作，沒有他本書就無法完成。感謝朱利安．基爾（Julian Kheel），世上最好的編輯和朋友。感謝道格．戴維斯（Doug Davis）花了整整五分鐘幫我找到經紀人。我的經紀人羅伯特．關斯勒（Robert Guinsler），感謝你相信我。感謝我的編輯伊麗莎白．拜爾（Elizabeth Beier），如果沒有你，這本書不可能問世。

當然，我還要感謝我的太太和兩位女兒，你們是我世上的最愛。

最後，感謝曾與我共事卻不幸罹患愛滋而離世的朋友：Charles Wheatland、Brian Wish、Dolph Hood、"Shirts"、George、Rob Jones、Paolo Calamari、Marty Dilorenzo、Richard Thomas、Chip Butler、David Kendig、Brian Straub、Rodney Garbato、John Collison、Aiden Quinn、以及 Mika Stone，我永遠愛著你們。

〔flow〕004

您的桌位已準備好：紐約上流餐廳領班的外場風雲

YOUR TABLE IS READY: TALES OF A NEW YORK CITY MAÎTRE D'

作者　麥可・徹奇—亞佐立納 MICHAEL CECCHI-AZZOLINA
譯者　鄭婉伶
副總編輯　洪源鴻
企劃選書　董秉哲
責任編輯　董秉哲
行銷企劃　二十張出版
封面設計　朱疋
版面構成　adj. 形容詞

出版　二十張出版——左岸文化事業有限公司
發行　遠足文化事業股份有限公司（讀書共和國出版集團）
地址　新北市新店區民權路108之3號3樓
電話　02・2218・1417
傳真　02・2218・0727
客服專線　0800・221・029
信箱　akker2022@gmail.com
Facebook　facebook.com/akker.fans
法律顧問　華洋法律事務所版——蘇文生律師

製版　東豪印刷事業有限公司
印刷　承傑印刷事業有限公司
裝訂　智盛裝訂股份有限公司

出版　二〇二四年十二月——初版一刷
定價　四八〇元

ISBN — 978・626・7445・63・1（平裝）978・626・7445・64・8（EPUB）978・626・7445・61・7（PDF）

國家圖書館出版品預行編目（CIP）資料：麥可・徹奇—亞佐立納（Michael Cecchi-Azzolina）著
鄭婉伶 譯 — 初版 — 新北市：二十張出版 — 左岸文化事業有限公司發行　2024.12　352面
14.8 × 21公分.（flow；4）　譯自：YOUR TABLE IS READY: TALES OF A NEW YORK CITY MAÎTRE D'
ISBN：978・626・7445・63・1（平裝）1. 徹奇—亞佐立納 2. 餐廳 3. 餐飲業 4. 傳記　483.8　113014957

您的桌位

YOUR TABLE IS

已準備好

READY

AKKER®
二十張出版

YOUR
TABLE
IS
READY
麥可・徹奇－亞佐立納●著
MICHAEL CECCHI-AZZOLINA
鄭婉伶●譯
AKKER
二十張出版